四种重要类型应用范围宽阔的钢制压力容器工程装备

Multiple Functional Composites Shell
Unique Created Advanced Technology

多功能复合壳
创新技术

朱国辉 著

ZHEJIANG UNIVERSITY PRESS
浙江大学出版社

四种重要类型应用范围宽阔的钢制压力容器多功能复合壳创新工程装备技术名目

1. 薄内筒钢带交错缠绕大型和超大型特殊贵重高压容器工程装备；
2. 圆直内筒钢带交错缠绕中、低压大型和超大型贵重承压工程贮罐装备；
3. 双层壳壁或微型钢带交错缠绕地上或海洋水下大型油、气长输工程管道；
4. 双层螺旋或直缝连续成型焊接壳壁重要、关键、贵重中、低压承压工程容器与贮罐设备。

全 书 内 容 提 要

1. 含 10 余项国家发明和专门技术，将对国际四类重要宽阔钢制压力容器工程应用领域，开辟创新变革新局面；
2. 含新型压力容器工程强度优化设计理论和 10 余项专门科技简介与作者"传略"等多项重要内容与重要附录；
3. 重要科技和特别附录所述内容，包括值得一提的 10 余项其他科技创新与社会活动，也都提供了相关工程性值得参考的创造性思维活动的成功实例；
4. 热诚欢迎国内外相关权威专家和科技人士，就多功能复合壳相关发展战略，提出质疑，共作探讨。

（作者八临）感　言★

今生荣幸居钱塘　学府从教桃李香
为人一生为圆梦　求是创新参战场
山高水长多美景　师生合力启远航
多项变革破世艰　抑爆报警显特长
经济安全皆优异　承压装备变中强
壳论余篇奉留念　壳中雏龙将竞翔
中华复兴景壮丽　家国富强多吉祥
高低成败俱过往　八临恋留味天堂

★ 1　作者 1935 年初生，1955 年夏浙大机械工程系毕业，浙大化工系化工机械研究所任教 40 余年，现将八临，曾任所长、博导和浙江省压力容器学会理事长等职多年，获我国科技发明与技术进步等多项重要奖励；

　2　作者的一批博士、硕士和本科生及所内多位同事等众多师生，尤其现任浙大化机所所长、博士生导师、教育部特聘长江学者、国家 863 能源领域主题专家郑津洋教授，都曾和作者共同奋斗，为本项四种重要类型多功能复合壳钢制压力容器工程创新科技的研发与初步推广应用，并获得数以 10 亿元计的重大技术经济效益，作出了重要贡献；

　3　四种重要类型多功能复合壳钢制压力容器工程已含超 10 项重要创新变革专门科技，其中数项已通过实验室与工程性试验，获得突破性成功；

　4　《四种重要类型应用范围宽阔的钢制压力容器装备多功能复合壳创新技术》，系作者退休后近年所作的重要创新科技总结，奉君参评留念；

　5　承压工程需谋"变"发展而变强；雏龙竞翔，指创新技术将会被运用；

　6　钱塘、天堂——著名浙江省会杭州，其如诗如画的湖（西湖、千岛湖）、江、河、群峰秀丽美景，其山水城市之间非常相宜的布局，真比天堂还天堂。

新型绕带压力容器创新科技的重要评价

（摘　　录）

1. 1982 年全国科学奖励大会《奖励项目选编》（摘录）

发明奖励项目："新型薄内筒扁平钢带倾角错绕式高压容器的设计"：

浙江大学化工系朱国辉等发明的"新型薄内筒扁平钢带倾角错绕式高压容器"，是为在厚度仅估容器总厚约 20％ 的圆直薄内筒外面，在简易钢带缠绕装置上冷态"倾角交错缠绕"估容器总厚其余约 80％ 的轧制简便的扁平钢带绕层，其每层钢带绕层仅需将其两端与容器的封头、底盖斜面相焊而成的一种新型高压容器。可用以制造内径达 3 m、内压达 100 MPa、总壁厚达 300 mm、长度达 30 m 或更大的各种高压容器。和当今世界石油、化工和核反应堆等大型贵重高压容器设备制造中广泛应用具有纵向与环向深厚焊缝的"厚钢板卷焊"、"筒节锻焊"，以及"多层包扎"、"多层热套"和德国的热态缠绕的"复杂型槽绕带"等现有技术相比，可减少大型困难的焊接、质量检验、机械加工和热处理等工作量约 80％，节省焊接与热处理能耗约 80％，节省钢材约 20％，提高制造工效约一倍，降低制造成本约 30％ ～50％ 或更大。容器越大、越厚、越长，效果越显著。而且，该新型绕带高压容器，具有钢带缠绕的"预应力"作用，和特殊的"抗爆"等安全特性，使用安全可靠。值得推广应用。

2. 1995 年机械工业出版社出版发行的专著《新型绕带式压力容器》（朱国辉、郑津洋著）

由我国高校化工机械专业学科泰斗、老一辈著名专家、博士生导师，华东理工大学琚定一教授，为本专著（后被评为机械工业部科技进步二等奖）出版所写"序"的部分摘录：

浙江大学朱国辉教授等发明的扁平钢带倾角错绕式压力容器已广泛地用作氨合成塔、铜液吸收塔和水压机蓄能器等压力容器。这种新型绕带式压力容器的制工艺和国际上先进的厚板卷焊技术相比,可提高工效一倍,节省焊接与热处理能耗 80%,减少钢材消耗 20%,降低制造成本 30%～50%,在推广应用中产生了显著的社会效益和数以亿元计的巨大经济效益,并已发展成为包括高压密封装置和压力容器泄漏检测及在线安全状态监控等 10 余项专门技术的"中国绕带式压力容器技术",得到了国内外许多同行专家的热情支持和密切关注。

3. 因科技先进,新型扁平钢带交错缠绕容器,经作者师生共同努力已被正式列入我国压力容器设计规范 GB150-2011 国标(详见 GB150.3 附录 B-2011:钢带错绕筒体),并以 2269[#] 编号,1997 年经美国机械工程师协会两年时间六个层次数百位同行专家严格评审,始终无一人投票反对,终于以免于在美国再做任何核实试验的优惠条件,破天荒地继日本和德国之后,作为来自美国本土以外的第三个国家的重大科技,顺利通过列入了世界上最著名权威的美国 ASME BPV Code(锅炉压力容器规范),可允许在国际上制造内径达 3.6 m、绕带壳壁同样亦可相应开孔接管的各种高温、高压、耐腐蚀等重大承压容器工程装备。

引　言

（关于现代压力容器工程装备的多功能复合壳创新科学理念）

压力容器设备的"壳"，如同通常气球的"膜"，是各种压力容器设备形成包围空间，具有一定强度，以承受内部（或/和）外部介质压力作用的最基本最主要的构造单元。压力容器的壳和通常气球的膜，作用与破坏现象相似，但构造科技和功能特性与破坏后果却截然不同。这里提示的是：压力容器设备的"壳"具有何种"功能特性"，是压力容器设备制造是否简便经济和使用是否安全可靠的本质关键。现代的压力容器工程装备，有的其"壳"主要只具"承压"作用，使用中可能突然破裂，且制造极为困难昂贵；而有的其"壳"同样"承压"，制造简便经济，且能"分散缺陷"、"止裂抗爆"、"监控报警"，使用非常安全可靠。因而首先让我们共同探讨：当代压力容器装备应如何科学地解决好"壳"的这个本质关键问题。

当代工业生产与工程装备，广泛应用各种筒形或球形压力容器装备。起强度作用始终是各种钢制压力容器设备壳的最基本的功能。因包围空间大小、介质压力高低、温度与腐蚀特性及所用材质性能等诸多因素的不同，对于钢制"多瓣球罐"或"多节筒形与半球形端盖等构成的筒形等组合容器设备"而言，其起强度作用的这种壳所必需的设计"厚度"，通常都在 2～400 mm 之间变化。而其所包围容器空间的内部直径，对球形压力容器设备通常多在 2～35 m 范围内变化；对圆筒形压力容器设备通常多在 0.5～6 m 之间变化，其内部长度则多与其内径大小成正比，多在 2～50 m 之间变化；然更长的可能超过 100 m。所以，就多数重要压力容器设备而言，都是大型或重型承压装备。各种大型、超大型液态或气态压力贮罐、化工反应设备、高压氨合成塔、高温高压热壁石油加氢反应装置、高压尿素合成塔、高压高温抗辐射核堆压力壳、液氢液氧火箭试验深冷高压容器,以及各种大型油、气长输管道等地面应用的大批压力容器设备,都是钢制压力容器工程装备。

国际上,长期以美国机械工程师协会锅炉压力容器规范(ASME BPV Code)为代表所主导的钢制压力容器设备,主要就是以强度功能作为对其壳应起的主要设计要求。从相关人员通常的主流意识或理念,到国家规定的锅炉压力容器设计规范,不论容器设备大小、长短、厚薄,至今实际上仍只是满足容器壳壁温度和腐蚀性作用条件下最基本的强度功能;而反映在壳的主要构造科技上,从沿续人类最初的只起强度这一最基本功能作用的整体铸造和整体锻造技术开始,先后虽然发明了较为先进的著名的钢板弯卷、冲压或筒节铸钢锻造成筒加工,乃至较薄钢板包扎、热套及薄内筒复杂型槽钢带热态缠绕等技术,然而至今"单层壳壁"和"贯穿焊缝"的构造技术仍始终是当今国际压力容器设备构成"壳"的最基本也是最主要的技术特征。即使像德国先后发明了具有变革意义的"整体包扎"和"单向型槽绕带"厚壁容器,其壳虽似具有优异的安全特性,然却因仍陷于单一的强度功能这一理念,最终又被众多"板间焊缝"或"型槽扣合单向缠绕"等不良的构造技术破坏了。百年来,国际上压力容器设备和输送管道的大量制造应用实践和不时发生的各种安全灾难事故已充分表明,当代国际压力容器设备这种单一的主要以满足强度设计使用要求的"壳",不仅采用特厚钢板或大型筒节锻件等特殊原材料,焊接制造与在役检测困难,成本高昂,且由于"单层壳壁"或带"贯穿焊缝"等原因,其壳始终存在各种"裂缝扩展"而随时可能引发整体突然断裂及化学爆炸等严重危险,且都很难实施简便可靠的在线安全状态自动报警监控。

为改变这种状况,国际上百年来世界各国所作的各种探求努力与创新变革几乎从未停止过,并也相继创造了国际上如今所见的多种相当著名的壳壁构造技术(请参见图2"单层化壳"示图)。然至今却未能对当今国际压力容器工程科技中所存在的这些主要困难和问题取得多少根本性突破！

　　然而,在满足"强度与刚度"规范设计功能要求的前提条件下,以"窄薄截面"为主要构成原材料,"多层复合"创新(已含多项国家发明和专门技术)构造各种大型高压厚壁压力容器、大型与超大型压力贮罐设备、重要的量大面广的中压或低压容器设备,以及大型油气长输管道等各种重要压力容器设备的"壳",就可能使其本质上就具有如下优异"功能",即:原材料简单,成本低廉优质,焊缝少,无贯穿焊缝,焊接、机械加工、热处理等工作量少且容易,制造简便高效,制造成本显著降低,壳壁缺陷自然分散,层间止裂,抑爆抗爆,可实现简便可靠的在线安全状态计算机自动监控报警,在役定期停产安全检测维护简易可靠成本显著降低等突破性的变革(请参见图1"多层化壳"示图及其说明,这将有助于读者对本书所述命题的初步理解)。(详论请参阅本书第一篇"要论"和第二篇"工程强度优化设计理论"等重要研究分析)。

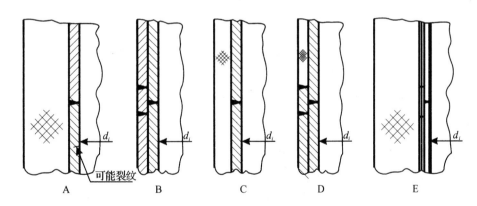

图 1　作者为首创导的"多层化"逐层"复合""焊缝分散"的"多功能复合壳"

　　A. 20～400 mm 薄内筒扁平或单 U 槽钢带交错缠绕壳壁,制造简化,工效最高,成本最低(低达 50%);

　　B. 2～40 mm 双层螺旋或直缝焊管(或板)容器设备和长输管道,工效和成本基本相同,壳壁"层间止裂抗爆";

　　C. 较薄内筒单 U 槽钢带交错缠绕大型超大型压力贮罐壳壁,成型简化,成本降低 30% 以上,"层间止裂";

　　D. 所有绕带壳壁和双层壳壁,"抑爆抗爆",有"灵性",可自动收集泄漏介质

和实现简单可靠的在线安全状态自动报警监控,显著降低在役停产安全检测维护成本(降低50%以上);

E. 较厚第一层组合薄内筒钢带交错缠绕壳壁,具有抗高温失稳、耐腐蚀、抗辐射和自动监控报警等特性。

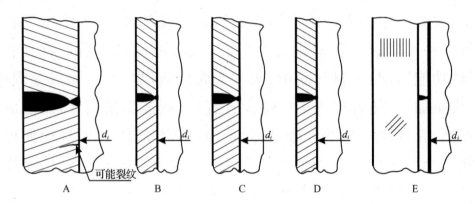

图 2 由 ASME BPV Code 主导的单层厚壁和薄壁带贯穿性焊缝的"单层化壳"

A. 40～400 mm 厚钢板弯卷或厚筒锻造异常困难,装备庞大,工效低,成本高昂,易形成裂纹等各种缺陷;

B. 2～40 mm 单层带贯穿焊缝等容器设备和管道易因腐蚀等扩展裂穿而引发燃烧爆炸中毒等各种灾难事故;

C. 裂纹在单层(薄或厚)壳壁和焊缝材质变脆部位的扩展可能"势如破竹"引发突然"断裂爆破";

D. 所有单层(薄或厚)壳壁和焊缝部位,在役定期停产安全检测和在线安全状态自动报警监控困难,安全维护成本高昂,尤其大型球形压力贮罐设备;

E. 多层薄板整体包扎(焊缝太多)或复杂型槽钢带单向缠绕(内筒始终受扭)壳壁严重破坏了"多层化"。

图1和图2显示出压力容器设备两种"功能"特性截然不同的"壳"的构造科技。

显然图1所示的变革,是对当代压力容器设备工程科技开创战略性全新局面的一个重大挑战,也应是国际压力容器工程科技百年来所发生的一个根本性变革。这不仅根本简化了制造技术,而且也根本变革了压力容器壳壁止裂抗爆和实现在线安全状态自动报警监控的安全保障"属性"。显然,这是当代国际钢制压力容器工程科技领域一个新的"创新科学理念"。（纤维缠绕压力容器复合壳的发展，亦有其与此相似又另有其特殊性的"创新科学理念"）。

这种钢制压力容器设备创新复合的"壳"，我们便称其为钢制压力容器设备的"多功能复合壳"。

作者这里慰告世界：以作者和现所长郑津洋教授先后为首的浙大化工机械研究所一批师生，经过40余年的创新研究与初步推广应用，正如本书所述，四种重要类型，应用范围宽阔，具"多功能复合壳"优异特性的钢制压力容器设备与油、气长输管道工程的创新科技，有的已初步推广应用，有的已有充分的可行性研究依据，均极具长远战略发展前景！

这里让我们仅举其中一例。请试设想，若需应用内径 3 m、内长 30 m、壳壁厚度 300 mm 的一种高温高压容器装备（如热壁高压石油加氢反应或精炼装备），采用"厚板筒节弯卷焊接"、或"重型筒节锻焊"、或"多层筒节薄板包扎焊接"、或"德国内筒整体精密加工型槽钢带单向扣合缠绕"的设计等制造技术构成带贯穿焊缝或有扭力作用的"单层化壳壁"，其制造与质量检测和抗突然断裂破坏与安全保障等技术会是多么困难！而如采用"多功能复合壳"的"薄内筒钢带交错缠绕"的设计制造技术，其制造与质量检测和抗断裂疲劳与安全保障等重要科技方面，则将会带来多么重大的变革！

目　　录

1

第一篇 多功能复合壳钢制压力容器工程装备创新技术要论

　　作者在浙大化工系化工机械研究所任教 40 多年,期间,作者 1964 年发明"新型薄内筒扁平钢带倾角错绕式高压容器",之后又和后来的郑津洋教授等先后为首共同创导发明了"新型薄内筒对称单 U 槽钢带'扣合错绕'高压容器"和"双层油、气长输螺旋或直缝焊管"与"双层螺旋或直缝焊接,或钢带'扣合错绕'中、低压重要压力容器与大型贮罐设备"等四种重要类型应用范围宽阔的"多功能复合壳"钢制压力容器工程创新技术,即:

　　(1)薄内筒"钢带错绕"大型和超大型特殊贵重高压与超高压容器工程装备;

　　(2)圆直内筒钢带交错缠绕中、低压大型和超大型贵重承压贮罐工程装备;

　　(3)双层壳壁或微型钢带交错缠绕地上或海洋水下大型油、气长输管道;

　　(4)双层螺旋或直缝焊接壳壁中、低压重要关键承压容器与贮罐设备。

　　这四种重要类型具"多功能复合壳"优异特性的压力容器装备,打破了"单层壳"的传统理念,都是当代国际压力容器工程装备中应用范围宽阔的重要或重大工程装备。

　　和当代得到广泛应用的现有各种"单层壳"化工、炼油、核站等高压装备、超大型压力贮罐、大型油气长输管道及量大面广的重要中、低压压力容器设备相比,这些具"多功能复合壳"优异功能的创新压力容器装备,在制造科学经济和使用可靠与安全可监控报警等重要

方面都具有异常突出的发展优势。主要有如:

(1) 对厚壁高压容器设备,其制造工效可提高一倍,制造成本可降低 30%～50%(以上),焊接与热处理及其能耗可节减约 80%;

(2) 双层壳壁,尤其绕带复合壳壁,缺陷自然分散,自然"止裂抗爆";

(3) 均可实现在线介质泄漏全面收集处理和在线安全状态计算机报警监控;

(4) 新型容器装备和管道在役长期安全维护成本都将可降低 50%以上等等。

这无疑对各种高压、高温、耐腐蚀、抗辐射、抗爆炸等大型贵重装备和中、低压超大型承压贮罐装备与大型特殊油、气长输管道,以及量大面广的重要中、低压承压设备等,在制造经济性和使用安全性两方面都将带来根本变革。因而这对我国和世界未来的石油、化工、核能电站、热能电站、大型长输管线与特殊轻工制药等工业生产和宇航工程、海洋开发,以及特殊安全防爆技术装备等的未来长远科学发展,都具有重大技术经济和安全环保的发展战略意义。

新型压力容器中的扁平钢带交错缠绕式高压容器,已通过我国 40 多年成功推广 7500 多台各种高压容器长期安全应用的严峻考核,已以"钢带错绕筒体"为名正式列入了中国钢制压力容器设计规范国标 GB150,可允许制造内径等于大于 500 mm 以上的各种高压(与超高压贮氢)容器装备,并也以免于在美国再作任何核实试验的极其优惠的条件,于 1997 年以规范 2269# 编号作为继日本和德国之后来自中国的第一项重大机械工程科技成果被批准列入国际上最具权威的美国机械工程师协会锅炉压力容器规范:ASME BPV Code Section Ⅷ,Division 1&2,可在国际上推广制造内径达 3.6 m、允许绕带筒壳开孔接管的包括高压尿素合成塔和高压热壁石油加氢反应器等在内的各种高压大型贵重的钢带交错缠绕式压力容器装备。这都表明新型压力容器工程创新技术确具有突出的科学先进性,值得对各种大型贵重高压容器装备工程产业进一步开发和扩大推广应用。

　　这里必须说明,上述除新型扁平钢带压力容器之外,其他三种"多功能复合壳"压力容器工程创新技术,虽然至今并未真正在工程应用上付诸实施,但其构造技术在我们实验室和国内外的工程应用中都已有相关的成功经验。因而,在经必要的工程试验研究与进一步完善之后,其工程应用实施,必能圆满成功。

　　鉴于四种重要类型应用范围宽阔的"多功能复合壳"压力容器工程创新技术,在我国进一步推广应用,涉及国家工程开发项目规划设计采纳、制造企业定点与大型制造工装改革投资、较高强度定型钢带及双层螺旋焊管等原材料的定点供应建设,以及工程产品质量安全技术监管等诸多方面,是一个相对复杂的"系统工程",因而必须得到国家相关领导部门从长远发展战略高度出发,给予大力扶持。如能如此,必将可为我国开创一个产生数以千亿元计技术经济效益与节能环保的"多功能复合壳"压力容器工程创新产业长远科学发展的新局面!

一、国际钢制压力容器工程装备技术,对推进人类社会文明进步意义重大

　　人类在过去的 20 世纪百年间创造了"厚钢板弯卷"、"厚筒节锻造"、"多层包扎"、"钢带缠绕"、"纤维缠绕"及"大型球瓣现场组焊"等诸多重大的压力容器壳壁构造技术和多种类型特殊贵重的承压装备,如内径超 3 m、壳壁厚度超 300 mm 的大型氨合成塔和超 400 mm 的石油与煤加氢液化装置,内径超 3 m、内长超 32 m、壳壁厚度超 120 mm 的高压尿素合成塔,内径超 4 m、壳壁厚度超 400mm、重量超千吨的高压热壁石油加氢装置,内径超 25~35 m 的中、低压液氨、乙烯等超大型球形压力贮罐,壁厚超 200 mm 的全不锈钢深冷高压液氢、液氧宇航工程火箭地面试验装置,以及长达数千公里内径达 1200 mm 的大型油、气长输管道等,为世界的石油炼制、重型化工、核反应堆、能源电站及油、气长输等能源、石油化工及轻工制药等诸多工业生产和宇航工程科技的发展作出了巨大贡献。

二、当代国际重要钢制压力容器装备壳壁构造技术存在诸多不足

压力容器设备壳壁的设计,国际上从最早的美国机械工程师协会锅炉压力容器规范(ASME BPV Code)开始至今,不论容器设备何等重要(如各种化工高压装备与核反应堆压力壳等)和壳壁厚度是薄还是厚,也不论壳壁的具体构造如何,主要就是按规范规定满足设计压力作用的承压强度与疲劳寿命要求和开孔接管及壳壁防腐、防辐射等生产工艺的使用要求,并由制造厂家按相应的制造规范与产品价格等要求,应用各种重型装置和各种现代焊接、检测等技术制造供应。其最本质的特征就是:带"贯穿焊缝"的"单层化"壳壁,"一次成型"和满足承压强度等要求。即其中(请参见当代著名压力容器壳壁构造技术原理示图的1,2,3附图所示)带纵向、环向或只有环向"贯穿性焊缝"的"单层化"壳壁,始终主要占据着当代国际压力容器设计制造技术的主导地位。即无论单层还是多层厚或薄的容器壳壁,就是按设计规范满足承压强度与疲劳寿命安全要求,而主要采用"锻打成筒"或"钢板卷焊",并带"纵、环向贯穿性焊缝"的制造技术,就是当代核堆压力壳和石油加氢反应器及大型油气长输管道和超大型压力贮罐等重大承压装备的主要制造工程技术。即便其筒节"多层化"了,壳壁整体却又因"贯穿焊缝"而变为"单层化"了。或即便实施了容器壳壁的钢带单向缠绕的"多层化",亦因引进了由于多层绕带和内筒外壁必须层层相互精密扣合,其钢带和内筒外壁就必须具有非常复杂的能够相互精密扣合的型槽形状,其钢带轧制和内筒外壁的大型精密机械加工都必会非常困难,且其内筒总是始终处于绕层扭力作用的不安全状态,这就又从根本上破坏了其可贵的"多层化"转而又回向了"单层化"。这就造成当代国际重要压力容器工程装备的壳壁构造技术存在相当严重的欠缺状态。主要有如:需超大型水压机、弯卷机等昂贵制造装备和特厚钢板(厚达 100~400 mm)或厚重筒节锻件(重超

300吨)等昂贵原材料;耗能耗材;制造过程成形、焊接、检测等异常困难;成本高昂;制造过程易于形成裂纹等各种缺陷;单层壳壁和带深厚焊缝的壳壁不能"分散缺陷";不具备"止裂抗爆"特性;随时潜在断裂破坏的严重危险;很难实施在线安全状态自动报警监控;为确保安全使用必须付出高昂代价,需频繁定期停产检测,降压降温,继而又升温升压,检测困难,耗能耗时,尤其对大型化过程生产,损失往往十分严重。

（当代国际压力容器主要壳壁构造工程科技如图1,2,3所示）

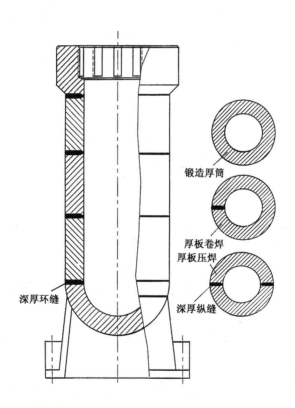

图1　现有核堆压力壳等用"筒节锻焊"和"厚板卷焊"等单层厚壁压力容器结构特征

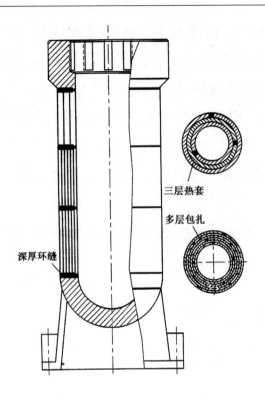

三层热套
多层包扎
深厚环缝

图 2　现有"多层包扎"与"热套"等多层厚壁压力容器结构特征

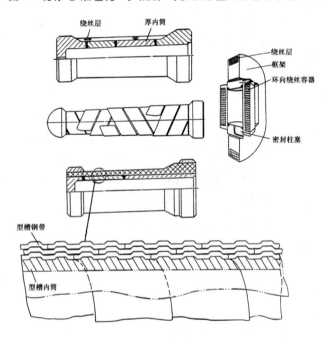

绕丝层　厚内筒
绕丝层
框架
环向绕丝容器
密封柱塞
型槽钢带
型槽内筒

图 3　现有"厚内筒绕丝"、"轴向承力框架"、"复杂型槽绕带"、"螺旋绕板"等缠绕式压力容器结构特征
单层"厚板弯卷焊接"、"厚筒锻焊"和多层包扎(热套)及德国型槽绕带等三种类型
典型的当代著名压力容器壳壁构造技术原理示图

三、多功能复合壳创新构造技术核心理念

如能科学创新壳壁的构造技术,力求"复合"扩大各种重要压力容器工程装备壳壁的功能特性,以使压力容器设备的壳壁既可承受压力作用的强度要求,安全可靠长期使用,又能避免采用重型制造装备和特殊贵重原材料,科学合理制造,则这种科学先进的压力容器壳壁构造工程科技就可能使各种重要钢制压力容器工程装备的壳壁具有多种"优异功能"特性。主要有:

（1）容器承压强度、刚度和壳壁结构应力状态优化、合理、可靠;

（2）原材料"本质"上,质量最优,成本低廉;

（3）任何缺陷均可被壳壁结构自然分散,层间止裂,抑爆抗爆;

（4）内部介质万一发生泄漏,壳壁本身能自动收集和导引处理,避免压力容器因介质外泄而可能引发各种燃烧、爆炸、中毒等灾难性事故;

（5）容器壳壁即使发生裂缝扩展泄漏,亦能"暂时维持"原有操作状态;

（6）可实现各种压力容器设备或大型油、气长输管道全线经济可靠的全面在线安全状态远程计算机集中自动报警监控;

（7）容器壳壁内外层（及如有复合间层）材料可按工程实际需求,如内壁堆焊防腐蚀、抗辐射及添加某种特殊材料等加以改变;

（8）容器壳壁构造能适应容器设备各种特殊应用需求,如开孔接管、加设加热或冷却等特殊结构需求等;

（9）壳壁不论厚薄,成型简易方便,焊接操作、无损检测与机械加工及焊后热处理等简易,其工作总量少,生产周期短,制造工效高,制造成本科学合理降低;

（10）制造技术要求条件几乎不受限制,不需要重特大型昂贵制造装备,使用条件与工程应用领域宽广等。

经以作者师生为首的浙江大学化工机械研究所多年潜心研究,

创造了这种具上述优异特性的"多功能复合壳"压力容器。其创新构造核心理念与技术特征可以表述如下：积薄成厚；逐层制造；薄内筒；多层、少焊、少机械加工；主要采用优质窄、薄截面钢带和钢板；"钢带交错缠绕"；"双层"螺旋或直缝焊管，或机械化包扎；壳壁无贯穿焊缝，尤其无深厚焊缝。这一全新的壳壁构造工程科技核心理念为钢制压力容器设备的"多功能化"复合壳壁的变革提供了科学合理、安全有效的壳壁构造技术条件。

压力容器"多功能化复合壳壁"这一全新理念，打破了百年来国际压力容器工程科技"一次成型"的传统科技理念的基本格局！

四、四种重要类型多功能复合壳钢制压力容器装备创新技术宽阔的基本工程应用设计规格范围

以作者和现所长、博导和长江学者郑津洋教授先后为首的浙大化工机械研究所一批师生，多年来针对上述当代国际压力容器"壳壁构造工程科技"所存在的严重科技问题，研发并初步成功推广应用如下 四种重要类型应用范围宽广的"多功能复合壳"钢制压力容器工程装备自主创新技术（详见其所列基本构造与工程设计参数）：

（1）**薄内筒扁平钢带交错缠绕高压容器工程技术**（国家科学发明成果，图 4 所示）：

容器内径：0.5～3.6 m；内长：2～35 m；壳壁总厚：40～400 mm；

薄内筒相对于壳壁总厚的壁厚比：15%～30%（通常为 20%）；

钢带绕层相对于壳壁总厚的壁厚比：85%～70%（通常为 80%）；

钢带交错缠绕方式：各层钢带交错，平均缠绕倾角：15°～30°（通常 20°～25°），仅每层钢带两端需和容器两端的法兰或底盖的斜面以分散焊缝相焊；

壳壁设计温度：-253℃～+550℃；

容器设计内压：5～100 MPa；

容器使用介质：各种气态或液态及其混合物质；

主要构造原材料：各种压力容器用钢，如同其他结构高压容器用钢，包括各种相对较薄的优质钢板，各种锻造法兰和压制的单层或双层半球形封头底盖，以及主要为由国家定点支持供应的较高强度专用扁平钢带（由小型简易钢带热轧装置轧制）等。

（2）薄内筒对称单 U 槽钢带交错缠绕大型和超大型高压容器工程技术（图 5 所示）：

容器内径：1～5 m；内长：2～35 m；壳壁总厚：40～400 mm；

薄内筒相对于壳壁总厚的壁厚比：15%～30%（通常为20%）；

钢带绕层相对于壳壁总厚的壁厚比：85%～70%（通常为80%）；

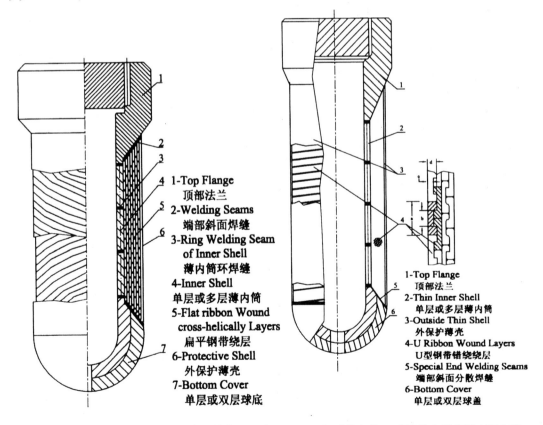

1-Top Flange
顶部法兰
2-Welding Seams
端部斜面焊缝
3-Ring Welding Seam
of Inner Shell
薄内筒环焊缝
4-Inner Shell
单层或多层薄内筒
5-Flat ribbon Wound
cross-helically Layers
扁平钢带绕层
6-Protective Shell
外保护薄壳
7-Bottom Cover
单层或双层球底

1-Top Flange
顶部法兰
2-Thin Inner Shell
单层或多层薄内筒
3-Outside Thin Shell
外保护薄壳
4-U Ribbon Wound Layers
U型钢带错绕层
5-Special End Welding Seams
端部斜面分散焊缝
6-Bottom Cover
单层或双层球盖

图 4　扁平钢带倾角错绕高压容器结构原理　　图 5　新型薄内筒 U 型钢带交错缠绕高压容器结构原理

钢带交错缠绕方式：每两层对称单 U 槽钢带相互扣合交错连续缠绕，仅每层钢带两端需和容器两端的法兰或底盖的斜面以适当的分散焊缝相焊；

壳壁设计温度：−253℃～＋550℃；

容器设计内压：5～100 MPa；

容器使用介质：各种气态或液态及其混合物质；

主要构造原材料：各种压力容器用钢，如同其他结构高压容器用钢，包括各种相对较薄的优质钢板，各种锻造法兰和压制的单层或双层半球形封头底盖，以及主要为由国家定点支持供应的较高强度专用对称单 U 槽钢带（及微型钢带）（由小型简易轧带装置轧制）等。（对核压力壳必要时也可用电渣重熔钢锭轧制中薄钢板和 U 槽钢带。相对于其他任何成型钢带，这种对称单 U 槽钢带的轧制和交错扣合缠绕，几乎和扁平钢带一样，显然都最为简单合理。）

（3）全双层结构压力容器、贮罐和大型油、气长输管道工程技术（图 6 所示）：

（适用于各种重要中、低压和小型高压容器设备与大型管道，及各种双层化锅炉和废热锅炉筒壳）

容器、贮罐或管道内径：0.1～10 m；内长：2～60 m；双层壳壁总厚：2～40 mm；

内筒或外层相对于壳壁总厚的壁厚比：～50％，即通常内、外层厚基本相等，各约 50％；

壳壁设计温度：−253℃～＋550℃；设计内压：0.3～20 MPa；

容器使用介质：各种气态或液态及其混合物质；

主要构造原材料：各种压力容器用钢，如同其他结构的压力容器和管道用材，包括各种相对较薄的较高强度钢板，各种压制的法兰和双层半球形封头底盖，以及由国家定点支持供应的压力容器与管道专用较高强度长节双层螺旋焊管或直缝焊管，以及定型无缝钢管（或微型钢带）等。（管段间外半层"错开环缝"联接）

（4）薄内筒单 U 槽钢带交错缠绕大型和超大型压力贮罐工程技术（图 7 所示）：

（用以取代目前国际上各种大型和超大型单层结构球形及筒形压力贮罐的技术）

筒形压力贮罐内径：4～20 m；内长：20～100 m；壳壁总厚：40～120 mm；

内筒相对于壳壁总厚的壁厚比：通常为 25％～45％（通常为 30％～35％）；

钢带绕层相对于壳壁总厚的壁厚比：通常为 75％～55％；

容器使用介质：各种气态或液态及其混合物质；

设计内压：0.3～3 MPa；

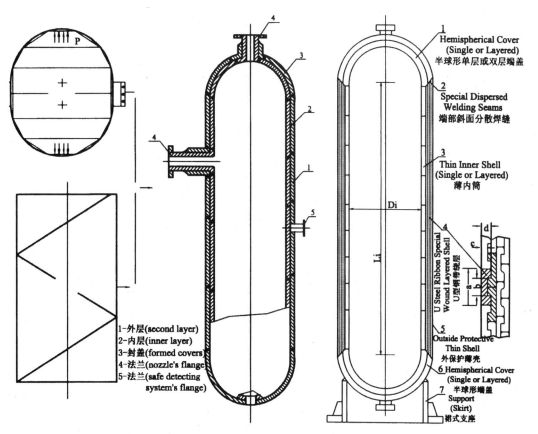

图 6 双层结构中、低压压力容器设备结构原理　　图 7 U 型绕带中、低压压力储罐结构原理

主要构造原材料：各种压力容器用钢，如同其他球形或筒形结构压力贮罐用钢，包括各种相对较薄强度较高的优质钢板，各种压制

的双层半球形封头底盖球形较薄瓣片，以及由国家定点支持供应的（由小型简易钢带热轧装置轧制）较高强度对称单 U 槽钢带等。

特别提示：这种大型和超大型绕带容器与贮罐，在钢带缠绕过程与竣工水压试验前的低压绕层调整试验过程，都应采用木制或铜制锤头适当敲打钢带绕层，使绕层扣合质量得以调整、提高和确保。方法简便有效。

特别注明：以上四种重要类型压力容器工程系列产品，均可在其各种多层壳壁部位合理设计采用以作者为首已研发成功的安全、经济、可靠的"压力容器设备新型在线安全状态计算机集中自动报警监控装置"；其厚壁圆筒端部高压大开盖的构造亦可设计采用以作者为首已研发成功的重量最轻、装拆简便、安全可靠的"新型小顶盖轴向全自紧快速装拆高压容器端盖密封装置"。

显然，以上所涉及的应用范围和工程领域非常宽广。如：各种氨合成塔，煤加氢液化装置，高压尿素合成塔，高压热壁石油加氢装置，中低压液氨、乙烯等超大型球形压力贮罐，宇航工程火箭地面试验全不锈钢深冷高压液氢、液氧贮罐装置，以及大型油、气长输管道等等都可适用。通常其内径为 100～4000 mm（压力贮罐为 1～20 m）、长度为 1 ～ 100 m、壳壁厚度为 4 ～ 400 mm、重量可达 2000 吨或更重。其壳壁也同样可开孔接管。这些装备通常多为重大承压装置，将为世界的石油炼制、重型化工、核反应堆、能源电站及油气长输等工业生产和宇航工程科技的发展作出巨大贡献。

五、多功能复合壳的优异特性将对钢制压力容器装备壳壁的制造工程和安全保障技术带来根本变革

1. 最优良的原材料质量和最低的原材料成本

较薄钢板，尤其作为主要原材料的轧制最为简易的窄薄截面热轧扁平和单 U 槽钢带，其轧压比比厚筒锻造更大 10 倍，原始内在质量更为优良，缺陷很小且很少，其抗拉强度、塑性变形和断裂韧性等机械物理性能指标均更优。化学成分相同的较高强度压力容器用钢，其钢带的机械强度可提高约 20％左右，厚度差越大，效果越显著；

钢带的轧制成本仅约为轧机庞大、轧制相当困难的较厚钢板(如厚度超过 100～400 mm)的特厚钢板的 50%～60%,仅约为大型厚筒锻造筒节的 30%～40%。定型无缝钢管及螺旋焊管情况相似。相对于其他任何成型钢带,对称微小型窄薄截面[如(20～60)×(4～9) mm²]热轧(最后适当冷轧修整)单 U 槽钢带的轧制和交错扣合缠绕,几乎和扁平钢带一样,显然都最为简单合理。

2. 优化、可靠的容器承压强度和壳壁结构较为合理的应力 分布状态

安全可靠承受内压作用的强度和壳体结构合理的应力分布是容器壳壁必备的一种最基本功能。薄内筒钢带交错缠绕和全双层复合壳壁,和锻焊或厚板弯卷焊接的单层厚壳相比更为优化,包括其静压强度、动压强度、疲劳强度、温差应力、横向与轴向刚度,及其高温蠕变强度等都更为合理可靠,而且其壳壁应力分布平衡、合理(德国双面复杂 U 槽钢带单向缠绕容器其内筒外壁面上必须加工"扣合"型槽,大量的钢带绕层只能单向缠绕层层相扣,钢带绕层会引起内筒总是处于一种受扭的不稳定应力状态,内压越高,内筒承受扭剪作用越严重!)。

3. 任何缺陷均可被多层壳壁自然分散,"层间止裂"、"抑爆 抗爆",在设计甚至略超设计内压条件下容器最坏的破坏 失效方式是:"泄漏不爆"

各种原始制造缺陷和萌生的腐蚀与疲劳等裂纹,均能被双层或钢带交错缠绕多层复合壳壁结构"自然分散","层间止裂",复合壳壁在共同承受内压作用的同时,在本质上即使内层发生严重裂纹扩展,外层部分也能对内层部分起到自我"止裂抗爆"作用。在设计或略超设计内压作用下只要及时导引处理外泄介质及其层间压力,该型容器最坏的破坏方式自然是"只漏不爆",可根本避免因裂纹扩展引发单层薄壁或厚壁壳体整体严重突然断裂破坏的后果。

4. 自动收集泄漏介质且能适当导引处置，可能根本避免压力容器因介质外泄而可能引发的各种燃烧、爆炸、中毒等灾难性事故

压力容器设备往往可能引发内部介质严重的泄漏事故。其壳壁结构本质上应具有自动收集泄漏介质的功能。全双层壳壁结构的外层和钢带交错缠绕容器的组合薄内筒层间的特殊检漏系统及其绕层最外面的包扎或绕卷的外保护薄壳，在本质上都能简单有效地收集容器经内层壳壁裂缝外泄的介质并做出安全导引处理。在"抑爆抗爆"前提条件下自动收集的功能可防患因内部介质外泄而引发的各种燃烧、爆炸、中毒、辐射等严重后果。

5. 容器壳壁即使发生裂缝扩展而泄漏亦能"暂时维持"原有的工作状态

容器设备即使因内部介质发生外泄而引发突然紧急停车停用，对大型化工或能源生产和油气长输过程，及对小型车用燃料贮存气瓶系统，往往都将带来相当严重的后果。"多层复合"壳壁，抑爆抗爆，自动收集，及时导引，容器或贮罐设备便可继续暂时保持原有操作过程。一个非常简单的设计就是通过一种简单的管系联接，使泄漏的介质再回到原有生产过程的管道系统。这种在"抑爆抗爆"和全面自动收集前提条件下继续保持暂时操作的功能对大型能源和化工等生产过程，甚至危险品压力贮罐移运槽车往往可能也很有效。

6. 可实现各种压力容器设备或大型油、气长输管道全线经济可靠的全面在线安全状态计算机集中自动报警监控

任何压力容器始终潜在因腐蚀、疲劳及韧性脆化等原因而引发突然断裂破坏的危险。作为压力容器或贮罐设备和大型管道等，其壳壁结构本质上应能具备在"抑爆抗爆"和全面自动收集的前提条件下，实现经济可靠的包括内壁的腐蚀状态在内的在线安全状态，及时做出自动报警作用的"可监控"功能。大家知道，国际上现有在线守

候监控方式的"多通道声发射监控装置"高科技,只有当壳壁裂缝发生相当严重扩展时才能做出报警,且其裂缝开裂的安全状态无法重复验证,更不能抑爆抗爆和全面收集泄漏介质。而全双层壳壁结构的外层或钢带交错缠绕容器的组合内筒层间的特殊检漏系统及其绕层最外面的包扎或绕卷的外保护薄壳,在结构本质上都能在抑爆抗爆和全面自动收集的前提条件下,通过简单而又可靠的层间"气体自然覆盖"原理和适当的管路组件与微型抽气装置及压力传感元件等,对多层壳壁层间某一特定检测封闭系统循环气体的化学成分或系统压力的某一超标变化,通过当代远距离信息电传技术,即可同时对多台容器或管道全长做出最简单经济可靠和全面有效的自动监控检测和报警,并自动对通过内层裂缝泄漏的介质做出适当安全导引处理。通常内筒或内层部分壳壁因腐蚀或疲劳引发的裂缝扩展裂透贯穿,都有一个相对较为缓慢的过程,且即使内层发生内部介质相当严重泄漏,装置仍能承受内压作用并自动做出适当安全导引处理。只要内层壳壁,尤其最内层带耐腐蚀层壳壁不漏,容器就总仍可继续安全操作。其安全状态又可随时重复检测验证。这种容器复合壳壁"可监控"的功能将可一改国际压力容器与贮罐设备和大型管道安全保障技术的现有传统格局,实现计算机集中监控。工程实验已经证明,其成本只约为多通道声发射监控装置的 5% 左右。显然,这种好像赋予容器或管道壳壁"灵性"并实施"自动监控"的技术,彻底、有效、简便、经济。

7. 容器壳壁内外层乃至间层的复合材料可按工程实际需求改变(这是当今世界压力容器单层壳壁一种不易满足的功能)

作为压力容器设备和管道,显然全双层结构和钢带交错缠绕的压力容器与贮罐设备和大型管道,除了内壁可以衬里或堆焊耐腐蚀层以外,其复合壳壁都具有可按需灵活改变内外层及层间构造材料与强度的复合功能,包括铝、钛合金,以及现代新型塑料等非金属特殊工程材料的合理应用。这将为压力容器的未来发展扩展新的途径。

15

8. 壳壁构造能适应压力容器设备各种特殊需求

这种全双层和钢带交错缠绕壳壁压力容器、贮罐设备和大型管道的复合壳壁,除可按需在绕层开孔接管部位约 2 倍接管内径范围通过将带圈之间适当加焊后和单层或多层容器壳壁一样"开孔接管"外,也可在内壁、外壁和层间按需设置壳体内壁直接冷却或加热系统,以及耐腐蚀、抗失稳和耐辐射等某种特殊应用发展需要的结构和功能。如采用通常约 22~40 mm 厚并在内壁上堆焊约 10mm 厚特殊材料的抗失稳较厚内筒作组合薄内筒的第一层,然后在其外壁组焊盲层及其层间检漏系统并通过质量检查合格后,再交错缠绕扁平或单 U 槽钢带绕层,则无论大型高压热壁石油加氢装置,还是大型高压核堆压力壳等特殊昂贵的承压设备,都可具有足够的高温刚度,并具有相当突出的安全可靠性和经济合理性。

9. 大量减少焊接、无损检测和整体精密机械加工与大型热处理等制造工序科技要求(减少可达 80%)

大量的焊接工作和整体大型精密机械加工,以及因焊接而引起特殊质量检验与整体热处理的要求,是使压力容器设备形成制造缺陷和显著增加制造成本的主要因素。因此,壳壁结构本质上自然减少焊接(全双层结构无此特性)和贯穿焊缝,尤其纵向与环向深厚焊缝,和整体大型精密机械加工,尤其大量的重型弯卷和重型厚筒锻焊的特性,将可使压力容器带来减少或避免制造缺陷和成倍提高制造工效,显著节能与降低制造成本的突出效果。上述以"积薄成厚"、"逐层制造"和"壳壁均无贯穿焊缝"等为基本构造技术特征的薄内筒钢带交错缠绕各种复合多层结构大型高压容器、大型和超大型压力贮罐,其制造过程的焊接、无损检验、机械加工与整体热处理等的工作量,和当今世界公认制造工效最高的"厚板弯卷焊接"技术相比,可减免约 80%,容器全长没有深厚焊缝,不需大型整体机械加工与热处理,制造周期缩短近 50%,焊接与热处理能耗可降低约 80%,制造成本最低,可降低约 30%~50%(和厚筒锻焊容器相比更显著),容器越长、越大、越厚,效果越显著。这里,请参见作者1987年底和英国格拉斯哥著名BABCOCK跨国核压力容器工程设计制造公司所作的重要对比分析如表1所列:

表1

厚板卷焊式压力容器	主要比较项目	倾角错绕扁平钢带压力容器	
厚钢板(轧制困难、价格贵、废品率高),50～300mm	厚筒体原材料	薄钢板和扁平钢带、轧制容易,通常成本可降低20%～40%	
大型卷板机、大型加工机床、大型处理炉、大型电焊及高能透视设备等	主要制造设备	除需装备一台简易绕带大型装置外(费用仅为一台大型卷板机的1/10),其他均只需中、小型设备(起重亦可用小型龙门架或平板托车)	
弯卷50～300mm厚壁筒1节	卷板效率	可相应卷14～60mm薄壁筒5节,且可增大筒节长度	
焊接一条50～250mm厚壁板缝	纵缝焊接效率	可相应焊接14～60mm薄壁缝5～10条,可节省焊接电耗80%	
焊接一条50～300mm厚壁环缝	环链焊接效率	可相应焊接14～60mm薄环缝5～10条,可节省焊接电耗80%	
用大型机床加工一个筒节两端的环焊缝坡口	机械加工效率	相应完成内筒外壁焊波全部打磨工作,效率提高5倍	
完成厚筒节一条纵缝与一条环缝探伤	无损深伤效率	平均可相应完成薄筒的纵缝与环缝深伤5条(一条厚环缝需多次探险伤,否则,发现缺陷修补十分困难)	
最终需经整体热处理	热处理效率	绕带容器无需整体热处理,可节省能耗80%	
制造一台单层厚板容器	总的生产效率	可相应制造二台相同大小的绕带容器(绕带效率高,绕制一台容器只需100～200小时)	
单层厚壁,无防止突然船断的自保护能力	安全性	多层绕带、有优异的防脆断自保护能力,具"抗爆"安全特性,能实现可靠的在线安全保护与监视	
内壁可堆焊,筒体可并孔接管	其他特点	薄内筒内壁也可堆焊,绕层筒体也可开孔接管	
以100%计	生产成本	50%～70%,也可降低制造成本30%～50%	

对大型,乃至小型油、气长输管道,其壳壁由厚度相当的双层螺旋或直缝焊管壳壁(或微型U槽绕带壳壁)组成,壳壁总厚与国际上

现有广泛应用的单层长输管道相同,在现有制造技术装备基础上不难实施,其重量与焊接等工作量和原有单层结构的基本相当,因而制造成本也大体相当,在役安全维护成本(可实施"计划维修安检"),和相应所带来的社会环境安全效益,与绕带式压力容器也大体相当,都将可降低 50% 以上,且其安全保障状况也将会得到根本改观。

10. 无需重特大型制造装备,工程应用范围与领域非常宽广

基于现有大型单层螺旋焊管技术装备,改变成以约一半厚度的内层螺旋焊管为芯筒的双层螺旋焊管的连续化自动卷焊工艺装备技术并不困难,其螺旋卷焊反更容易。卧式钢带交错缠绕装置在中国已有 40 年成功制造的应用经验,内径达 3.6 m、长度达 40 m、壁厚可达 400 mm 的大型钢带交错缠绕装置也已有中国和美国专利及其相应的新的工程设计。大型和超大型压力贮罐在使用现场内筒安装就位并通过全面 NDT 无损质量检测合格后,围绕内筒进行立式钢带交错缠绕的缠绕装置是简便的,其壁厚相对较薄的直立筒形内筒壳壁的组焊检测与局部热处理和钢带绕层的现场缠绕,以及内直径已大为减小的双层半球形端盖的地面拼装组焊等,总的要比壳壁厚度相对较厚的单层大型和特大型球形或两端亦带半球端盖的直立筒形压

图 8　正在绕制的为 DP13.4 MPa、ID1000 mm、长约 20 m 的甲醇合成高压容器
一台可以绕制内直径达 2m、长度达 30 m、总壁厚达 200 m 的简易中型绕带装置
(必要时可在装置导轨上加放承重滚轮托架和简易龙门移运起吊架等)

力贮罐使用现场的拼装组焊与其相应的处理技术简单、经济和安全合理得多。这里要特别强调：本文上述四种重要类型具"多功能壳"特性的多层复合结构压力容器、压力贮罐和大型管道，应用范围与领域很宽，除和厚板弯卷等技术一样，要相应的专用钢带交错缠绕装置和需由国家有关领导部门支持组织定点供应扁平和单U槽钢带与双层螺旋焊管等之外，其制造技术几乎没有大型化规模和特别困难的制造装备条件的限制。

六、本创新科技的试验研究和成功安全推广应用

（1）经对扁平钢带交错缠绕式压力容器所做的多次工程规模实物容器的环向、轴向及其刚度和热应力等应力应变测试、环向轴向超压"抗爆"破坏与极限强度爆破试验、4万次液压疲劳强度试验、绕层壳壁开孔接管试验、"在线安全状态自动报警监控"试验、"端部小顶盖轴向全自紧高压密封装置"承压强度试验，以及双层大型管道远程报警监控试验等，均在强度、刚度、疲劳强度、热应力及"可监控"特性等方面获得了优异的科学合理的成果（请见相关篇章介绍）。

（2）据1994年的不完全统计，1965年以来我国已成功推广应用内径达1m、长度达28 m、绕层达28层、设计内压达32 MPa的氨合成塔、甲醇合成塔、氢气高压贮罐、水压机蓄能器（一种抗内压反复升降低周疲劳工作的高压容器设备）等多种工业用途的"薄内筒扁平绕带式高压容器"7500多台，制造厂家财务证明累计当时已产生超10亿元人民币的工厂纯利润直接经济效益。至今该型绕带式高压容器从未发生任何一起灾难性破坏和人身伤亡事故（尽管我国的中小化工生产也曾有一段管理相当混乱的年代）。新型绕带式高压容器已以"钢带错绕筒体"为名正式列入了中华人民共和国国家标准钢制压力容器国标GB150（详见GB150.3附录B-2011）。本附录适用于设计、制造内直径大于或等于500 mm的"钢带错绕筒体"的各种高压压力容器。同时，新型绕带式高压容器又以"固定式高压贮氢钢带

附件　　　　　（　6 页　美国 ASME Code Sectiion VIII

Division II, 2269#，绕带容器规范）

CASE

2269

CASES OF ASME BOILER AND PRESSURE VESSEL CODE

Approval Date: December 8, 1997

*See Numeric Index for expiration
and any reaffirmation dates.*

Case 2269
**Design of Layered Vessels Using Flat Ribbon
Wound Cylindrical Shells
Section VIII, Division 2**

Inquiry: Under what conditions may layered vessels using flat ribbon wound cylindrical shells be used in the construction of layered pressure vessels under the rules of Section VIII, Division 2?

Reply: It is the opinion of the Committee that layered vessels using flat ribbon wound cylindrical shells may be used in the construction of layered pressure vessels under the rules of Section VIII, Division 2.

(a) Layered flat ribbon wound cylindrical shells shall meet all requirements of concentric wrapped cylindrical shells in AG-140 of Section VIII, Division 2, except as modified by this Case.

(b) Additional general requirements are as follows.

(1) Materials of construction shall be limited to those in Tables ACS-1, AHA-1, AQT-1, and ANF-1.3, except for 5%, 8%, and 9% nickel steel materials which are permitted only for inner shells.

(2) The inside diameter of the inner shell shall not be less than 1 ft nor greater than 12 ft.

(3) The minimum thickness of the inner shell is $\frac{1}{6}$ of the total wall thickness. The actual thickness of the inner shell must satisfy the requirements of paras. (c)(6)(a) and (c)(6)(b) below.

(4) An even number of shell layers shall be used.

(5) Each shell layer shall be filled with helically wound flat ribbons in a crossing pattern (see Figs. 1 and 2).

(6) The helical winding angle shall not be less than 15 deg. nor greater than 30 deg.

(7) Except for the welded portions at the ends of the ribbon wound shell and at nozzles, the helical gaps between ribbons in a winding shall not exceed $\frac{1}{8}$ in.

(8) The flat ribbon dimensional constraints are:

(a) Minimum width is 2 in.

(b) Maximum width is 5 in.

(c) Minimum thickness is $\frac{1}{8}$ in.

(d) Maximum thickness is $\frac{5}{16}$ in.

(9) A head, body flange, or tubesheet that is attached to the ends of a ribbon wound cylinder shall have an outside diameter equal to or greater than that of the ribbon wound cylinder.

(10) A protective outer cylindrical shell shall be provided. This layer shall not be used in the strength calculations for internal pressure and it shall have vent holes meeting the requirements of AF-817. Vent holes per AF-817 are not required within the ribbon windings.

(c) Design of ribbon wound cylindrical shells requires a procedure where initial geometry is assumed and checked to determine its adequacy. The following design requirements shall be used instead of those provided in Article D-11.

Items (1) through (7) below shall be used instead of AD-201 as referenced in AD-1101(a).

(1) *Nomenclature*

P = internal design pressure, plus any pressure due to static head of the fluid, at any point under consideration, psi (sum of columns 2 and 3 in Table AD-120.1) (see AD-201)

α = helical winding angle, deg.

R_i = inside radius of inner shell, in.

R_j = outside radius of inner shell, in.

R_m = mean radius of inner shell, in.

= $(R_i + R_j)\,/\,2$

R_o = outside radius of completed ribbon wound cylindrical shell, in.

R_α = corrective radius of ribbon layers, in.

= $R_j + (R_o - R_j)\cos^2\alpha$

J = ratio of inner shell thickness to total wall thickness

= $(R_j - R_i)/(R_o - R_i)$

S_I = membrane stress intensity limit for the inner shell material from tables of design intensity values in Subpart 1 of Section II, Part D multiplied by the stress intensity factor in Table AD-150.1, psi (see AD-130)

S_w = membrane stress intensity limit for the layer material from tables of design intensity values in Subpart 1 of Section II, Part D multiplied by the stress intensity factor in Table AD-150.1, psi (see AD-130)

S = smaller of S_I or S_w, psi [AD-1101(b) is not permitted]

S_E = $(0.9 + 0.1J)S$, psi

图 9　规范附图，新型绕带高压容器 1997 年列入美国 ASME BPV 规范 2269 编号首页

错绕式容器"为名,正式列入了中华人民共和国国家标准,详见 2011-05-12 发布的中华人民共和国国家标准(GB/T 26466—2011)。该标准适用于设计压力大于或等于 10 MPa 且小于 100 MPa;设计温度大于或等于－40 ℃且小于或等于 80 ℃;内直径大于或等于 300 mm 且小于或等于 1500 mm,设计压力(MPa)与内直径(mm)的乘积不大于 75000。至今新型绕带式压力容器仍在我国继续发展制造和在诸多工厂企业安全应用。

(3) 1996 年和 1997 年因扁平钢带交错缠绕式高压容器具有突出的科技先进合理性,经美国数百位同行专家、六个层次、两年时间的严格评审,始终无一人投票反对,终于以免于在美国再作任何复核试验的极其优惠的条件,以规范编号 2229[#] 和 2269[#] 作为继日本和德国之后来自中国的第一项重大机械工程科技成果被批准列入当今国际上最具权威的美国机械工程师协会锅炉压力容器规范标准:ASME BPV Section Ⅷ,Division 1&2(请参见规范附图),可允许在国际上推广制造内径达 3.6 m 的包括高压尿素合成塔和高压热壁石油加氢反应器等在内的各种高压大型贵重的扁平钢带交错缠绕式压力容器设备(在钢带交错缠绕绕层壳壁上,和单层或多层容器壳壁类似亦可按规定相应开孔接管!)。

(4) 1981 年以"新型薄内筒扁平钢带'倾角错绕'式高压容器的设计"(意指该创新科技项目的"设计",而非整个科技项目的成果)为名获国家科委颁发国家技术发明三等奖,1990 年以"新型绕带式压力容器"为名获国家教委推广应用已获重大技术经济效益排名第一的科技进步一等奖(后未去申报转化成相当的国家级科技进步奖),1998 年以"新型绕带式压力容器"(科技专著)获国家机械工业部科技进步二等奖等。

七、创新复合壳壁压力容器工程强度优化设计理论与相关技术简介

(1) 根据国际钢制压力容器工程技术的大量发展历史经验与设

计技术规范现状，和 40 年来中国钢带交错缠绕式各种高压容器的大量工业应用实践和工程设计与制造的实际经验，本文上述四种类型钢带交错缠绕和全双层壳壁结构压力容器、压力贮罐和压力管道的工程强度设计，理论上和我国与国际上大多数国家现行法规一样，都是依据国际上公认的著名的"中径公式"，即其复合结构壳壁的最小设计总壁厚 t 应满足下式计算要求：

$$t \geqslant (t_i + t_w) + C = [jt + (1-j)\,t] + C = Pd_i / [2(\sigma_{am} - P)] + C$$

式中：t——容器（及贮罐、管道，下同）复合壳壁最小设计总壁厚度；

t_i——单层或组合内筒最小设计厚度；

t_w——外部筒壳或钢带交错缠绕复合壳壁最小设计厚度；

j——内筒最小设计厚度对容器壳壁设计总厚的壁厚比，通常设计中取：$j = 0.15 \sim 0.35$；

d_i——容器设计内径；

P——容器设计内压；

C——考虑腐蚀裕量、原材料厚度负偏差及其他因素的壁厚设计附加量；

$[\sigma]_{am}$——容器复合壳壁最小综合许用应力（强度）；

或 $\begin{matrix} [\sigma]_{am} = [j\sigma_{si}\phi_i + (1-j)\sigma_{sw}\phi_w]n \\ [\sigma]_{am} = [\,j\,\sigma_{ui}\phi_i + (1-j)\,\sigma_{uw}\,\phi_w\,]\,/\,N \end{matrix}$ （两者中取其小值）；

$\sigma_{si}, \sigma_{sw}, \sigma_{ui}, \sigma_{uw}$——分别为内筒、外层或钢带原材料的屈服和极限强度；

n——基于壳壁材料屈服强度的设计安全因素按相关国家法规通常取 $n \geqslant 1.4 \sim 1.6$；

N——基于壳壁材料极限强度的设计安全因素按相关国家法规通常取 $N \geqslant 2.5 \sim 3.0$。

（2）钢带交错缠绕高压容器的工程强度优化设计，应包括其较为适当的内筒壁厚比、钢带偶数绕层、钢带缠绕平均倾角 α 及钢带缠绕预拉应力等参数的最优化确定，都是在根据国家相关法规规定计算得到了容器壳壁最小设计总厚度 t 之后,按本文作者所发表提供的工程强度优化设计理论即可进行其相应的"低应力内筒"优化设计计算,并作适当的调整,使其更能满足各方面的合理需求,使钢带缠绕预拉应力符合内层部分较高,而外层部分则越来越低而平坦的分布规律。

（3）长期大量的设计应用实践已经完全证明:钢带交错缠绕容器薄内筒两端与顶部法兰或半球形封头底盖的联接边缘部位,通常以角度约为 $\gamma=40°$ 的斜面过渡联接并实施每层钢带分层的斜面分散焊缝联接结构,既十分简便又非常安全可靠,包括其拉伸和疲劳强度都非常合理可靠。其边缘应力影响可完全忽略不计。在我们的所有包括这种斜面分散焊缝专门拉伸断裂特殊疲劳试验（疲劳寿命高达 4152×10^3 次）和 40700 次设计内压下液压反复升降疲劳试验的工程规模该型绕带容器的破坏试验与 7500 多台该型容器工业生产长期安全成功应用的考核中,该薄内筒两端与顶部法兰或半球形封头底盖所有联接边缘部位都从未发生过任何的局部断裂失效破坏（该薄内筒两端联接部位各钢带绕圈之间均加焊 $L\geqslant150$ mm 的端部加强焊缝）。钢带交错缠绕容器端部采用这种斜面过渡焊接结构,非常安全可靠。

（4）带斜面分散焊缝的薄内筒交错缠绕多层钢带的厚壁筒体端部联接结构,其端部绕层带间加焊长度 L 的要求,理论上应可很短,通常取 $L\geqslant150$ mm 即可。

对某些特别重大的钢带交错缠绕式压力容器,如高压热壁石油加氢反应装置及核反应堆压力壳等一类特殊贵重承压装置,则可将式中所有 R_o^2 改变为 R_j^2 后加以应用,以求更加安全可靠。即此时其端部加强焊缝长度 L 为（只需考虑内筒的边缘影响而作的加强）:

$$L=1.2\left[(R_j+R_i)(R_j-R_i)\right]^{0.5}$$

式中: R_j——内筒外半径;

　　　R_i——内筒内半径。

八、压力容器和大型长输管道工程长远科学发展的综合评价

压力容器新的"多功能复合壳"特性的创新理念,应是检验国际上现有各种压力容器构造技术是否优劣的"试金石"。现有国际上得到重要应用的著名的诸如"筒节锻焊"与"厚板弯卷焊接"和"单层较厚钢板组焊球形与筒形压力贮罐",以及"包扎"、"热套"、"型槽绕带"和"众多板间焊缝"等多层式压力容器构造技术,如以上述10项压力容器的"多功能复合壳"特性来逐项加以分析对比,包括设计制造得非常"完美"的大型"厚板弯卷焊接"的高压热壁石油加氢反应器和大型"厚重筒节锻焊"的核反应堆压力壳等高科技在内,几乎多不能满足其中不少非常重要的应该具备的功能特性的要求,除了占有传统的观念和法规与使用经验等方面的优势之外,在技术经济性和使用安全可靠性与在线安全监控保障特性等重大方面似都不拥有长远发展的科技优势。

然而,我国的"薄内筒钢带交错缠绕"和"双层螺旋焊管"等四种重要类型压力容器工程创新科技,其原材料轧压装置最小,轧制最为简易,性能优异,材料利用率最高,成本最低;构造厚筒壳壁的钢板弯卷、焊接、检测、机械加工和热处理等工作量减少约80%,能耗最少;制造装备相当简易、工效最高(可提高一倍)、成本最低(可降低30%~50%甚至更多);在役使用"层间止裂、抑爆抗爆",万一发生内筒腐蚀等原因内部介质外泄能自动"导引处理",并可实现经济可靠的在线安全状态计算机集中自动报警监控;容器设备在役定期无损检测最为简易可靠,费用最低,对大型连续化生产企业及长输管线等因定期检测引起的经济损失最低(估可节省50%以上);结构强度和刚度充足可靠,设计灵活,适用范围宽广。这些应都充分显示了其在未来长远的国际压力容器工程产业中占有最为优异的科技发展优势!

国内外有人认为:"采用单层厚板,结实可靠,一卷、一焊,容器就做成了,多爽快,这就是大型厚壁压力容器的发展方向!"但可惜,不

要讲并非"结实可靠"等多种严重问题,就制造工效这一点,实际上制造一台高压大型"厚板弯卷焊接"容器的同时,通常就可用以制造两台规模相同的薄内筒交错绕带式容器,制造工效至少提高一倍(其在绕带装置上完成多层钢带的缠绕,通常仅相当于厚板卷焊容器的多个筒节因焊接、检验等等在天车上频繁来回起吊、移运和安装的"额外"时间的总和)。对工效相对公认较高的高压大型厚壁压力容器就有如此显著的对比效果,确曾使英、美同行专家们"感叹"不已。

回顾我国和世界当代的各种压力容器工程技术,虽然多取得了重大的科技进步和巨大贡献,但包括高压石油加氢反应器和核堆压力壳等重大压力容器工程技术在内,从长远发展战略高度考虑都还面临诸多重大困难和与当今时代发展很不相称的问题,都应加以变革发展,主要有:

(1) 需可弯卷厚达 100~400 mm 特大型厚板弯卷机和万吨级超大型重型钢锭成筒锻压设备,以及直径达 4 m 和长度达 40~60 m 的容器壳壁整体机械加工等昂贵的容器制造成型设备;

(2) 需轧制困难、质量往往难以保证的 100~400 mm 特厚钢板或重达 300 吨或更大的大型电碴重熔筒形钢锭或双面均有复杂型槽的特型钢带及超宽、超长的较厚钢板等特殊原材料;

(3) 容器壳壁结构有厚达 100~400 mm 复杂困难的纵、环向深厚焊缝及其特殊的焊接、检测与焊后整体热处理;或有繁多的多层包扎(套合)与纵、环向多层板间或环向多个筒节间的深厚焊缝及其繁复的焊接、检测与层间贴合打磨处理;或有层间非常精确因而内筒需整体精密机械加工的外层钢带绕层只可单向缠绕的扣合型槽;或需特别外加的超大型轴向承力绕丝框架;或需特别压制的单层宽厚的球瓣钢板相当困难的现场组焊;

(4) 现有各种单层、多层及钢带单向缠绕容器(包括大量中低压容器与贮罐设备,以及各种大型和超大型球形压力贮罐与大型输送管道等)壳壁缺乏"抑爆抗爆"和"全面自动收集泄漏介质"及很难实现经济可靠的在线安全状态远距离计算机集中自动监控的功能;

（5）国际上现有上述各种压力容器设备与大型管道包括核反应堆压力壳及其锅炉设备等压力容器设备，总体上不仅制造困难，成本高昂，而且在役使用期间因缺乏"抑爆抗爆"等重要安全保障功能而随时都潜在可能发生突然断裂爆破的严重危险（国内外各种单层和多层压力容器设备及锅炉汽包与长输管道等，因单层壳壁或有深厚贯穿焊缝而发生腐蚀泄漏和裂纹扩展突然断裂破坏等，众所周知，已经给各国人民生命财产损失带来了不少严重惨痛事故）！

这里必须强调指出：

一个国家或一个工厂，即便拥有锻压和弯卷等上述各种大型"先进"贵重制造装备，并都能供应特厚钢板或大型锻件及其相应的先进技术，包括相应的设计计算、焊接检验，以及分析评估等诸多"先进"科技，都不能对其"单层壳壁"和"一次成型"的构造技术理念所固有的各种不良"本质"问题带来多大改变！

这是因为：

（1）各种单层壳壁，包括当今世界上量大面广的中、低压容器设备和长输管道的单层壳壁，各种球形压力贮罐的单层球形壳壁，和各种厚壁高压和超高压容器的厚壁单层壳壁，以及虽为多层壳壁的容器设备但却带有纵向或环向贯穿性焊缝的壳壁，或在力学上或在制造技术上并不科学合理的绕带或多层壳壁，不仅"一次成型"的制造技术本身可能就不够科学，制造困难，隐藏的缺陷不会被分散还可能漏检，就从容器壳壁的可靠性断裂失效概率分析理论上也远不如双层、尤其多层钢带交错缠绕壳壁安全可靠。在理论上单层锻焊式核反应堆压力壳，经过非常严格的设计与制造，其失效概率才可达极低量级 $[10^{-7}1/($容器台·年$)]$. 然如将各种单层壳壁结构更改为按现今通常的设计与制造技术制成的双层复合壳壁结构，这时就按通常单层壳壁断裂失效概率至少可达 $[10^{-4}1/($容器台.年$)]$ 计（不计其"层间止裂"和"抑爆抗爆"的效果），双层壳壁内外两层同时发生断裂失效的概率为其内外两层失效概率的乘积，而其大小是两者的指数相加，即至少变为：$[10^{-8}1/($容器台·年$)]$，甚至为 $[10^{-10}1/($容器台·

年）]，说明只要在壳壁结构上略作改变，在理论上就可使其双层壳壁同时发生断裂失效的概率，比经严格设计制造的核反应堆压力壳的失效概率还可更低（这是一个多么大的改变！）；如采用多层绕带壳壁结构，其整体断裂失效概率在理论上将可达[10^{-10} 1/（容器台·年）]，甚至[10^{-12} 1/（容器台·年）]，比锻焊核堆压力壳的极低的断裂失效概率还可降低更多！这些至少表明其在断裂失效概率理论上确更要安全可靠得多。因为事实上在设计压力使用条件下，压力容器设备即使是双层，当然尤其是薄内筒加更多交错缠绕钢带绕层的复合壳壁，通常没有可能发生内外各层同时发生像单层容器设备那样因裂纹严重扩展而发生壳壁整体突然断裂的破坏失效。而当今各种"多层复合壳壁"压力容器设备，包括纤维缠绕复合高压容器，都已经在各个重要领域，尤其航天工程中得到成功应用，应足以说明，多层复合壳壁应不是"不太可靠"，而应是新的发展方向。与多层或缠绕压力容器复合壳壁构造技术有相似之处的钢丝斜拉桥技术的发展应用也是一个很好的例证！难道采用经过严格轧制锻打的通常看上去所谓"结实可靠"的"粗截面斜拉杆"会比采用"细截面多股钢丝斜拉缆绳"更为经济合理和安全可靠？！

（2）国内外大型锅炉压力容器和重型机械制造企业虽已拥有各种大型制造装备，且即使显得很先进贵重，但都不能改变其单层厚壁"一次成型"制造技术的"困难性"本质。从其原材料到成品的整个制造过程，不仅其特殊的特厚钢板或重型钢锭原材料及其在高温条件下弯卷或锻压成型等困难技术仍然未变（往往发生厚板卷筒纵缝错边及有大量内外锻压粗糙表面需要大型机械加工等等），其深厚焊缝的焊接、检测、大型机加工与整体热处理等困难工序也依然存在（万一发现某些缺陷等问题，几十至几百吨重的一个筒节搬运处理都会感到很困难），制造成本当然仍会很高；而且其制造过程本身由于容器单层壳壁结构本质所决定就有较大可能产生和漏检裂纹等各种制造缺陷。所以这些制造装备无论显得多么先进贵重，都不能对其单层壳壁构造技术并不科学先进的"本质"带来任何实质性的改变！

（3）世界各国多已有锅炉压力容器相关的法规、标准，尤其在美、英、苏、德、日等国和我们中国，都已有相当成熟和有很大权威的法规、标准。但有一点必须明确，各种法规、标准无论已经多么成熟和权威，似都不能对上述不论厚、薄的单层壳壁构造技术与安全特性的"本质"带来质的改变！而且众所周知，国际上为确保容器设备安全使用，按法规从装备的设计、制造，到在役使用期间多次定期停产卸压安全检测等等所付出和所带来的各种经济损失真是难以计数，仅其中后者所付出的代价就可能超过容器设备本身高昂价格的数倍！然即使如此，甚至也通过了断裂疲劳及风险等各种现代的高科技"分析评估"，但因各种腐蚀、疲劳，以及由于辐照作用或应力腐蚀等引发材质脆化，而其单层壳壁又缺乏自然"抑爆抗爆"等能力，在设计内压使用条件下由于诸多复杂因素的综合作用发生突然泄漏和裂纹严重扩展而引发断裂破坏等的事故仍难以避免，并可能带来政治和经济上的严重后果！

（4）这里就以全双层结构较薄压力容器与贮罐设备和大型油、气长输管道的壳壁构造技术的变革来作简单分析。因为其较薄单层壳壁的焊缝并无减少，且还要变为较难成形的双层筒壳结构，因而在双层壳壁的制造技术与其制造成本上并没有优势；其弯卷成型、焊接、检验、机械加工及焊后热处理等工作量并未减少反会略有增加，因而其制造成本通常也会略有增加（综合其他因素其总的增加量将不超过 10%）。但请注意：其壳壁厚度仍相同，重量没有增加，焊接量也基本未变，如能推广采用内径为 0.2～10 m，内长为 2～60 m，双层壳壁总厚为 2～40 mm 以内筒为芯筒的全双层螺旋焊管成形技术，并对大型容器、贮罐和长输管道采用适当增长的焊管筒节，则其斜边焊缝长度相对有所减少，螺旋卷焊的生产效率将会提高；尤其长输管线上的总焊接量也可能略有减少，长输管线上总的各种安全附件由于双层螺旋焊管的"可监控"特性也将适当减少，再加上其在役安全可靠性能将可得到重大改善，其在役安全检测又可能得到很大简化，因而其总的建造投入将更经济，其在役安全维护成本将有所降低(估可降低约 50％以上)，由此而带来的安全经济和社会效益将可能难以估量。

　　显然，采用各种大型及超大型制造装备和特厚钢板或大型锻件及深厚焊缝或众多板间焊缝(太多的钢板弯卷、切割、包扎、焊接、打磨、检验等问题)等所谓"结实可靠"的原材料和构造技术，都无法根本改变当代压力容器壳壁构造科技并不合理的"本质"问题。单层化壳壁(及带深厚或众多焊缝的壳壁)，从其较为特殊昂贵的原材料，到工程产品的整个制造过程，以及其在役使用的安全可靠性和可否实施经济可靠的在线安全状态自动监控特性等诸多重要方面来看，也不具备应有的与当今时代相称的科学"先进"性。

　　然而相反，如果一个国家或一个工厂企业，装备了以作者为首所研发的大型钢带冷态机械化自动监控钢带预拉应力的缠绕装置(请见已获中国和美国专利——US Patent Number：5676330 和一台简易的中型绕带装置等所附图片)，就可使一个厂家原有压力容器工程装备的生产能力成倍提高(相当于 5 倍)(如一个只拥有可冷态弯卷最大 40 mm 厚度的通常弯卷机的压力容器制造厂家，若能再拥有一台大型钢带缠绕装置，其生产能力即可大幅提高变为能制造总厚度达 200～400 mm 的大型贵重高压容器装备)。且既可缠绕扁平钢带，也可缠绕 U 槽钢带，其直径可达 3.6 m 或更大，长度可达 40m 或更长。这种绕带装置本身重量仅约 100 吨左右，所需成本也不高，只约为一台大型特厚钢板卷板机的 1/10 左右，或只约为一台日本大型螺旋绕板装置的 1/5 左右。即使没有高大的重型厂房，依靠绕带装置轨道上可升降装卸和来回移运的若干小型平板托车和简易龙门移运起吊装置，也能只用轧制简易的较高强度优质钢带和钢板为主要原材料，应用这种绕带装置就可高效、简便、低成本、低能耗，科学合理制造、移运各种具"多功能复合壳"特性安全可靠的大型、贵重、特殊高压容器装备。其制造工效，可比当今国际公认工效最高的"厚钢板弯卷焊接"提高一倍(即同样工时可制造两台相同规模的绕带式高压容器，而其制造成本却可降低 30％～50％)！

US005676330A

United States Patent [19]

Zhu

[11] Patent Number: 5,676,330

[45] Date of Patent: Oct. 14, 1997

[54] WINDING APPARATUS AND METHOD FOR CONSTRUCTING STEEL RIBBON WOUND LAYERED PRESSURE VESSELS

[75] Inventor: Guo Hui Zhu, Miami, Fla.

[73] Assignee: International Pressure Vessel, Inc., Miami, Fla.

[21] Appl. No.: 562,261

[22] Filed: Nov. 22, 1995

[30] Foreign Application Priority Data

Nov. 27, 1994 [CN] China 207228

[51] Int. Cl.⁶ B21D 51/24
[52] U.S. Cl. 242/444; 242/447.1; 242/447.3; 242/448.1; 29/429; 220/588
[58] Field of Search 242/438, 447, 242/447.1, 448.1, 448, 436, 444; 220/588; 29/429

[56] References Cited

U.S. PATENT DOCUMENTS

2,011,463	8/1935	Vianini 252/444
2,326,176	8/1943	Schierenbeck 220/3
2,371,107	3/1945	Mapes 242/436
2,405,446	8/1946	Perrault 242/11
2,657,866	11/1953	Lungstrom 242/11
2,822,825	2/1958	Enderlein et al. 138/64
2,822,989	2/1958	Hubbard et al. 242/438
3,174,388	3/1965	Gaubatz 242/444
3,221,401	12/1965	Scott et al. 242/436
3,483,054	12/1969	Bastone 242/444
3,504,820	4/1970	Barthel 220/588
4,010,864	3/1977	Pimshtein et al. 220/3
4,010,906	3/1977	Kaminsky et al. 242/444
4,058,278	11/1977	Denoor et al. 242/7.22
4,160,312	7/1979	Nyssen 29/429
4,262,771	4/1981	West 242/7.22
4,429,654	2/1984	Smith, Sr. 114/65
4,809,918	3/1989	Lapp 242/7.22
4,856,720	8/1989	Deregibus 242/7.02
5,046,558	9/1991	Koster 166/243
5,346,149	9/1994	Cobb 242/7.22

Primary Examiner—Katherine Matecki
Attorney, Agent, or Firm—Oltman, Flynn & Kubler

[57] ABSTRACT

An apparatus for winding steel ribbon around a vessel inner shell having forward and rearward ends to construct a pressure vessel includes a vessel support and rotation mechanism, a vessel elevation adjusting mechanism, tracks for supporting and guiding the vessel support and rotation mechanism, a carriage having rail track engaging mechanism for traveling along the track on at least one side of the vessel inner shell, and a ribbon pulling mechanism mounted on the carriage for delivering the ribbon to the vessel inner shell under ribbon tensile loading to pre-stress the vessel. The apparatus preferably additionally includes a locking mechanism for locking the vessel support and rotation mechanism to the track, after the vessel support and rotation mechanism is positioned at forward and rearward ends of a given vessel inner shell. The vessel support and rotation mechanism preferably includes several vessel support roller sets in the form of annular members rotatably mounted on tracks. A method for winding steel ribbon around a vessel inner shell using the above described apparatus, includes the steps of mounting the vessel inner shell on the vessel support and rotation mechanism, securing an end of the ribbon to the vessel inner shell, rotating the vessel inner shell, delivering the ribbon from the ribbon pulling mechanism to the vessel inner shell for winding around the inner shell, and advancing the ribbon pulling mechanism along the track on the carriage to wind the ribbon along the inner shell in a helical path.

17 Claims, 2 Drawing Sheets

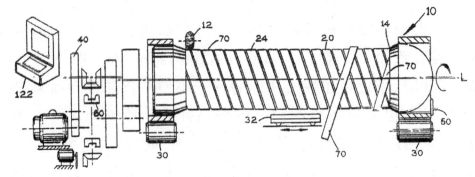

图 10　钢带缠绕装置与方法—美国专利封页

作者 1997 年设计的大型钢带交错自动缠绕装置获得美国专利 5676330 号封页附图

一台冷态绕制内直径达 2m、长度达 30m、总壁厚达 200m 容器的简易中型绕带装置

图 11　照片中绕带容器内压 30MPa、内径 1000mm、内长约 20m

窄薄截面热轧扁平或单 U 槽钢带，室温（或必要时的相当低温加热）条件下，在薄内筒外面机械化的简便快速缠绕过程，及其端部的斜面分散焊缝采用小型工具的焊接、打磨、检测与必要时的焊后局部热处理等都简便易行，工效很高。容器筒体越长、越大、越厚，其相对效果当然越好。

图 12　钢带冷态拉紧缠绕过程照片

图 13　多么简便快捷、科学平衡的窄薄截面热轧扁平钢带或单 U 槽钢带"交错缠绕"
厚壁压力容器壳壁厚度增厚成形技术(每层绕带只需两端与端部相焊)

　　所以,很明显,拥有这种新型绕带装置,和相应的钢带等工程材料供应,以及相应的国家设计制造工程应用规范等合理的必要的配套条件,便将可能对由美国 ASME 锅炉压力容器规范所主导的本文所述国际上四种重要类型各种重大压力容器工程装备的工程科技,带来根本性变革。

　　一个化工、制药、石油化工或能源等企业整个生产系统的所有压力容器设备(包括各种高压和中低压容器设备)或一条数千公里长的大型油、气长输管道,及各种工业锅炉和废热锅炉汽包都因采用双层壳壁(或钢带交错缠绕壳壁)而可"止裂抗爆"和"全面自动收集泄漏介质",即在设计内压工作条件下即使发生了某种腐蚀等裂纹的严重开裂扩展,各种容器设备也"只漏而不爆",并可能实现经济可靠的泄漏介质自动收集处理和在线安全状态远距离计算机集中自动监控,因而将可带来相当重大的安全技术经济效益。这无疑是国际压力容器工程科技的一个重大突破!这无论对量大面广的重要中、低压容器设备,还是对大型和超大型压力贮罐,或大型长输管道,或各种汽包锅炉设备,仅从这一"破天荒"变化的长远战略高度看问题,对至今仍以"单层壳壁"为选型主要技术特征和传统技术理念的工程项目设计承包工程公司与用户厂家企业而言,可以说是国际压力容器工程科技领域一个划时代的突破性的科技进步!

九、结语:创新工程产业发展条件和从长远发展战略考虑提出的请求

综上所述,应可得出如下重要结论:

(1) 压力容器设备与大型管道,是一种得到相当广泛应用和关系国家国计民生与国防军工的一种特殊工程装备。石油炼制、重型化工、核能电站、热能电站、城市煤气、空气分离、药物食品化工、高分子化工,轻工,以及航天、海洋和各种油、液、气与化工产品等的贮存与长输等领域,没有现代化的压力容器装备与各种管道工程科技的长足发展,就将整体或局部无法装备,甚至各种破坏事故频发,就不可能有今天这些重要领域的现代化发展。

(2) 压力容器与大型管道,颇具特殊性,不论是筒形还是球形,通常都是"中空"带一定厚度(2～400 mm)的看似简单实则相当复杂的一种大型装备(如内径达 3 m、长度达 40 m、壁厚达 300 mm)。其制造是否科学和使用是否安全可靠,"本质"上就决定于其壳壁构造的科学合理性。然近百年来这一根本问题却从未得到科学合理解决。广泛应用的各种高压厚壁容器设备,各种压力贮存贮罐,各种长输管道,各种重要中、低压压力容器设备,世界各国的设计规范和制造厂家所采用的壳壁构造技术,主要就是:"单层钢板卷焊"或"大型锻件锻焊"或"单层球瓣钢板拼焊"等技术。其基本现状就是:需特厚特长钢板或大型锻件;要特大型弯卷或锻造成型装备;焊接与检测及其焊后热处理等制造技术困难;制造成本高昂;在役定期停产安全检测困难;安全维护损失严重(尤其对大型压力球罐、高压高温特殊装备等);因难以避免的腐蚀、疲劳等诸多原因,单层壳壁,尤其焊缝部

位容易引发突然断裂爆破的严重灾难事故。国际上为此也相应发展了断裂、疲劳与可靠性分析,以及以"多通道声发射技术"(声发射技术确有其定点监测特别意义,然作为容器壳壁整体长期安全监控则有局限性)为代表的多种"在线安全状态监控技术"等高科技,并相应涌现了一大批专家教授和价格高昂的安全保障附设装置。为改善高压厚壁容器的各种特别困难和问题,国际上发明了"筒节薄板包扎"、"筒节多层热套"、"复杂型槽绕带"、"薄板整体多层包扎",以及"宽板螺旋缠绕"等多种制造技术。然这些高科技与新发明均未能从"本质"上科学解决上述诸多严重问题。

（3）压力容器装备的多功能复合壳创新科技,针对各种高压厚壁容器、大型压力球罐、大型油气长输管道和重要中、低压容器设备等四种重要类型应用范围广的压力容器装备,其"多层钢带错绕或双层化"创新壳壁"本质"功能优异:

① 安全（属性）根本变革:窄薄钢带易轧制、质量优;多层缺陷分散;层间止裂抗爆;"设计内压作用下多层壳壁只漏不爆";易于实施在线安全状态计算机集中自动报警监控（其装置成本只约为通用的"多通道声发射装置"的 5% 左右）等;

② 制造根本简化:无需厚钢板;无众多薄板或厚板弯卷成型;无深厚焊缝;无厚焊缝检测;无厚筒焊后整体热处理;无大型筒体整体精密机械加工;无需重型制造装备;钢带错绕高效等。我国新型绕带容器 40 余年的工程应用实践证明:其焊接、检测、机械加工、热处理等工作量可减少约 80%;相应的焊接与热处理能耗可减少约 80%;生产效率可提高一倍（相同时间相同大小的工程产品同时可造二台!）;制造成本可降低 30%～50%（或更大）;在役定期停产安全检测维护费用可节减 50% 左右等。显然,优势突出,这对国际高压、大型等重大压力容器装备科技的长远发展,必将开创一个"根本变革"的新局面。

对大型油、气长输管道,其焊接量虽略增加,然双层化螺旋或直缝焊管创新科技,其筒节重量不变,"双层化"焊管不难,成本也将变化不大,安全属性却发生了重大优化:"双层化"管道"止裂抗爆";有"灵性"能"报警";在役检测简化;大量降低腐蚀或人为破坏的严重经济损失与环境污染;几千公里长的管道可实施简便可靠的在线远距离计算机集中安全监控保护等。显然,这具有显著技术经济效益和科技文明进步的重大意义。

有人曾对我说,不好总去和别的技术作"比较",说这个好那个不好,各种技术都"各有各的特点",如此等等。这种说法是可以理解的,也是有道理的! 因为作者向来都说,国际现有技术都是可以且已经得到相当广泛的工程应用,而我们的创新技术则还要一个相当长时间的发展过程才能真正被人们广泛认知和加以运用。当然作者同时也认为:

(1)有比较才有鉴别。只有比较,鉴别,事物才有进步。这就是一切事物进步和一切科技发明创新的动力;

(2)真理愈辩愈明。真金不怕火炼。真正的真理(相对真理)或先进的科学技术应不怕比较和各种考验,这样才会愈发展现其无可争辩的先进性;

(3)我们的创新技术,壳壁结构本质上就具有使用安全可靠、制造简便经济等突出的优异特性。40余年的工程应用实践表明:新型绕带壳壁,其内筒和外部绕层的"分散缺陷"、"止裂抗爆"、"监控报警"等安全属性明显都更优于厚重筒节锻焊技术或厚筒钢板焊接技术;而它们的制造技术,仅就制造工效这一点而言,现有三层热套厚筒环缝焊接容器或厚钢板弯卷焊接容器或厚重筒节锻焊容器,在它们多个厚重筒节与整台厚壳容器设备的制造过程中,多个厚重构件在诸多工序间在天车上来回起吊移运的辅助时间的总和,就足以用来完成新型绕带(尤其U槽钢带)结构设备内筒外部全部绕层的交错缠绕! 从长远观点看问题,现有技术只具有"各有各的特点"的"传统优势";

(4)重视对比分析能力(培养),是一个高校教师应有的品格。作为一个高校教师,为把问题搞清讲透,作者历来在教学和科技论文与学术报告中,包括在英国人和美国人面前讲学和申报规范,作者总会(多少留有余地)和现有技术作出分析比较,并也强调要有一个相当长时间的发展过程才能逐步得到推广应用。结果作者的论文获英国机械工程师协会带奖金的优秀论文大奖,在美国经过数百位同行评审专家、六个层次、无一人投票反对破天荒顺利将新型绕带容器技术列入了极具权威的 ASME BPV 规范。

所以,作者相信,这种关系世界未来长远发展,具"制造科学合理、使用安全可靠"突出发展优势的"多功能复合壳"创新理念,应将会不断得到国内外愿为人类未来长远发展着想的相关有识之士的理解与推动,最终应能逐步得到推广应用。

至今,本"多功能复合壳"压力容器设备的创新技术,已在我国得到初步推广应用并取得数以 10 亿元计的推广应用重大技术经济效益。然其进一步推广应用却仍并非易事。为何?这主要是一个社会问题。其中有:①压力容器工程科技领域,国际上皆受相关规范管控,因危险性大,不敢轻易改变冒风险,相当传统保守;②制造厂家不愿轻易放弃已拥有的大型制造设备技术,因其投入都相当昂贵,故坚守只提供价格高昂的原有科技产品,应用企业只得"采购";③使用单位多是高利润部门,基本只注重"可用"的"经验",多不去计较容器设备的品质与价格的"更优化";④高校研发的创新科技,如未得到政府部门大力支持,通常多不易被推广,对相当大型化的工程设备光靠教书先生个人的"奋斗"着实不易。

据此,这里需提请国家有关领导部门能重视"多功能复合壳"压力容器工程产业的发展,打破其发展"瓶颈"并创造必要的投入条件。主要有:

(1)提请国家有关领导部门重点立项扶植推动发展

因涉及国家法规标准的实际确认,国家工程开发项目规划设计采纳,制造企业大型工装改革投资,定型钢带及双层螺旋焊管等原材料的定点供应建设,以及产品质量安全技术监管等诸多方面,是一个相对复杂的"系统工程",深感需提请国家领导部门,从长远发展战略高度考虑,为时不晚,给予重视,立项扶持,协调相关部门,共同解决有关"瓶颈",以开创一个将可产生数以千亿元计的新型"多功能复合壳"压力容器工程产业长远战略性科学发展的新局面!

(2)较高强度扁平和对称单 U 槽钢带的定点轧制供应,大型绕带装置的定点制造与产品生产,大型长输管道双层螺旋焊管装置的改造和双层螺旋焊管的供应,以及相应的国家工程应用行业采用和国家规范的完善等,这几个项目,就像国家对"厚板弯卷焊接"容器产业装备超大型卷板机和供应特厚钢板,或对"大型筒节锻焊"容器产业装备超大型水压机和超大型锻件等都曾投入巨资一样,都不难解决。只要国家相关领导部门给予重视,主持协调相关方面,并作约数亿元人民币资金的投入,相关主要问题都可迎刃而解。

第二篇　四种重要类型多功能复合壳钢制压力容器装备壳壁构造和工程强度优化设计理论分析

以作者师生先后为首发明了四种重要类型应用范围宽阔的"多功能复合壳"钢制压力容器工程创新技术(请参见1,2,3,4图示)。

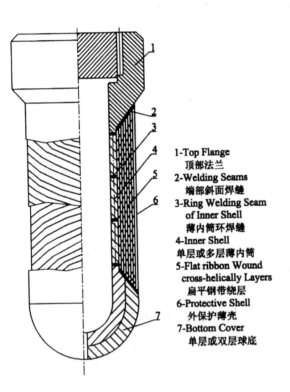

1-Top Flange
顶部法兰
2-Welding Seams
端部斜面焊缝
3-Ring Welding Seam of Inner Shell
薄内筒环焊缝
4-Inner Shell
单层或多层薄内筒
5-Flat ribbon Wound cross-helically Layers
扁平钢带绕层
6-Protective Shell
外保护薄壳
7-Bottom Cover
单层或双层球底

Figure 1　Structural Principle of Flat Steel Ribbon cross-helical Wound High Pressure Vessels

图1　扁平钢带倾角错绕高压容器结构原理

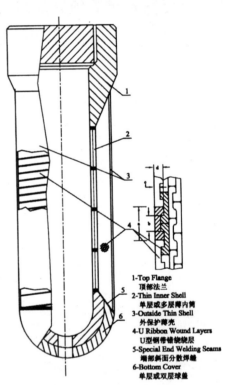

1-Top Flange
顶部法兰
2-Thin Inner Shell
单层或多层薄内筒
3-Outside Thin Shell
外保护薄壳
4-U Ribbon Wound Layers
U型钢带错层缠绕层
5-Special End Welding Seams
端部斜面分散焊缝
6-Bottom Cover
单层或双层球盖

Figure 2　Structural Principle of U Grooved Steel Ptibon cross-helical Wound High Presure Vessels

图2　新型薄内筒U型钢带交错缠绕高压容器结构原理

其一为"薄内筒扁平钢带交错缠绕式高压容器"（图 1 所示），其二为
"大型和超大型薄内筒单 U 槽钢带交错缠绕式高压容器"（图 2 所
示），其三为"中型与大型油、气长输双层螺旋或直缝焊接管道和重要
中、低压容器与贮罐设备"（图 3 所示），其四为"大型和超大型中、低
压薄内筒单 U 槽钢带交错缠绕式承压贮罐设备"（图 4 所示）。它们
都具有优异的"多功能复合壳结构压力容器工程技术"特性，如：缺
陷分散、抑爆抗爆、在线安全状态可监控、制造成本可降低 30％～
50％（双层壳壁科技除外），其焊接与热处理及其能耗可节减约 80％
（双层壳壁科技除外）等，都是非常重要的压力容器构造技术，可广泛
用以制造各种大型及超大型高压、高温、耐腐蚀、耐辐射及抗爆炸等
压力容器装置，和各种大型与超大型等承压贮罐设备，以及各种中型
与大型油、气长输双层螺旋或直缝焊接管道和重要中、低压容器与贮
罐设备。本文主要介绍"薄内筒扁平钢带交错缠绕压力容器"和"薄
内筒对称单 U 槽钢带每两层相互扣合交错缠绕压力容器"壳壁构造
技术的变革创新和筒体壳壁的工程强度优化设计基本理论分析，并
对"中型与大型双层螺旋或直缝焊管"或由此形成的"双层重要钢制
高、中、低压容器或贮罐设备"的工程强度优化设计，也将给出必要
的基本理念与原则。

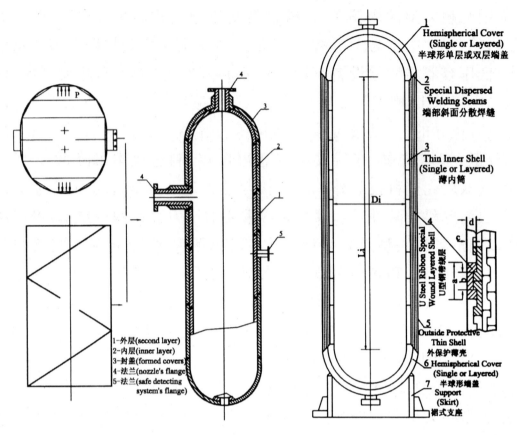

Figure 3　Structural Principle of Total Double Layered Cylindrical Low Pressure Vessels

图 3　双层结构中、低压压力容器设备结构原理

Figure 4　Structural Principle of U Steel Ribbon Special Wound Large Low Pres～Storage Tanks

图 4　U 型绕带中、低压压力储罐结构原理

一、四种多功能复合壳压力容器壳壁构造技术的变革

1. 压力容器多功能复合壳科学构造优化的基本理论

容器壳壁应实施以"窄薄截面"为壳壁主要构成材料和"多层、少焊、少机械加工"的真正科学的"多层化",因为这必将使较厚压力容器壳壁的制造成型和使用安全可靠性等特性就从壳壁构造"本质"上得到根本变革。这是因为:

(1)以窄薄截面为壳壁主要构成材料的多层、少焊、少机械加工的"多层化",其制造成型的装备和工艺技术,较之"一次成型"的"厚板弯卷焊接",或"简

节锻焊",或带"众多板间焊缝",尤其"深厚焊缝"的壳壁必将得到根本简化;

(2) 多层、少焊的容器壳壁各层隐藏的各种裂纹等缺陷,无论如何扩展,通常都不可能超出较薄截面的范围,通常总是最少、最小,且通常多不易漏检;

(3) 多层、少焊的多层层间具有最为有效的"层间止裂"、"抑爆抗爆"效果,因为按压力容器当代线弹性还是弹塑性断裂疲劳分析理论,或无论其他任何当代断裂疲劳可靠性分析理论计算公式,其中对于从概率论考察通常原本就不可能同时存在裂纹的下一层壳壁,计量该部位的裂纹当量尺寸 a 的数值自然即为:a=0。因而在通常工程系统皆有超压保护的服役使用条件下,在正常由设计内压作用对下层壳壁所产生的应力 σ 或应变 e 的值,和裂纹尺寸 a 的任何乘积皆为 0,因而该下一层壳壁材质的断裂韧性就自然变得足够强大,就必能阻止该部位上一层任何裂纹对下一层所引起的继续扩展。因而其中任何一层,特别是内层的腐蚀、疲劳等任何裂纹扩展,绝不可能发生如同在单层壳壁或贯穿焊缝内产生的裂纹严重贯穿断裂扩展,以至爆裂破坏的严重后果!

(4) 容器壳壁真正的多层、少焊的多层化,理论上其失效概率最低。即使壳壁的"双层化"也将带来壳壁性状的重大变化。因为即便二层壳壁,其各层具有各自的独立性并相互约束,而可抑制尤其因内层壳壁隐藏或腐蚀与疲劳裂纹的严重扩展或因辐照等原因引起的壳壁材质脆化而发生的突然整体破坏的严重后果。容器壳壁的可靠性断裂失效概率理论分析表明,经过非常严格的设计与制造,单层锻焊式核反应堆压力壳,在理论上其失效概率可达极低量级 [10^{-7} 1/(容器台·年)],然如将各种单层壳壁结构更改为按现今通常的设计与制造技术制成的双层复合壳壁结构,即便按通常单层壳壁断裂失效概率通常至少可达 [10^{-4} 1/(容器台·年)] 计(另还有"层间止裂"和"抑爆抗爆"效果),考虑到双层壳壁内外两层同时发生断裂失效的概率为其内外两层失效概率的乘积,而其大小是两者的指数相加,即至少可变为:[10^{-8} 1/(容器台·年)],或 [10^{-10} 1/(容器台·年)]。这说明只要在壳壁结构上略作改变,在理论上就可使其双层壳壁同时发生断裂失效的概率,比经严格设计制造的核反应堆压力壳的失效概率还可更低(一个多么大的改变!);而如采用多层绕带壳壁结构,其整体断裂失效概率,在理论上将可达 [10^{-10} 1/(容器台·年)],或 [10^{-12} 1/(容器台·年)],这比锻焊核堆压力壳的极低的断裂失效概率还更低得多!表明在断裂失效概率理论上,"多层化"或"双层化"壳壁却更为安全可靠。当今各种"多层复合壳壁"压力容器设备,包括纤维缠绕复合高压容器,都已经在各个重要领域,尤其航天工程中得到成功应用,这表明"多层化",即使"双层化"复合壳壁的发展方向,值得认真思考。

(5) 在外一层壳壁或绕层壳壁有效的"止裂抗爆"条件下,无论是高压容器、大型压力贮罐、长输管道,还是量大面广相当重要的中、低压压力容器设备的多层化壳壁,都可实施最为简便经济可靠的在线安全状态计算机自动监控报警,显然这就为各种压力容器设备实现可靠的安全保障技术,提供了最为简便有效又极易推广应用的壳壁构造条件。

2. 大型高压厚壁特殊贵重容器壳壁优化构造的科学发明分析

综上所述,"单层化"并带"深厚焊缝"的各种高压厚壁容器的壳壁,自然应变革为以窄薄截面为壳壁主要构成材料,并实施多层、少焊、少机械加工的真正科学的"多层化"。

然而,这种变革却决不会从天而降,想变就变得了的。经过作者多年思索探究后才得出:

(1) 高压厚壁容器的壳壁必须主要采用"窄薄截面"的钢带绕层

(对要求质轻的容器则必须采用纤维缠绕技术)

假设通常高压容器的筒形较厚壳壁为由一个适当较薄的能起承压密封、防腐与骨架作用的内筒,和一个主要能起承压强度作用的外层两部分构成。这个主要能起承压强度作用的外层自然应尽可能占壳壁总厚的大部分。这个大部分外层壳壁,当然应采用简易热态轧制的"扁平钢带倾角交错缠绕"或"单U槽钢带每两层相互扣合交错缠绕"的钢带绕层来构成容器壳壁主要的承压强度层(如约占容器壳壁设计总厚70%~85%,通常可为80%)。

这是因为厚度为2~20 mm的优质较薄压力容器用钢板,尤其厚度为4~8 mm和宽度为32~80 mm的"窄薄截面"热轧扁平或单U槽钢带,其轧制简单,轧机和钢锭加热与送带等设备都很小,其装备成本不会超过轧制厚度达200~300 mm特厚特长钢板的轧机和钢锭加热与送板等装备的5%,也不会超过大型电渣重熔筒形铸锭和特大型锻压装备的5%,而钢带成本在钢种化学成分相同的条件下仅约为特厚钢板的40%左右,或仅约为大型锻造厚壁筒节毛坯的30%左右;即使单U槽钢带的轧制也一样较为简易,轧制装备也一样很小,因为这种单面对称的单U槽钢带的轧制与扁平钢带的轧制并无大的原则差异,只要将轧制扁平钢带的轧辊形状略作改变即可。这种对称单U槽的凹凸形轧辊,比德国复杂双面共有5个凹凸型槽的钢带轧辊要简单得多。比其他任何成型钢带,

尤其双面成型钢带或钢材的轧制和缠绕,显然都最为简单科学。只要国家有关
方面能给予支持,组织有关部门和工厂企业定点轧制供应,就可为国际重大高
压压力容器设备工程技术的变革发展开辟新的方向创造条件,带来显著节约能
源与提高材料利用率和开辟科学合理、经济可靠、安全环保的国际压力容器设
备工程技术发展的新局面。所以,选用轧制简便、质量最优的窄薄截面扁平或
单 U 槽钢带,为容器壳壁的主要承压强度的钢带绕层构成材料,非常优化合理。

(2) 高压厚壁容器承受内压巨大轴向作用力的科学解案

作者在这里提供两个破天荒的科学创新解案:即在适当较薄的圆直内筒外
面扁平钢带倾角缠绕或在适当较薄的圆直内筒外面对称单 U 槽钢带每两层相
互扣合缠绕的钢带绕层,以承受容器内压引起的巨大轴向作用力。

工程上应用的各种重型厚壁容器装备,大多为带封头、底盖,既厚又长的厚
壁圆筒。其壳壁厚度和长度,依容器内径大小和工程应用需要,其壁厚通常为
50~400 mm,内部长度通常为 4~40 m。国际上百余年来壳壁较厚的压力容器
构造技术的发展历史充分表明,构成容器较厚的环向壳壁厚度并不困难,实际
上难是难在要使容器构成筒体内长较长的长度,以使容器能满足工程使用要求
和承受巨大的内压轴向作用力!人类围绕如何较为合理的解决厚筒壳壁容器轴
向通常都较长的壳壁构成技术,百余年来创造了诸多厚壁压力容器的构造技
术。其中,有国际上著名并至今仍被广泛应用于制造高压尿素合成塔、高压热
壁石油加氢反应器及核反应堆压力壳等装置。主要有:

① 整体锻造厚壁容器壳壁构造技术(Whole-Forged thick-walled shell tech-
nology);

② 厚内筒(厚于容器总厚一半)钢丝缠绕容器壳壁构造技术(Thick-walled
(over half thickness) inner shell steel wire wound technology);

③ 深厚焊缝联接(厚板筒节弯卷焊接、厚壁筒节锻造焊接、厚筒薄板包扎焊
接及厚筒多层热套或绕板焊接等)容器壳壁构造技术(Deep heavy circumferen-
tial welding connection seam technology);

④ 德国复杂型槽钢带在全长带特殊型槽薄内筒外壁单向缠绕容器壳壁构
造技术(German U grooved thin inner shell and complex both sides U grooved
steel strip interlocked winding technology);

⑤ 瑞典大型轴向钢丝缠绕框架容器构造技术(Swedish Large axial steel
wire wound frame technology);

⑥ 德国多层薄板全长整体包扎容器壳壁构造技术(German Total steel

plates wrapped-welded technology）；

⑦ 大型轴向筒型立柱框架容器构造技术（Big axial columns frame technology）；

⑧ 原苏联和日本薄内筒宽薄钢板缠绕加绕圈间焊接容器壳壁构造技术等（Wide steel band cross-helically wound and welded technology etc.）。

因而，国际上至今在各种高压厚壁容器制造中，万吨级以上超大型水压机、主辊直径达 1.5 m 以上超大型厚钢板弯卷机、各种厚达 100～400 mm 深厚焊缝焊接与检测处理技术装备、长达 30 m 以上超大型热处理炉，以及重达 300 吨超大型钢锭浇铸、超大型厚筒电渣重熔、长达 50m 的超重型容器内外壁机床加工和超大型绕板、包扎、热套等工艺设备与技术和特重型厂房与超大型桥式起重机等几乎无所不用。这些构造技术不仅制造极为困难，而且成本高昂，且因其制造过程易于引发裂纹等各种制造缺陷，其使用也往往并不安全可靠！

当然，当仅采用扁平钢带或通常的钢丝在相当薄因而极易制造的内筒外面按通常的方式螺旋连续缠绕时，即使钢带绕层再厚，其容器壳壁的轴向必仍然很弱而不能承受高压轴向作用力，因而这种最简便的方式历来未被国际上用以构造壳壁较厚、筒体又长的厚壁压力容器。这应就是以上多种著名的制造技术得以被相继发明和应用的一个重要的必然原因。

然而，当将轧制简便的扁平钢带在薄内筒外壁以某一适当的倾角 α 进行缠绕，或即使按通常的方式将能相互成对扣合而轧制仍然相当简便的对称单 U 槽钢带缠绕在薄内筒外壁，则将发生截然不同的变化。这些绕层不仅可加强容器的环向，亦能突出地加强容器的轴向，而且不论容器环向和轴向壳壁要求多厚，制造都极为简便，其使用必亦非常安全可靠。相对于其他任何成型钢带，尤其要求双面成型的钢带，扁平钢带和对称单 U 槽钢带的轧制和交错扣合缠绕都是最简单和科学合理的。鉴于国际上在高压尿素合成、高温高压热壁石油加氢、高温超高等静压处理及核堆压力壳等高难装置工程技术领域，已有厚内筒绕带、钢丝缠绕或德国薄内筒外壁带型槽的复杂型槽钢带缠绕等多层组合结构壳壁压力容器的成功应用先例，以及我国自主创新的 7500 多台薄内筒扁平钢带倾角交错缠绕式压力容器近 40 年十分安全成功的应用经验，显然，本文所介绍的这两种薄内筒钢带交错缠绕式钢制压力容器装备应是未来国际上各种较厚压力容器壳壁构造技术的一种根本创新变革！

由下面一个简单算例应不难了解一台较大的高压厚壁压力容器承受内压时所产生轴向作用力的巨大程度。设有一内径为 2 m，约 30 m 长，并承受设计

内压为 32 MPa（约 320 kgf/cm²）的通常不算很大的高压容器设备，其轴向所承
受的内压作用力：

$$F_{axial} = \pi R_i^2 P_i = 3.1416 \times 100^2 \times 320 = 10053 \geqslant 10000 \qquad 吨$$

显然，这已相当于一台万吨级水压机的锻压作用力了。这时：① 如采用四柱门
式轴向框架或钢丝缠绕单板或双板门式轴向框架结构，对通常多为如此长大的
高压容器来说，其技术经济性显然极不合理；② 若采用厚板筒节卷焊或厚壁筒
节锻焊及厚筒节多层包扎或热套的技术，因这些技术本身就已十分麻烦和困
难，且还必须采用深厚焊缝联接多个厚重筒节，其技术经济性自然也不会合理；
③ 即使采用全长薄内筒整体薄钢板包扎技术，因其每台容器每层每次通常只能
包扎相当于一个筒节长度的层板，而每个筒节每层通常又有 2～4 块较薄钢板的
划线、下料、弯卷、切割、包扎、纵环向焊缝焊接、修磨、检测等的工作量极大，生
产周期很长，且其内外筒间各层大量的层板纵、环向焊缝的质量在服役期间的
变化都难以准确检测确认，其技术经济性和科学性当然也不可能算得上合理可
靠。然而，若采用薄内筒全长在相当简易的绕带装置上交错缠绕扁平钢带或每
两层单 U 槽钢带成对扣合的壳壁构造技术，工程实践已经证明不仅十分简易，
焊接量极少，工效最高，成本最低，而且使用非常安全可靠。

　　按通常的力学理论，对带某一缠绕倾角 α 的扁平钢带或单 U 槽钢带绕层，
其任一具横断面积为 A（A_1）和 $\alpha = 15\sim30°$ 或 $\approx 0°$ 的任意微小单元，在沿钢
带缠绕方向拉力 T 作用下，当忽略层间摩擦力作用时，其钢带绕层在缠绕方向
的应力，应可表达为如图所示：

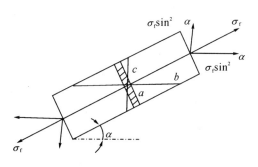

Figue　Two stress or strength componets of filament or ribbon layers

a. Unit transverse section

b. Unit longitudinal section area

c. Unit circumferential sectian area

图 5　以倾角 α 缠绕的钢带或纤维单元受力分析示图

$$\sigma_T = T / A \qquad\qquad (\text{I}\text{-}1)$$

因而,其环向应力应为:

$$\sigma_t = T_t / A_2 = T\cos\alpha / (A/\cos\alpha) = \sigma_T \cos^2\alpha \qquad (\text{I}\text{-}2)$$

同理,其轴向应力应为:

$$\sigma_a = \sigma_Z = T_Z / A_3 = T\sin\alpha / (A/\sin\alpha) = \sigma_T \sin^2\alpha \qquad (\text{I}\text{-}3)$$

这表明对钢带绕层的应力计算,环向应乘以 $\cos^2\alpha$ 的修正系数,而轴向应乘以 $\sin^2\alpha$ 的修正系数。(这和当代纤维缠绕的力学分析相同)

这里,以倾角 α 缠绕的钢带绕层强度产生的轴向应力分量 $\sigma_T \sin^2\alpha$,正是从根本上加强并联合薄内筒的轴向强度,使容器轴向足以承受内压轴向作用力的一个具有重大意义的发明创新科技。

当设有一绕带容器没有内筒(但内压却仍被密封不漏)而只有外部以倾角 α 缠绕的钢带绕层承受容器全部内压作用时,则有:

$$\sin^2\alpha / \cos^2\alpha = \tan^2\alpha = \sigma_a / \sigma_t = 1/2,$$

或

$$\alpha = \tan^{-1}[1/2]^{0.5} = 35°16', \qquad\qquad (\text{I}\text{-}4)$$

即这种假设没有内筒而钢带绕层以倾角 $\alpha = 35°16'$ 缠绕的压力容器(设为交错缠绕方式,且亦能承受内压作用),在内压作用下,其环向和轴向总是处于一种自动平衡状态。那时,与通常的圆筒形压力容器相同,其轴向与环向应力之比为 $1/2$。但是,实际上绕带容器都有一个适当较薄的内筒,并通常都可承担部分内压轴向和环向作用力,因而绕带容器所需要的缠绕倾角应比 $35°16'$ 要小。当内筒采用计算壁厚占容器壳壁设计总厚的 $15\%\sim35\%$ 时,通常其钢带平均缠绕倾角为 $\alpha = 20\sim25°$ 即可确保容器具有足够的比环向略强的轴向强度。

当缠绕倾角 $\alpha \cong 0$ 时,对单 U 槽钢带缠绕容器,$\cos^2\alpha = 1$,$\sin^2\alpha = 0$。显然,钢带绕层的环向强度:$\sigma_t = \sigma_T$,而轴向强度:$\sigma_z = 0$。即容器轴向这时得不到钢带绕层强度轴向拉力强度分量的任何加强,事实上这完全正确。为加强容器的轴向,除采用上述薄内筒倾角缠绕扁平钢带绕层以外,作者师生又一起发明了一种薄内筒外每两层对称单 U 槽钢带相互扣合连续(交错)缠绕的绕带容器。这种新型薄内筒单 U 槽钢带扣合缠绕壳壁厚度几乎不限的压力容器,是以每两层相互扣合所产生的轴向强度,与其内筒的轴向强度一起,取代绕层倾角 α 的作用以承受内压轴向作用力;而且其轴向承力作用也十分安全和可靠,因为其每两层相互扣合的钢带绕层和内筒的轴向承力作用的组合,不仅强度足够,通常都大于压力容器壳壁相应的 $1/2$ 环向设计强度的比值。而且其各层的轴向承力作用,相互独立(这也很重要),决不会因某层发生万一的"意外"情况而产生"全面崩溃"的严重后果。此外,还有层间因容器在内压作用下发生轴对称形变和绕层(交错)缠绕产生完全轴对称约束作用而有效的静摩擦力加强作用。和扁平钢带缠绕容器轴向强度总是高于环向一样,其层间静摩擦力的轴向加强作用也是一个"额外"而相当有效的安全因素。显然,这种"每两层相互扣合交错缠绕"以加强容器轴向强度的壳壁构造科技,对优化压力容器壳壁构造科技在加强其轴向强度方面,是一个具有根本性意义的变革发明。

（3）薄内筒外面的钢带绕层必须"交错缠绕"(扁平钢带"倾角错绕"和"对称单U槽钢带相互扣合每二层交错缠绕"——科学发明的又一核心科技)

为什么扁平钢带或每两层单U槽相互扣合的钢带必须交错缠绕?这是因为只有这样,其薄内筒才能不承受钢带绕层的应力所加于内筒的附加扭转作用而处于平衡静定的受力状态。这里附带说明:某些不可避免的或误差范围不大的绕层钢带预应力差异,实践证明对容器保持理论上的应力平衡状态与均匀性并无多大影响,且经容器竣工超压水压试验能使其均化,因而在容器爆破试验过程中从未发生绕层中某些预应力略有偏大的钢带有先行陆续断裂的情况。否则,只有单向缠绕的钢带绕层,其薄内筒必将受到外部绕层的扭剪作用力,且内压越高,扭剪力越大。这就可能引发危险,那时容器可能因内筒发生环向裂纹扩展而产生轴向断裂爆破。德国的内筒外壁带型槽的薄内筒单向缠绕复杂型槽钢带高压容器,其轴向计算强度完全足够,甚至其内筒在设计内压作用下由外壁全部绕层引起的计算扭剪应力似乎也并不大,但为何在做容器超压爆破试验时其破坏方式总是发生轴向断裂抛飞爆破呢?究其原因应就是该种型槽绕带容器的较薄内筒(通常约占容器总厚的25%)外部只能单向缠绕的钢带绕层,在内压作用下通过一头的焊缝作用于内筒的一端,而另一头通过焊缝又作用于内筒的另一端,其作用力方向相对于内筒中心轴线正好相反相扭,因而迫使内筒总是处于一种扭剪作用状态,内压越高,绕层应力越大,内筒受扭作用就越严重,直到内筒外壁与型槽绕层钢带内壁层间发生松弛"脱扣"或当内筒同时又发生环向裂纹扩展现象时,内压轴向作用力就几乎全部要由内筒承担,因而内压升高,最终必然导致内筒轴向断裂爆破。这是其无法改变的壳壁结构不良本质属性! 所以,采用薄内筒外壁缠绕扁平钢带或每两层单U槽钢带相互扣合加强的容器必须采用交错缠绕的模式,否则,其内筒亦必发生扭转。因而带某一适当的倾角或每两层相互扣合的钢带"交错缠绕"模式,实在是钢带缠绕式压力容器又一至关重要的发明创造!

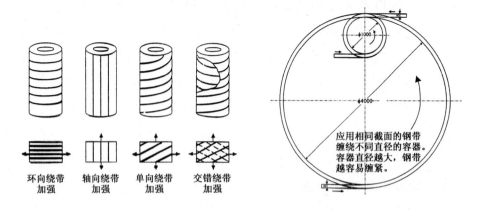

图 6 内筒外不同钢带缠绕加强方式的受力框架示图 大小内径绕带曲率变化难易示图

按通常的力学原理,钢带绕层应力对内筒产生的扭剪应力应为:

$$\tau = M/w = (2\pi R_{wm}\, t_w \sigma_T \quad \varepsilon \quad \sin\alpha\cos\alpha)R_{wm}/w$$
$$= 16d_j(2\pi R_{wm}\, t_w\, \sigma_T\, \varepsilon \sin\alpha\cos\alpha)\, R_{wm}/\pi\,(d_j^4 - d_i^4) \qquad (Ⅰ\text{-}5)$$

式中:R_{wm}——钢带绕层的平均半径;

t_w——钢带绕层总厚度;

d_j——薄内筒外直径;

d_i——薄内筒内直径;

ε——钢带绕层缠绕系数,当交错缠绕时为 0;当单向缠绕时为 1;

σ_T——钢带绕层平均拉伸应力(随容器实际承受的内压升降而变化)。

作者曾做过几个只作单向缠绕的模型绕带容器的极限强度爆破试验,随内压不断升高,容器两端部便不断相对发生扭转变形;内压越高,扭转变形越大。因容器总是内筒首先进入屈服而外部仍保持某种程度的弹性状态,那时其内筒扭转变形将可达到相当大的程度。其两端相对扭转角度的大小决定于内筒的相对厚薄和长短、绕层的倾角和拉力大小等因素。当然,内筒越薄、越长,绕层倾角越小、拉力越大,内筒两端的相对扭转角度越大。

这种内筒受扭的状况对上述两种薄内筒钢带交错缠绕式容器就被完全改变而消除了,因为无论扁平钢带倾角(通常 $\alpha = 20° \sim 25°$)交错缠绕,还是每两层单 U 槽钢带相互扣合交错缠绕,其钢带缠绕系数 $\varepsilon = 0$,绕层本身受力处于平衡状态,因而其薄内筒受力都不承受附加扭力而处于一种"静定"状态。这已被大量试验和工程应用绕带容器竣工水压试验检测所证实,而按制造规程绕制的钢带绕层应力的某些工艺性差异,对通常塑性都较好的钢带材料而言,在实际的工程优化设计中通常可以忽略不计。

（4）必须采用筒形单层、双层或多层组合耐腐蚀抗失稳薄内筒

科学合理构造钢带交错缠绕容器的薄内筒,不仅关系压力容器制造技术是否科学先进,也关系到压力容器的应用范围是否宽广和长期应用是否安全可靠。因而这是一个必须认真加以研究考察的问题。

作者师生在这里提供两种创新解案:(1)通常的单层或双层结构薄内筒。其厚度为容器设计总厚的 15%~35%,通常约为 20%左右,适用于设计中通常不考虑腐蚀性,但应具可监控特性要求的各种高压或特殊压力容器装备;(2)带防腐蚀、抗辐射,并具抗失稳刚度内层的组合薄内筒。其厚度亦为容器设计总厚的 15%~35%,通常约为 20%左右,适用于设计中为常温或高温,抗腐蚀、抗辐射并要求内筒具有足够抗失稳刚度的各种特殊贵重的高压容器工程装备。

即两种钢带交错缠绕高压厚壁容器的薄内筒,都可为通常筒形单层、双层或多层组合(具耐腐蚀、抗辐射等特性结构的)薄内筒,都可在其内筒或作为其抗失稳作用的较厚第一内层内壁表面上堆焊某种不锈钢耐腐蚀薄层,或直接采用某种耐腐蚀不锈钢薄板作其薄内筒包扎筒节的第一层内筒,以达防腐或抗辐射的目的。这两种钢带交错缠绕压力容器设计中内筒的"计算厚度"皆约为容器设计总厚要求的 15%~35%,通常为 20%,即其通常厚度约为 20~60mm(厚者用作多层组合薄内筒),视容器直径大小、设计内压与壳壁温度高低、材质与内筒结构及钢带缠绕参数等因素而定;而第一层耐腐蚀层及内壁堆焊层(通常厚度均约为 8~10mm),以及作为内筒在线安全状态检漏报警系统相应外包检漏沟通与盲层(通常厚约 3 mm)及绕层外保护薄壳(厚约 3~6 mm)的厚度都不计入内筒强度的"计算厚度"。多层组合耐腐蚀薄内筒的厚度,通常多为 30~60mm 左右,视容器总厚设计及某些特殊条件要求而定。其中,其最内层内筒,如对尿素合成塔通常可由某种厚为 10 mm 不锈钢板,如 Tp316L 钢板直接卷焊制成,经国际上长期大量工程应用实践证明这对抗尿素混合物介质的腐蚀很有效,并在容器设计内压达 24 MPa、壁温达 200℃的条件下具有足够优良的抗热失稳特性。但对设计内压达 30 MPa、壁温达 550℃条件下应用的高压高温热壁石油及煤加氢装置的多层组合耐腐蚀薄内筒(其最大厚度也将不超过 80mm)的最内层内筒,则首先可由某种抗高温厚约为 22~40 mm 的铬-钼系低合金钢板作成第一层抗失稳刚性内筒,然后再在其内壁面上堆焊某种厚约 10 mm 的不锈钢(如 A347 等)耐腐蚀层。这时因为其最内一层加上堆焊层的厚度已达 32~50 mm,其抗失稳性能必将非常优良可靠。容器内层(最内层内筒或衬里)在较大的温差工况下确可能发生内壁局部向内"鼓泡"的失稳破坏,并最终可能导致容

器壳壁的严重断裂爆炸,所以在结构设计中必须严格加以防止!

这种局部"鼓泡"失稳现象显然与该内层在工况壁温下的"刚度特性"有关,而其刚度特性应可按通常板状机械构件的"抗弯矩"理论来作模拟计算。如设当该筒形壳壁内层发生局部"鼓泡"失稳时,该鼓泡变形宽度方向的尺度仅为该内层的厚度,则按通常板状机械构件的"抗弯矩"理论公式,该层壳壁的"刚度特性"至少应不少于该内层壁厚的 3 次方。这在壳壁的圆筒形状和局部向内鼓泡变形的尺度两方面看当然都是极为保守的!如对尿素合成塔,当其耐腐蚀最内层厚度为 8 mm 时,其"刚度特性"的因子应为:$8^3 = 512$;而对热壁石油加氢装置,当其带堆焊层的最内一层抗失稳刚性层的厚度达 32~50 mm,其"刚度特性"的因子应为:$(32~50)^3 = (32768~125000)$。这两者"刚度特性"的因子之比,后者比前者增大达 64~244 倍之多!大量应用实践证明,前者在内压达 24 MPa、壁温达 200℃的条件下具有足够优良的抗热失稳特性;显然,后者虽在设计内压达 30 MPa、壁温达 550℃左右的条件下应用,该第一层较厚薄内筒筒形壳壁应决无发生局部高温热失稳而"鼓泡"的可能。这是一种全新的高压、高温防腐蚀、抗辐射特殊贵重承压工程装备。

综上所述,这种采用抗失稳刚性内层加内壁堆焊的多层组合耐腐蚀(并带壳壁盲层层间检漏报警系统)薄内筒的创新构造技术,对热壁石油加氢和煤加氢及核堆压力壳等一类高温高压特殊贵重装置具有重大意义,对防范其内壁发生局部鼓泡的破坏危害将非常可靠!而且,采用这种在厚约 22~50 mm 的第一层刚性内层内壁上堆焊耐腐蚀层而总厚约 40~60 mm 左右的多层组合耐腐蚀薄内筒并在其外缠绕承担壳壁主要承压作用的钢带交错绕层的"多功能壳钢复合"构造技术(这种多层组合壳壁亦可开孔接管),对热壁石油和煤加氢及核堆压力壳等一类高温高压装置,相对于当今国际上广泛采用的单层壳壁厚达 200~400 mm 带"厚焊缝"的"筒节厚板卷焊"或"筒节厚筒锻焊"构造技术将带来如下五方面的重大变革:

① 厚约 30~60 mm 左右的多层组合薄内筒并加外部钢带绕层的壳壁结构,替代厚达 200~400 mm 带多条"厚焊缝"的单层内壁堆焊的壳壁结构,可根本简化容器设备"筒节厚板卷焊"或"筒节厚筒锻焊"的制造技术,其产品的制造周期将可缩短约 50%,能耗节减约 80%,材料利用率提高 25%,制造成本将可降低 30%~50%或更高;

② 多层组合壳壁结构,可根本改变壳壁本质安全特性,应力状态更佳,承压强度与刚度可靠,且缺陷分散、层间止裂、抑爆抗爆,其壳壁结构本质安全可靠

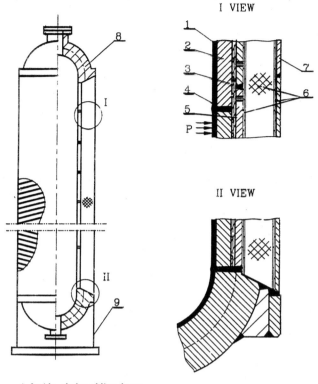

I VIEW

II VIEW

1 Inside clad—welding layer

2 Main rigid stable layer

3 Laek-detecting dummy layer

4 Circumferential welding seams

5 Additive strength layer

6 Ribbon wound layers

7 Outside protective thin shell

8 Spherical single or double layered cover

9 Skirt support

Unique Thin Layered Inner Shell and Flat Steel
Ribbon Wound Hot Wall High Pressure Hydrogenation Reacter

图 7　较厚第一内层内壁堆焊组合薄内筒绕带式特殊高压容器装备示图

性更高；

③ 多层组合壳壁结构,高温高压下氢离子容易渗透较薄内层,且可经层间
检漏报警系统排出放空,壳壁内堆焊层下的氢分压很低,因而可根本改善厚板
或锻压大厚度单层壳壁,因氢离子渗透阻力很大,扩散困难,只能大量集结在堆
焊层下,产生很高的氢分压而发生内壁堆焊层局部"氢剥离",并将因此引发壳
壁腐蚀的严重问题；

④ 多层组合壳壁结构,窄薄截面材质轧压比大,金相组织致密且处于二维

平面应变应力状态,因而可改善单层厚筒壳壁材质金相组织较为粗大,又处于形变困难的三向立体应力状态而较易发生"低温回火脆性"的严重问题;

⑤ 多层组合壳壁结构,内层外部层间与壳体外保护壳上均可设置盲层层间与壳壁外保护薄壳的检漏报警系统,应用内漏检测和外部抽气定期检测循环气体的化学成分变化及压力传感器感压状况,便可实现为国际上现有通常各种单层壳壁重大承压装置所难以实现的经济可靠的在线安全状态自动报警监控,并可实现可能发生的内筒外泄内部介质的全面自动收集处理,可能根本避免因内部介质外泄而引发的燃烧、爆炸、中毒及辐射伤害等各种严重后果。

综上所述,其变革意义之重大应不言而喻!

（5）每层钢带的端部与端部法兰或底盖以一种角度为 $\beta=40°\sim45°$ 的斜面分散焊缝相焊,而每层钢带与钢带间的间隙则不加焊接（"深厚焊缝"的一种彻底改革）

各种工程应用压力容器设备端部都要有封头和底盖,以形成密闭承压的容器内部空间。上述两种薄内筒钢带交错缠绕容器,都可将钢带绕层与容器端部法兰和球形底盖之间采用一种带角度为 $\beta=40°\sim45°$ 的斜面过渡结构,使其较薄的顶端与较薄的内筒等厚,并都以一种斜面分散焊缝将每层钢带的两端端部与

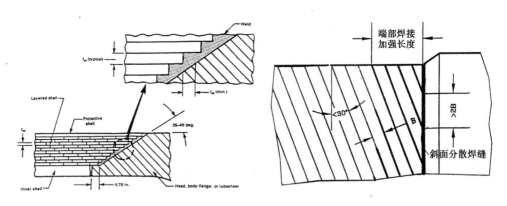

图 8　钢带绕层与容器端部安全可靠的斜面分散焊缝结构示图

端部法兰和底盖相焊联接,而容器筒体全长正常部位每层钢带与钢带之间的间隙则并不必加以焊接。这是高压厚壁容器壳壁根本避免"深厚焊缝"带来多种弊端的一种全新的联接强度高,边缘应力小,疲劳寿命长,使用最为安全可靠的端部联接科学优化结构。

主要有如下优点:

① 各绕层采用斜面分散焊缝,焊接简便,能实现分层焊接和无损检测（如有

必要），可根本避免端部深厚焊缝及其所带来的各种弊端。

② 采用斜面分散焊缝，改变并增强了容器轴向端部联接强度和钢带端头的联接强度。因其端部法兰和球形端盖与容器筒体部分之间的联接采用斜面分散焊缝结构，就使容器轴向联接或承载横断面积比通常容器厚环焊缝的横断面积可增大达 1.4 倍以上，而同时每根钢带端头与法兰或球形端盖之间的联接长度也可远超钢带本身的宽度达 2 倍以上（又还有钢带两侧缝间的加强焊接），因而对任何钢带绕层部分在理论并在实践上已被完全证实绝不可能发生那种钢带因承受内压作用未发生拉断而端部斜面分散焊缝却先发生断裂破坏的情况。这种端部斜面分散焊缝的联接强度在结构本质上非常合理可靠。

③ 采用斜面分散焊缝联接结构，改变了裂纹在通常容器深厚焊缝断面的裂纹可能发生轴向扩展断裂破坏的方式，使其裂纹扩展必须经历从内筒到斜面分散焊缝的曲折困难过程：如若在内筒端部环缝上先行启裂扩展就会发生内筒开裂泄漏降压；如若在斜面分散焊缝某点先行启裂扩展就会发生裂纹扩展主应力方向转向而难以启裂扩展，这就可从根本上提高容器端部联接的可靠性。这已经孙贤奎等研究生专门的疲劳强度试验研究结果所充分证实。

④ 这种端部内筒环缝和斜面分散焊缝质量状况的定期在役安全检测，在绕带容器正常直立或卧式安装状态下，甚至内部仍在工作的状态下采用现有超声探测等通常的无损检测技术也可能完成。

⑤ 薄内筒与端部法兰或球形端盖采用斜面分散焊缝过渡，可根本改善或避免内筒端部边缘应力影响，使其端部的加强焊接的长度 L 要求很短：

A. 由于端部厚壁筒形法兰或厚壁半球形端盖的联接边缘端部是角度通常为：$\beta = 40° \sim 45°$ 的一种相当大的斜面过渡，且其边缘顶端的厚度与薄内筒的厚度相同，所以，在内压作用下其两边的变形几乎相同，形变转角 Φ_o 相等，边缘弯矩 $M_{bending} = 0$，自然地其起主要影响作用的边缘纵向弯曲应力 $\sigma_{bending} = 0$，而其边缘横剪应力 $\tau_{thinhemispherical}$ 也必很小，即：

$$\tau_{thinhemispherical} = Q_o/s = (p/10.28)\sqrt{(R/s)} = 0.0973\sqrt{(R/s)}.$$

此值远小于薄管与厚环板联接的横剪应力，其间的比值小于 15%，即：

$$\tau_{thinhemispherical}/\tau_{thickcircle} = 0.0973/0.66 = 0.147 < 15\%.$$

这里，对通常还是相当厚的绕带式高压容器薄内筒而言，其端部边缘仅有横剪应力的影响本身就不大，又有端部斜面部位的加强作用，因而其总的边缘应力影响可忽略不计。

B. 特别由于薄内筒仅是多层绕带厚壁壳体中的一个组成部分，其全长外表面都始终有外部绕层产生的机械外压反向支承作用,因而内筒端部边缘的纵向弯曲变形总是被抑制或不能自由变形,这种情况和一般的仅有薄壁壳体本身与特厚环板之间的联接完全不同,其内筒端部边缘的纵向弯矩 $M_{bending}=0$,而横剪应力 τ 比薄壳和端部带相当大斜面过渡的半球形端盖或大开盖密封装置法兰之间的联接当然又会更小。

C. 由于内筒外部是带缝隙的绕带层,内筒轴向边缘应力即使还有某些影响,其端部边缘纵向弯曲形变和应力在绕带层中也会被自然消化吸收而消失,根本就不能传递,因而其边缘应力的轴向影响长度理论上也不能超越1~2根钢带的轴向宽度。

所以,这种带斜面分散焊缝的薄内筒交错缠绕多层钢带的厚壁筒体端部联接结构,首先,其端部边缘应力的影响只局限于对内筒的端部,而非对整个带绕层的厚壁壳体;其次,正如上述其内筒端部边缘应力的某些残余影响对塑性较好的压力容器用钢在实际压力容器工程应用上完全可以忽略不计,且其端部绕层带间加焊长度 L 的要求应可很短。

这种端部绕层带间加焊长度 L 的要求,不仅与内筒端部的边缘应力状况有关,而且还应与钢板或钢带的宽度有关。其宽度越宽,加焊长度 L 就应越长。所以,绕板容器端部缝间的加焊长度应比通常钢带缠绕加焊长度要长得多,这是因为每根钢带或每张钢板的端部焊缝及其缝间焊接还关系钢板或钢带的端部联接强度。通常按剪切强度与拉伸强度相等的原则,应要求其端部每根钢带或每张钢板每边带间或板间缝隙加焊的长度 L 基本等于2倍钢带或钢板的宽度 B,即:L≈2B。这样,即使其端部斜面焊缝完全断裂,而只靠其端部绕层缝间的焊接联接也完全足够抵抗该根钢带或该张钢板的拉断破坏。再加上端部斜面焊缝的强度,实际上就使每根钢带或每张钢板即使先行发生断裂,其端部联接必仍然完好无损,因而这种联接结构必然非常可靠。在已有的制造与应用实践中,对80 mm 宽的钢带都采用 L≥150 mm 的加焊长度,其绕层端部的安全效果都很可靠,40年来所做的各种破坏试验包括40700多次设计内压工业用工程规模绕带容器液压疲劳破坏试验,及7500多台绕带容器产品,包括数百台处于反复升降压疲劳工作状态下的水压机高压蓄能器的长期应用,都从未发生任何绕层端部钢带发生断裂和脱落等的不良状况。所以,通常端部带间加焊长度 L≥150 mm,已完全足够可靠。

对某些非常重大的承压容器装备,如核反应堆压力壳等某些非常要求的容器装备,如确有必要为更加安全可靠考虑,亦并无其他不良影响(太长的加焊长

度没有必要,还可能带来一些不良影响),其端部带间加焊长度 L 亦可建议按下
式计算(因为所要处理的只是薄内筒端部的边缘应力影响问题,故只应考察其
内筒的结构参数):

$$L=1.2\left[(R_j+R_i)(R_j-R_i)\right]^{0.5} \qquad (Ⅰ\text{-}6)$$

式中 :R_j——内筒外半径

　　　R_i——内筒内半径

**（6）轴对称交错缠绕的钢带绕层壳壁层间的静摩擦作用力对容器环向、尤
其轴向有显著且自然有效地加强作用的科学分析**

绕带容器的薄内筒在内压作用下壳壁发生环向与轴向的轴对称形变,这些
形变就迫使在其外部交错缠绕的钢带绕层层间产生相应的轴对称运动趋势;而
轴对称交错缠绕的钢带绕层层间自然具有抵抗内压作用的轴对称形变和相应
于内筒轴对称变形运动趋势的层间静摩擦阻力作用。只要容器有内压轴对称
形变,就有交错缠绕绕带层间轴对称的静摩擦阻力作用,相生相克,永不消失。
因而,这种钢带绕层层间静摩擦作用力对容器全长各处环向、尤其轴向有决定
于层间静摩擦系数大小的显著加强作用,且自然有效。

① 轴对称交错缠绕钢带绕层之间存在相对运动趋势

扁平或单 U 槽钢带轴对称交错绕层及其与薄内筒之间的摩擦力皆因其每
一摩擦都处于一种特殊的轴对称状态,且由于绕带倾角多较小,因而主要都有
轴向相对运动趋势。即随内压升高,内筒环向和轴向都会发生相应的形变,而
带某一倾角或基本环向轴对称交错缠绕的扁平或单 U 槽钢带绕层与内筒之间
的贴合处,由于层间内筒和绕层缝间并不加焊并有所不同的钢带绕层不同构件
之间存在结构连续性上的差异,相互间就会在其环向或轴向产生相对运动的趋
势,按摩擦理论其层间就会产生静摩擦阻力的作用。这种情况和层板包扎、
多层热套、整体包扎钢板及德国单向缠绕复杂型槽钢带等容器不同,因为后面
这些容器,随内压升高,虽同样有形变,但容器层间环向和轴向都没有轴对称的
相对运动趋势,因而就没有层间静摩擦阻力的作用。"粗糙表面层间始终存在
轴对称相对形变运动趋势"应是多层及缠绕式压力容器壳壁层间是否存在静摩
擦阻力作用的唯一条件。

② 层间摩擦阻力作用垂直于钢带绕带方向

作为一种特例,当钢带缠绕倾角 $\alpha=0°$时(见示图),即容器所有钢带绕层都
成了缝间即轴向带间并不加焊的多层环箍加强于薄内筒全长外面,如同多层包
扎或热套容器筒节。这时容器随内压升高,内筒环向膨胀,多层环箍产生相应

形变,但层间周向理论上并无相对运动趋势,因而也就没有摩擦阻力产生,实际上也无此需要;然随内压升高,内筒轴向发生伸长,多层环箍之间的间距要被拉大,层间就有相对运动趋势,因而层间就有摩擦阻力产生,对容器轴向便会产生显著加强作用。

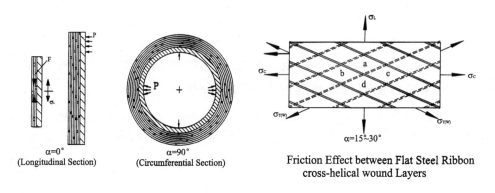

图 9　薄内筒和钢带绕层各层间轴向与环向钢材轧制表面静摩擦力加强作用示图

作为另一特例,当钢带缠绕倾角 $\alpha = 90°$ 时(如上图 所示),即容器所有钢带绕层都成了围包在薄内筒外面的缝间即环向并不加焊的多层弧形纵向条板。这时容器随内压升高,内筒轴向伸长,焊于容器两端的多层弧形纵向条板产生相应形变,但层间轴向理论上并无相对运动趋势,因而也就没有摩擦阻力产生,实际上也无此需要;然随内压升高,内筒环向发生膨胀,多层弧形纵向条板之间并未加焊的间距要被胀大,层间就有相对运动趋势,因而层间就有摩擦阻力产生,对容器环向便会产生加强作用。

由上述两例极端情况的分析,应可得出如下结论:钢带交错缠绕层间静摩擦阻力的最大加强作用垂直于钢带的缠绕或长度方向,而沿长度方向即变化降至为 0。对通常扁平钢带或单 U 槽钢带两层扣合交错缠绕的绕层,其缠绕倾角 $\alpha = 15° - 30°$ 或 $\alpha \approx 0°$,这时其层间静摩擦阻力的作用总是存在于与钢带缠绕相垂直的方向,并按环向和纵向应有的不同分量对容器内筒产生相当显著的加强作用。而且,这种加强作用总是依层间实际静摩擦系数 f 的大小不同随内压作用应运而生,并始终存在且有效,使其交错缠绕层间贴合处就像被一种特殊的结合力“胶接”了一样,即使层间相对形变作用力超过了静摩擦阻力而发生某些相对位移,其“轴对称相对运动趋势”和“胶接”作用或阻力也依然存在。

③ 钢带交错缠绕壳壁层间静摩擦加强作用大小的计算分析

这种钢带绕层静摩擦阻力的大小,按摩擦学理论主要与摩擦表面静摩擦系数 f 和层间接触压力即径向应力 σ_r 及其接触面积的大小成正比。然对轴对称形变状态下的筒形容器,其每一钢带绕层的"胶接点"实际上并无相对运动发生,因为对轴对称形变状态下的筒形容器壳体的每一"胶接点"而言,既不能相对左右移位,也不能相对上下移位,否则就不是轴对称状态了。这时所能发生的相对运动,对内筒而言是钢带绕层因摩擦阻力阻止内筒轴向和环向带间间隙的轴对称扩大,而对交错缠绕绕层本身则实际上只能是围绕"胶接点"其间的某些相对转动而已(容器壳壁整体表现为环向膨胀或/和纵向伸长),因而摩擦层间的面积大小对交错缠绕钢带而言一般不必考虑(对圆截面钢丝而言其层间接触面积理论上为 0,故其层间就应无附加的摩擦阻力的加强作用),且其实际的数值大小与具体每层的分布(应为 σ_r 的函数)状况,对压力容器实际的工程强度优化设计通常可不必加以深究。

对上述两种钢带交错缠绕容器,其层间接触压力 σ_r 和粗糙度与阻力状况都有压力容器应力应变规律可循。其中一个关键因素是静摩擦系数 f 的大小和影响。经作者和多年来所带博士与硕士等学生们所作多台 200~1000 mm 内径、50~210 MPa 内压绕带式压力容器的超压爆破和 15 MPa 设计内压所作超40700 次液压疲劳试验等的实验测定与反算,通常热轧钢带及钢板之间实际的静摩擦系数 $f \geqslant 0.62$(按设计内压下容器的应力应变值进行反算时,因其层间摩擦阻力的作用在较低的内压下并未完全充分表现,故所得的层间静摩擦系数 $f \geqslant 0.4$)。考虑钢带绕层之间实际的接触状态和其他安全因素,在实际的工程强度设计中偏于安全取钢带绕层间的静摩擦系数 $f \geqslant 0.35 \sim 0.4$,依层间实际接触状况及实际粗糙程度等加以适当调整修正,以使容器的轴向强度略高于环向即可。通常,对不锈钢缠绕容器,其层间静摩擦系数会比通常热轧铁碳合金钢略低,一般可取

$$f \geqslant 0.25 \sim 0.3$$

现设绕带层间静摩擦系数 $f=0$,即接触表面完全光滑,层间当然就没有相对形变阻力,其轴向和环向都得不到除绕层交错缠绕倾角分量或交错环绕相互扣合以外的任何额外的加强;又设绕带层间静摩擦系数 $f=1$,即其接触表面非常粗糙,它们就像是被焊而"胶接"在一起了,那时其承压能力几乎就和其他单层或多层壳壁结构容器一样,其轴向和环向几乎都未被倾角缠绕或相互扣合环向缠绕的绕层对其环向及轴向所带来的削弱。而今偏于安全取绕带层间静摩擦系数 $f=0.35 \sim 0.4$,则表明其环向和轴向都将得到介于上述两种状况即 $0 \sim 1$ 之间的某种程度的加强,其数值的相对大小按前述分析应决定于静摩擦系数 f 或称加强因子的实际数值,而与层间摩擦阻力的具体大小并无关系。

从材料强度的观点来分析,按某一最佳倾角 α 缠绕的钢带绕层容器承压所能提供的强度总是为其所有强度的 1 倍,既不能多也不能少。所以,按倾角 α 缠绕的钢带绕层对容器轴向由于层间摩擦阻力作用所能提供的最大加强效果,除去其缠绕的轴向分量之后其加强因子应为 $f \times (1 - \sin^2 \alpha)$ 或 $f \cos^2 \alpha$。显然,以倾角交错缠绕的钢带绕层因此而对容器内筒轴向所能提供的最大加强效果应为 $(\sin^2 \alpha + f \cos^2 \alpha)$;同理,以倾角交错缠绕的钢带绕层对容器内筒环向所能提供的最大加强效果应为 $(\cos^2 \alpha + f \sin^2 \alpha)$。即考虑层间静摩擦阻力作用的加强因子后钢带绕层对容器内筒环向和纵向所能提供的加强效果修正表达式应分别如下:

$$\text{轴向:} \quad C_{af} = (\sin^2 \alpha + f \cos^2 \alpha)$$
$$\text{环向:} \quad C_{hf} = (\cos^2 \alpha + f \sin^2 \alpha)$$

$$(I\text{-}7)$$

现对(I-7)式这些修正表达式的物理意义作如下分析:

A. 当 $\alpha = 0°$,$f = 1$(即钢带绕层各圈缝隙之间似都作了焊接),则:

$$\text{容器轴向:} (\sin^2 \alpha + f \cos^2 \alpha) = f = 1。$$

那时这种薄内筒外多层环箍加强的容器尽管绕层轴向分量等于 0,但其轴向被层间摩擦阻力所加强,似都已被加焊,或再加上相互扣合绕层的轴向加强作用,更如同钢带材料的强度,其轴向强度仍旧像其他多层式容器一样;

$$\text{容器环向:} (\cos^2 \alpha + f \sin^2 \alpha) = 1.$$

那时这种薄内筒外多层环箍加强的容器就像整体包扎多层容器一样,其环向被多层环箍所加强,尽管静摩擦系数很大,但绕层环向并无相对运动趋势,层间摩擦阻力作用自动无效。

B. 当 $\alpha = 90°$,$f = 1$(即钢带各包扎层缝隙似都作了焊接),则:

$$\text{容器轴向:} (\sin^2 \alpha + f \cos^2 \alpha) = 1.$$

那时这种薄内筒外多层纵向弧形条板包扎加强的容器就像一种多层包扎容器筒节一样,其轴向已被多层纵向弧形条板所完全加强,尽管静摩擦系数很大,但绕层轴向并无相对运动趋势,层间摩擦阻力作用自动无效;

$$\text{容器环向:} (\cos^2 \alpha + f \sin^2 \alpha) = f = 1.$$

那时这种薄内筒外多层纵向弧形条板包扎加强的容器尽管绕层环向分量等于 0,但其环向被层间摩擦阻力所完全加强,似都已被加焊,如同钢带材料的强度,其环向强度仍旧像其他多层式容器一样。

C. 当 $\alpha = 15° \sim 30°$,$f = 1$(即钢带绕层摩擦副层间的胶接力如同使其层间

被加焊了一样),则$(\sin^2\alpha+\cos^2\alpha=1)$:

容器轴向:$(\sin^2\alpha+f\cos^2\alpha)=(\sin^2\alpha+1\times\cos^2\alpha)=1$,

和

容器环向:$(\cos^2\alpha+f\sin^2\alpha)=(\cos^2\alpha+1\times\sin^2\alpha)=1$。

那时这种薄内筒外多层交错缠绕钢带加强的容器,其环向和纵向除得到以倾角α缠绕的钢带绕层强度分量的加强以外,其环向和纵向也都被层间摩擦阻力所加强,其层间因摩擦阻力而被"胶接"的强度都如同已被加焊就像钢带的强度一样。但这时该容器的环向或轴向强度并未因此而变得更强,也就像其他单层或多层容器一样。这当然完全正确合理,否则钢带就无形中增加了强度,那是不可能的。

D. $\alpha=0°$或$15°\sim30°$,$f=0$(即绕带层间所有摩擦阻力都等于0)。则由(Ⅰ-7)式可知,钢带绕层只有$\sin^2\alpha$分量或每两层相互扣合绕层的材料强度加强容器内筒的轴向,和只有$\cos^2\alpha$分量的材料强度加强容器内筒的环向。显然,当设内筒只起密封作用而不承受内压强度作用时,钢带所必须具有的缠绕倾角α,由内压圆筒容器轴向与环向应力之比:

$$\sin^2\alpha/\cos^2\alpha=\tan^2\alpha=\sigma_a/\sigma_t=1/2,$$

应为:$\alpha=\tan^{-1}[1/2]^{0.5}=35°16'$。

这与上述(Ⅰ-4)式的分析相同,且正确。由此亦可知,能直接显示层间静摩擦阻力作用效果的就是层间静摩擦系数$f(=0,$或1,或$0.35\sim0.4$等)的某种数值。

请注意,以上所有薄内筒外钢带交错缠绕情况下,无论钢带缠绕倾角α和层间摩擦阻力作用或静摩擦系数f的加强因子如何变化,钢带材料的强度,既没有变强,也没有减弱;绕带容器环向和纵向的强度,当$\alpha=0°$或$15°\sim30°$和$f=1$如同层间相焊时也不发生变化,即钢带的原有强度不会因是否考虑层间摩擦阻力作用而改变。这在物理概念上当然是符合实际完全正确的,否则其分析必然有误。这也就是其他层间加焊的多层式和单向缠绕型槽钢带式容器,在物理概念上不能再考虑层间静摩擦阻力带来加强作用的原因。

由此也应可得出如下重要结论:当$\alpha=0°$或$15°\sim30°$和$f=0.35\sim0.4$(按通常热轧钢带层间实际摩擦状况为大于0.62)时,这种交错缠绕钢带的容器强度如若变化,除了容器所用材料强度和容器大小几何参数以外,也必然只决定于交错绕层倾角α和静摩擦系数f加强因子的数值大小,而与其他因素无关。即依据上述分析,绕带容器在通常工程设计中可直接取用绕层之间介于0和1

之间的 0.35~0.4 静摩擦系数 f 的数值,作为其产生摩擦阻力对容器轴向和环向带来加强作用大小的一种有效的度量因子(层间摩擦阻力恰与内压升高直接成正比),而具体计及各层间摩擦阻力的数值大小和分布规律对容器的工程强度优化设计并无必要。

(7) 钢带交错缠绕壳壁新的开孔接管技术

(采用钢带交错缠绕绕层每层带间局部加焊的开孔接管技术)

压力容器厚筒壳壁往往有开孔接管的工艺需求。对上述两种钢带交错缠绕的绕带容器绕层壳壁,因所用钢带即使为较高强度压力容器用钢通常也都是可焊的,因而只要将每层绕带开孔部位约两倍于开孔直径范围内的带间缝隙加以适当焊接和打磨处理(那时,绕层钢带被开孔加工切断,但该部位每层绕层间加以适当焊接后钢带便不会松脱;实际上由于层间存在缠紧后所产生的层间摩擦阻力也可在很大程度上阻止钢带发生松脱),便可和其他单层及多层式容器壳壁一样实施这种绕层壳壁的开孔接管。且通过采用钢带缠绕时对开孔部位(包括耐腐蚀内筒腐蚀泄漏报警在内筒和钢带交错绕层上所设置的报警系统的检漏孔)的复映技术(包扎钢板时则无法复映!),可将内筒壳壁上任何部位开孔相当精确的位置要求,都可相当简捷地复映到每一绕层直至最外层绕带外壁上(这对提高耐腐蚀内筒腐蚀泄漏报警系统检漏孔的分段钻孔和填焊质量有重要意义!),以便对每层和最外层实施必要的焊接、打磨及最后的钻孔加工。工程规模钢带交错缠绕容器壳壁整体加强接管成功的开孔接管超压破坏试验和多种实际工业绕带容器整体加强开孔接管长期成功安全应用的实践经验已经证明,其开孔应力集中系数和单层与多层结构壳壁压力容器并无区别;为更加安全考虑,在钢带交错缠绕容器的工程优化设计中建议采用:

$$容器绕层壳壁开孔率:d/D \leqslant 1/(3\text{-}4)$$

式中:d ——容器壳壁开孔接管内径;

D——圆筒容器内径。

(8) 开发新型压力容器在线安全状态自动报警监控创新科技

在钢带绕层的最外部包扎一层厚约 3~6mm 的较薄钢板并加以焊接,或绕上一层 U 槽向内的单 U 槽钢带并将绕圈缝隙之间加以适当焊接,就可以形成一层外保护薄壳;或在双层压力容器、管壳型锅炉筒壳和大型输送管道的外层上,装接一套在线介质泄漏收集报警与安全状态自动监控和内壁腐蚀诊断报警的封闭巡回诊断装置,就可以实现压力容器在线安全状态自动报警监控(工程规模试验已和浙江巨化集团公司合作获得成功并通过浙江省科委成果鉴定)。

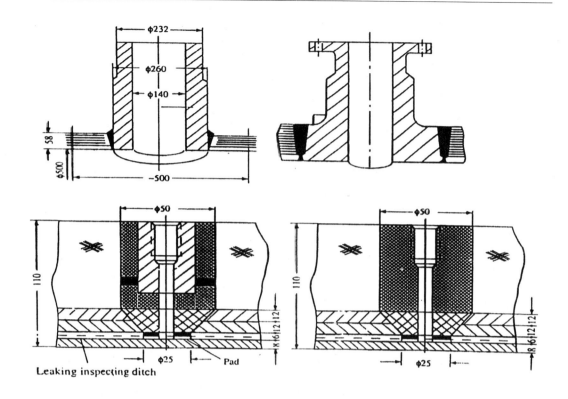

图 10　钢带绕层厚壁筒壳上四种工程开孔接管方案示图

这种安全巡回诊断自动报警装置主要有如下独特优点：

① 容器的可监控功能充分可靠。因为容器具有充分可靠的抑爆和抗爆特性，具有自动报警的可监控功能。

② 检测诊断简单可靠。当内筒因裂缝开裂发生介质渗漏或泄漏，或定期对层间特别灌注某种适当的气体，就可通过一种简易检测装置依据气体化学成分变化诊断容器内筒是否发生了腐蚀或裂纹扩展泄漏的状况，以判断容器是否可继续使用。这种容器有外层的抑爆和抗爆条件，内筒尚未泄漏，容器或管道当然总体上仍处于安全状态。

③ 巡回诊断监控装置也和多通道声发射装置一样都属于"守候式"安全监控技术，但却能全面处理内部介质泄漏、内壁腐蚀诊断和安全状态自动监控。

④ 经济可靠，且不会误报。估计通常这样一套对多台容器可作自动巡回诊断报警监控的装置，其成本不超过一套只对一台容器作自动报警监控的多探头声发射装置的 5%。且由于是依据泄漏气体化学成分或层间压力是否发生变化的原理来监测的，因而不会误报，还能重复检测验证。

⑤ 可应用计算机对一个工厂企业的所有重要压力容器设备或大型长输管

道集中进行自动巡回诊断监控;显然,这将为国际重大压力容器工程装备的安全保护技术开辟一个全新的发展局面。

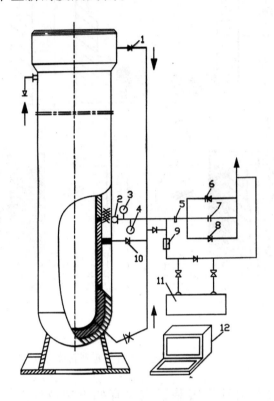

1. electromagnetic valve   2. φ50mm nozzle   3. low pressure capsule   4. low pressure manometer
5. bursting pressure relief value   6. whole opened safety value   7. bursting pressure relief valve
8. electromagnetic vale   9. chemical compositions monitoring device   10. electromagnetie valve
of corrosion-leakage inspecting system   11. miniature air pump   12. mini-monitroring device
Figure   Whole Reliable Safe on-line Automatic Monitoring Device of Double Layered or Steel Ribbon
Cross-helical Wournd Pressure Vessels

图 11   全面在线安全状态自动报警监控装置示图

（9）大型高压容器端部大开盖高压密封装置又一创新科技（一种新型小顶盖轴向扁形抗剪螺钉自锁承力和轴向全自紧高压密封装置）（内径 500 mm 高压容器工程规模试验已获得成功）

通常高压容器一端多需联接大型法兰并开大盖以装入设备的生产工艺内件（这是当今世界玻璃或碳纤维加环氧树脂缠绕的压力容器所无法适应的,因为其缠绕必须通过两端球形或椭圆形封头的"挂颈"才能完成,而且对工程大型压力容器而言这种两端"挂颈"缠绕当然是异常困难的）。现有国际上通用的高压容器端部法兰开盖密封装置多很庞大笨重。然若采用作者师生所发明的一

种新型小顶盖轴向扁形抗剪螺钉自锁承力和轴向全自紧高压密封装置,情况便
将发生根本变化:(1)这种新型高压密封装置,将顶盖置于容器端部内部并与法
兰齐高,装置重量就可减轻 40％;(2)周向均布扁形轴向抗剪螺钉,从螺孔环槽
中用小型工具将扁形抗剪螺钉旋转 90°即可实现快速装拆,以避免使用大型液
压螺母扳手等笨重装拆工具;(3)预紧密封状态可由小型预紧螺钉调节;(4)轴
向全自紧作用使全压密封十分可靠;(5)始终向外膨胀的卡环使顶盖通过扁形
抗剪螺钉永远与法兰螺孔牢固啮合;(6)只要对顶部法兰及其啮合螺纹长度作
局部适当加强或加长,装置就非常安全可靠。这种高压密封装置,不仅结构紧
凑、装拆方便,密封可靠,使用安全,而且制造成本可降低 40％,应用范围宽广,
其扁形轴向抗剪螺钉的直径大小不必随容器端部开盖密封内径的加大而变大,
只要适当多加周向均布的扁形螺钉数量即可。通常其直径不超过 80 mm,此时
其重量不超过 20 公斤。而国际上现有广泛应用的大螺栓大法兰高压容器端部
开盖密封装置的大螺栓,其直径必须随容器内径的增大而变大,往往可达 170
mm 或更大,一个又长又大的螺栓加上其大螺母和球面垫,其重量就将超过
1 吨。这就会给密封装置的装拆即使采用了机动液压扳手也将往往带来困难。
因而新型密封装置可应用于制造内径为 0.5～10 m 的各种大中小型高压容器
设备,以及大型核堆压力壳等的开盖密封装置。

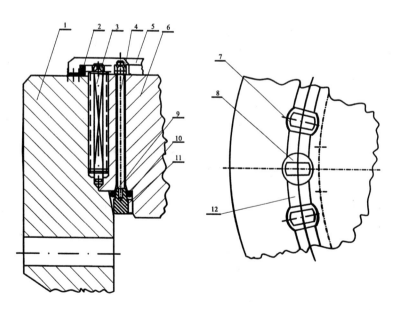

图 12　小顶盖扁平抗剪螺钉轴向全自紧快速装拆(内径可达 10m)高压密封装置示图

二、四种重要类型多功能复合壳压力容器壳壁总厚的工程设计原则与工程强度设计要求

壳壁设计总壁厚 t，均应依据国家现有单层壳壁相关设计规范的规定要求，即均应按国家相关规范标准，如中、美等国的国标 GB150 或 ASME BPV Code 等压力容器标准规范，以压力容器最大主应力即第一强度理论中最著名通用的"中径公式"计算确定。

1. 薄内筒扁平钢带交错缠绕式高压容器与薄内筒单 U 槽钢带交错缠绕式高压容器

保持其薄内筒厚度通常约占容器设计总厚要求的 20%左右（变化范围为 15%～35%）其余 65%～85%即为钢带绕层，和钢带缠绕倾角通常取为近 0°（对单 U 槽钢带）或 25°左右（对扁平钢带，其变化范围为 15°～30°）；通常还应对内筒进行"机械外压"的刚度失稳校核。

2. 薄内筒单 U 槽钢带交错缠绕式大型中低压压力贮罐设备

保持其内筒厚度通常约占贮罐壳壁设计总厚要求的 35%左右（变化范围为 25%～45%，其余 55%～75%即为钢带绕层，而钢带缠绕倾角通常依钢带宽度不同都近 0°，并实施两层相互扣合交错缠绕；通常还更应对其内筒进行"机械外压"的刚度失稳校核，严格监控缠绕质量的同时更要注意严格控制过大的钢带缠绕预拉应力（只需采用较小的钢带缠绕预拉应力，使各层钢带层间能得到足够贴紧程度即可）。

3. 双层壳壁压力容器设备和长输双层螺旋或直缝焊接管道

充分考虑内外层材质和应用腐蚀环境差异与万一发生断裂破坏所将引发的破坏后果等不同的程度差异，基本按与单层壳壁原所要求的相同的设计厚度的 40%～60%的适当范围来优化分配内外两层的设计壳壁厚度（通常内外两层亦可相等），这样便均可满足工程强度的安全优化设计应用要求。

4. 三种钢带交错缠绕式压力容器或大型缠绕贮罐设备,以及双层螺旋或直缝机械绕卷焊接管道或双层螺旋绕卷或机械包扎焊接容器贮罐壳壁厚度工程强度设计的基本计算公式

应按压力容器最大主应力即第一强度理论中最著名通用的"中径公式",计算其最小壳壁工程强度设计总壁厚 t:

$$t=(t_i+t_w)+C=[jt+(1-j)\ t]+C=Pd_i/(2[\sigma]_{am}-P)+C \qquad (\text{II-1})$$

式中:t——绕带容器(或双层壳壁容器设备及大型管道)壳壁的设计总厚;

　　t_i——绕带容器单层或多层组合式圆直薄内筒(或双层壳壁设备及管道的内层筒壳)壳壁的设计厚度;

　　t_w——扁平钢带或单 U 槽钢带交错缠绕总绕层(或双层壳壁设备及管道的外层筒壳)的设计厚度;

　　j——薄内筒相对于容器设计总厚要求的壁厚比,通常取值为:$0.15\sim$ 0.35(多为 0.20 左右);

　　d_i——容器设备或管道设计内直径;

　　P——容器设备或管道的设计内压;

　　C——考虑钢板与钢带或管道壳壁厚度的负偏差、内及外壁面等的腐蚀裕量等的壳壁厚度附加或补充量;

　　$[\sigma]_{am}$——容器内筒和钢带交错绕层或外筒的最小综合许力应力强度:

　　　　或 $\begin{aligned} &=[\ j\,\sigma_{si}\ \phi_i+(1-j)\ \sigma_{sw}\ \phi_w]\ /\ n \\ &=[\ j\,\sigma_{ui}\ \phi_i+(1-j)\ \sigma_{uw}\ \phi_w]\ /\ N \end{aligned}$ (两者中取小值)

　　　　σ_{si},σ_{sw},σ_{ui},σ_{uw}——分别为内筒、外筒和钢带绕层的屈服与极限强度;

　　n——容器屈服强度设计安全系数,通常取 $\geqslant 1.4\sim 1.6$;

　　N——容器极限强度设计安全系数,通常取 $\geqslant 2.5\sim 3.0$;

　　　　(该两项强度设计安全系数由相应国家压力容器相关设计法规决定)

　　ϕ_i,ϕ_w——分别为薄内筒、外筒和钢带绕层的焊缝削弱系数,通常由于这种绕带容器其薄内筒和钢带绕层的焊接接头强度都高于所用通常的板材、锻件及钢带的强度,因而都可取为 1.0。

实际工程强度设计中,需按钢板与钢带或管道等的实际供应厚度和制造工

艺的某些技术经济性综合考虑,以及一些特殊要求,如钢带绕层必要时的偶数层要求等,再作某些合理的圆整,并对按下述四种"多功能复合壳"压力容器环向和轴向强度优化设计的结果作出相应的具体设计修正。

三、两种薄内筒钢带交错缠绕式压力容器的工程强度优化设计基本理论分析

(1) 环向极限承载内压强度按第三强度理论屈服强度条件分析

从带某一螺旋缠绕倾角的钢带绕层上取出任一微小绕带承力单元,可列出其径向承力平衡方程如下:

$$r\mathrm{d}\sigma_r / \mathrm{d}r = \sigma_t - \sigma_r = \sigma_T \cos^2 \alpha - \sigma_r \qquad (\text{III a-1})$$

由 Tresca 屈服强度条件(即第三强度理论):

$$\sigma_T - \sigma_r = \sigma_{sw} \qquad (\text{III a-2})$$

考虑有:

$$\mathrm{d}(\sigma_r \sin^2 \alpha - \sigma_{sw} \cos^2 \alpha) = \sin^2 \alpha \, \mathrm{d}\sigma_r$$

将方程(III a-2)代入方程(III a-1),可得:

$$r \, \mathrm{d}\sigma_r / \mathrm{d}r = -(\sigma_r \sin^2 \alpha - \sigma_{sw} \cos^2 \alpha)$$

$$\mathrm{d}(\sigma_r \sin^2 \alpha - \sigma_{sw} \cos^2 \alpha) / (\sigma_r \sin^2 \alpha - \sigma_{sw} \cos^2 \alpha) = -\sin^2 \alpha \, \mathrm{d}r/r$$

$$\qquad (\text{III a-3})$$

积分方程(III a-3),得:

$$\ln(\sigma_r \sin^2 \alpha - \sigma_{sw} \cos^2 \alpha) = -\sin^2 \alpha \ln r + C$$

$$\ln(\sigma_r \sin^2 \alpha - \sigma_{sw} \cos^2 \alpha) = \ln(C / r)^{\sin^2 \alpha}$$

$$(\sigma_r \sin^2 \alpha - \sigma_{sw} \cos^2 \alpha) = (C / r)^{\sin^2 \alpha}$$

其边界条件:

$$r = r_i, \qquad\qquad \sigma_r = -P_i = P;$$

$$r = r_j, \qquad\qquad \sigma_r = -P_j;$$

$$r = r_o, \qquad\qquad \sigma_r = 0. \qquad (\text{III a-4})$$

代入边界条件(III a-4),可得:

$$C = -P_j \sin^2 \alpha \ r_j^{\sin^2 \alpha} - \sigma_{sw} \cos^2 \alpha r_j^{\sin^2 \alpha}$$

即:

$$\sigma_r \sin^2 \alpha - \sigma_{sw} \cos^2 \alpha = -P_j \sin^2 \alpha (r_j / r)^{\sin^2 \alpha} - \sigma_{sw} \cos^2 \alpha (r_j/r)^{\sin^2 \alpha}$$

因而，

$$\sigma_r = \sigma_{sw}\, \text{ctan}^2\, \alpha \left[\, 1-(r_j/\,r)^{\,\sin^2\alpha}\,\right] - P_j\, (r_j/\,r)^{\,\sin^2\alpha} \qquad (\text{Ⅲ}\,a\text{-}5)$$

对薄内筒(这种薄内筒就是通常的外壁面为圆柱形表面的单层或多层组合薄壁筒壳)而言，其单元缠绕倾角 $\alpha=0$，内径 $r=r_i$，外径 $r=r_j$，内压和外压分别应为 P_i 和 P_j，在 Tresca 屈服强度(圆直内筒 $\sigma_s=\sigma_{si}$)条件下其外壁面($r=r_j$)处由内压和外部钢带绕层承压作用所引起的径向压力，即背压 P_j 为：

$$r\, \mathrm{d}\sigma_r/\,\mathrm{d}r = \sigma_T - \sigma_r = \sigma_{si}$$

$$\mathrm{d}\sigma_r = \sigma_{si}\, \mathrm{d}r /\, r$$

$$\sigma_r = \sigma_{si} \ln r + C$$

边界条件(Ⅲa-4)，

$$C = -P_i - \sigma_{si} \ln r_i$$

$$\sigma_r = \sigma_{si} \ln r - P_i - \sigma_{si} \ln r_i = -P_i + \sigma_{si} \ln(r/\,r_i)$$

因而由边界条件 (Ⅲa-4)，可得：

$$P_j = P_i - \sigma_{si} \ln(r_j/\,r_i) \qquad (\text{Ⅲ}\,a\text{-}6)$$

将方程 (Ⅲa-6) 代入 (Ⅲa-5) 有：

$$\sigma_r = \sigma_{sw}\, \text{ctan}^2\, \alpha \left[\, 1-(r_j/\,r)^{\,\sin^2\alpha}\right] - \left[\, P_i - \sigma_{si} \ln(r_j/\,r_i)\right](r_j/\,r)^{\,\sin^2\alpha}$$

$$(\text{Ⅲ}\,a\text{-}7)$$

和

$$P_i = P = \sigma_r (r/\,r_j)^{\,\sin^2\alpha} + \sigma_{sw}\, \text{ctan}^2\, \alpha \left[(r/\,r_j)^{\,\sin^2\alpha} - 1\right]$$
$$+ \sigma_{si} \ln(r_j/\,r_i). \qquad (\text{Ⅲ}\,a\text{-}8)$$

而当 $r=r_o$，且 $\sigma_r=0$ 时，容器的整体环向屈服内压 P_y 应为：

$$P_y = \sigma_{si} \ln(r_j/\,r_i) + \sigma_{sw}\text{ctan}^2\, \alpha \left[(r_o/r_j)^{\,\sin^2\alpha} - 1\right] \qquad (\text{Ⅲ}\,a\text{-}9)$$

考虑材料的强化作用，容器的整体环向极限承载或爆破内压 P_b 应为：

$$P_b = \sigma_{ui} \ln(r_j/\,r_i) + \sigma_{uw}\, \text{ctan}^2\, \alpha \left[(r_o/\,r_j)^{\,\sin^2\alpha} - 1\right] \qquad (\text{Ⅲ}\,a\text{-}10)$$

如将以上公式中的 $(r_o/r_j)^{\,\sin^2\alpha}$ 按数学级数展开，即：

$$(r_o/r_j)^{\,\sin^2\alpha} = 1 + \sin^2\alpha \ln(r_o/r_j)/1! + Sin^4\alpha[\ln(r_o/r_j)]^2/2! + \cdots\cdots.$$

$$> 1 + \sin^2\alpha \ln(r_o/r_j),$$

则方程 (Ⅲa-9) 和 (Ⅲa-10) 将变为：

$$P_y = \sigma_{si} \ln(r_j/\,r_i) + \sigma_{sw} \cos^2\, \alpha \ln(r_o/r_j) \qquad (\text{Ⅲ}\,a\text{-}9)'$$

和

$$P_b = \sigma_{ui} \ln(r_j/\,r_i) + \sigma_{uw} \cos^2\, \alpha \ln(r_o/r_j) \qquad (\text{Ⅲ}\,a\text{-}10)'$$

显然，这和国际上通常的单层或多层壳壁结构厚壁压力容器的强度理论公式完全相同，这表明上述公式推导过程及其所得方程 (Ⅲa-9) 和 (Ⅲa-10) 完全正确。

对单 U 槽钢带交错缠绕的压力容器,其钢带缠绕倾角度 $\alpha \cong 0$,$\sin^2 \alpha = 0$,$\cos^2 \alpha = 1$,就如同通常的带内半径 $r = r_j$ 和外半径 $r = r_o$ 的厚壁压力容器一样,其强度计算公式中的第二项就变为:

$$\sigma_{uw} \ln(r_0 / r_j)$$

因而单 U 槽钢带交错缠绕的压力容器的屈服内压和极限承载内压就变为:

$$P_y = \sigma_{si} \ln(r_j / r_i) + \sigma_{sw} \ln(r_o / r_j) \qquad (\text{Ⅲ}a\text{-}11)$$

和

$$P_b = \sigma_{ui} \ln(r_j / r_i) + \sigma_{uw} \ln(r_o / r_j) \qquad (\text{Ⅲ}a\text{-}12)$$

显然,上述按 Tresca 屈服强度理论所作分析的强度理论方程式和国际上现有各种厚壁压力容器的理论公式完全相同;而且经多台这种工程规模绕带式高压容器的爆破试验表明,其实际的极限承载内压均高于上述公式的计算值;这是因为这种轴对称钢带交错缠绕容器的钢带层环向并不是只有 $\cos^2 \alpha$ 因子的承力强度,而实际上如前所作分析还有层间 $\sin^2 \alpha$ 因子的摩擦力加强作用。

（2）环向极限承载内压强度按第四强度理论屈服强度条件分析

降低薄内筒的实际工作应力水平对改善容器的安全技术状态十分有效。如其应力水平较低,甚至降到为 0,则该内筒的设计安全系数便被增大,甚至增加到无限大,那时该内筒壳壁中的各种裂纹,包括原始制造裂纹和疲劳裂纹等萌生裂纹在理论上都不会扩展。

然这种降低厚壁容器内壁或内筒部位应力水平的技术通常是很困难的,因为这在国际上现有得到广泛应用的厚壁容器的结构上就有诸多困难因素。如对多层套合或包扎式容器,因带有诸多厚壁筒节和其间的深厚焊缝就难以实施;即使对厚板卷焊和筒节锻焊等著名的单层厚壁容器,也因带有深厚焊缝结构而难以实施通常的"自增强"技术。但是,当应用薄内筒并在其外部全长合理采用变预拉应力（内层部分较大而外层部分较小）于室温条件下交错缠绕钢带的容器壳壁结构,便可相当简捷地使容器壳壁应力分布均衡优化,使该薄内筒受到合理可观的压缩预应力而使其工作应力水平得以显著降低,而其外层钢带绕层则依然能保持相当合理较低的应力水平。这已经大量绕带容器的制造实践所证实,并将可在简易的卧式或立式绕带装置上应用于诸多高压特殊装备的设计与缠绕制造。

以下的工程强度优化设计分析,同样也是基于和其他多层式厚筒壳壁一样的简化假设,如认为材质是均匀的、各向是同性的、内筒各处是等厚的、层间是

均匀贴合的,以及每层绕带的预拉应力均匀并左右平衡和焊接残余应力均为 0
等等。

① 低应力内筒的强度设计条件:

对薄内筒:

要求薄内筒的纵向和环向几乎同时达到屈服状态,并满足 Mises 屈服强度
条件:

$$\sigma_{ti} - \sigma_{ri} = \sigma_{ai} - \sigma_{ri} = (2/\sqrt{3})\,\sigma_{si}(1-\phi) \qquad (\text{Ⅲb-1})$$

式中:σ_{ti}——薄内筒环向应力;

$\quad\sigma_{ri}$——薄内筒径向应力;

$\quad\sigma_{ai}$——薄内筒轴向应力;

$\quad\sigma_{si}$——薄内筒材料的屈服强度;

$\quad\phi$——薄内筒应力水平降低系数,$=0\sim1$;当其为 0 时,表示在屈服内压
条件下内筒的应力水平没有降低;当其为 1 时,表示将内筒的应力
水平降低到 0,即在屈服内压条件下内筒的轴向和环向都不承受内
压力的作用;对这种容器的实际工程强度设计通常取 $0.15\sim0.3$
便已十分优化。

对钢带绕层:

要求钢带绕层的环向也同时达到屈服状态,并满足 Mises 屈服强度条件:

$$\sigma_t - \sigma_r = \sigma_T \cos^2\alpha - \sigma_r = (2/\sqrt{3})\,\sigma_{sw}\cos^2\alpha \qquad (\text{Ⅲb-2})$$

式中:σ_{sw}——钢带缠绕方向的屈服强度;

$\quad\cos^2\alpha$ 表示环向,当 $\alpha=0$,$\sigma_{sw}\cos^2\alpha \rightarrow \sigma_{sw}$,这完全正确。

② 钢带交错缠绕绕层上任一任意微小单元的径向承力平衡方程:

和单层或多层厚壁容器一样,在内压作用下钢带绕层上任意微小单元亦具
有相同的应变模式,其差异仅在于钢带绕层有某一角度的变化,而钢带层间的
剪切应力在单元径向承力平衡方程中是无效的,故其单元径向承力平衡方程亦
相同为:

$$r\,\mathrm{d}\sigma_r/\mathrm{d}r + \sigma_r - \sigma_t = r\,\mathrm{d}\sigma_r/\mathrm{d}r + \sigma_r - \sigma_T\cos^2\alpha = 0 \qquad (\text{Ⅲb-3})$$

③ 钢带绕层在屈服内压作用下的应力状态和内筒外壁面的背压:

从方程(Ⅲb-2)和(Ⅲb-3),可得:

$$r\,\mathrm{d}\sigma_r/\mathrm{d}r = \sigma_T\cos^2\alpha - \sigma_r = (2/\sqrt{3})\,\sigma_{sw}\cos^2\alpha$$

积分上式,得:

$$\sigma_r = (2/\sqrt{3})\,\sigma_{sw}\cos^2\alpha\ \ln r + C$$

应用边界条件：$r=r_o$，$\sigma_r=0$，得：

$$C=-(2/\sqrt{3})\,\sigma_{sw}\cos^2\alpha\ln r_o$$

将 C 代入上式，得：

$$\sigma_r=-(2/\sqrt{3})\,\sigma_{sw}\cos^2\alpha\ln(r_o/r) \tag{Ⅲb-4}$$

$$\sigma_T=(2/\sqrt{3})\,\sigma_{sw}[1-\ln(r_o/r)] \tag{Ⅲb-5}$$

作用于内筒外壁面（$r=r_j$）上的背压为：

$$P_j=-\sigma_r|_{r=j}=(2/\sqrt{3})\,\sigma_{sw}\cos^2\alpha\ln(r_o/r_j) \tag{Ⅲb-6}$$

式中：r_o——绕带层设计外半径；

r_j——绕带层设计内半径或薄内筒设计外半径。

④ 钢带缠绕容器的屈服内压：

对这种绕带容器同时承受内外压作用的薄内筒，应用著名的 Lame'方程可得其内外压与应力关系如下表达式：

$$\sigma_t-\sigma_r=2r_j^2(P_y-P_j)/(r_j^2-r_i^2)$$

按方程（Ⅲb-1）条件，可得：

$$2r_j^2(P_y-P_j)/(r_j^2-r_i^2)=(2/\sqrt{3})\,\sigma_{si}(1-\phi)$$

将方程（Ⅲb-6）代入上式得：

$$P_y=(r_j^2-r_i^2)\,\sigma_{si}(1-\phi)/\sqrt{3}\,r_j^2+(2/\sqrt{3})\,\sigma_{sw}\cos^2\alpha\ln(r_o/r_j) \tag{Ⅲb-7}$$

式中：P_y——绕带容器由薄内筒和钢带绕层屈服强度所综合的屈服内压；此时钢带绕层已进入整体屈服状态，但其薄内筒可能仍处于弹性应力状态，这决定于对薄内筒应力水平降低系数 ϕ 的取值；当取 $\phi=0$，这便是通常的多层组合式厚壁压力容器的屈服内压强度。显然，理论上完全正确。

考虑内筒与钢带材料的强化效应，这种绕带容器的极限承载内压强度按上述屈服内压方程应为：

$$P_b=(r_j^2-r_i^2)\,\sigma_{bi}/\sqrt{3}\,r_j^2+(2/\sqrt{3})\,\sigma_{bw}\cos^2\alpha\ln(r_o/r_j) \tag{Ⅲb-8}$$

式中：P_b——绕带容器由薄内筒和钢带绕层极限强度所综合的极限承载或爆破内压；当材料进入屈服状态后内筒应力降低系数自动变为：$\phi=0$。

以上两式表明，钢带交错缠绕容器的屈服或极限承载内压，是由薄内筒和钢带绕层两项即两部分屈服或极限承压强度，依著名的 Lame'方程，按 Mises 屈服强度准则即第四强度理论所综合表达的。当 $\alpha=0$，$\cos^2\alpha=1$，以上两式便变为单 U 槽钢带交错缠绕式容器，亦即为通常的厚壁压力容器弹——塑性理论方

程。显然,这在理论上完全正确;且经多次这种绕带容器的工程规模破坏试验
证明,其实际的试验内压值均略高于其按以上两式的计算值。

⑤ 钢带缠绕容器为承受上式的屈服内压所要求的绕层外半径:

从方程(Ⅲb-7),可得钢带绕层所需的理论外半径:

$$r_o = r_j \exp \left[(\sqrt{3}/2) P_y / \sigma_{sw} \cos^2 \alpha \right.$$
$$\left. - \sigma_{si}(1-\phi)(1-r_i^2/r_j^2) / 2\sigma_{sw} \cos^2 \alpha \right] \qquad (\text{Ⅲb-9})$$

⑥ 钢带交错缠绕容器的轴向强度:

(A) 薄内筒扁平钢带交错缠绕容器:

考虑薄内筒和钢带轴对称交错缠绕绕层的轴向强度,以及钢带层间在内压
及绕带预紧力作用下由于容器轴对称形变特性而有效的静摩擦力加强作用,取
容器轴向力平衡,便可得其轴向强度的计算公式如下:

$$\sigma_{af} = P r_i^2 / \left[(r_j^2 - r_i^2) + (r_o^2 - r_j^2)(\sin^2 \alpha + f \cos^2 \alpha) \right] \leqslant [\sigma]_{sm}$$
$$(\text{Ⅲb-10F})$$

式中:σ_{aF}——扁平绕带容器的轴向应力;

　　$[\sigma]_{sm}$——扁平绕带容器内筒和钢带绕层材料的轴向最小综合许用应力;

　　或
$$= \left[j \sigma_{si} \phi_i + (1-j) \sigma_{sw} \phi_w \right] / n$$
$$= \left[j \sigma_{ui} \phi_i + (1-j) \sigma_{uw} \phi_w \right] / N$$

(式中各参数的含义和取值均参见式Ⅱ-1中符号说明)

(B) 薄内筒单 U 槽钢带交错缠绕容器:

考虑薄内筒和每两层相互扣合的单 U 槽钢带交错缠绕绕层的轴向强度,以
及每两层交错缠绕的钢带层间与其圆直内筒之间在内压及绕带预紧力作用下
由于形变轴对称而有效作用的静摩擦力加强,取容器轴向力平衡,便可得这种
薄内筒单 U 槽钢带绕带容器轴向强度的计算公式如下:

$$\sigma_{aU} = P r_i^2 / \left[(r_j^2 - r_i^2) + (r_o^2 - r_j^2) \eta + (r_o^2 - r_j^2) \zeta \right] \leqslant [\sigma]_{a \min}$$
$$(\text{Ⅲb-10U})$$

式中:σ_{aU}——单 U 槽钢带交错缠绕容器的轴向应力;

　　η——单 U 槽钢带交错缠绕绕层的有效扣合轴向承力系数;由于每两
层相互扣合的钢带只有其中一层可以承担或传递容器轴向力的作
用,因而:

$$\eta = t_r / (t_r + t_n) = (4 \sim 8) / \left[(4 \sim 8) + (7 \sim 11) \right]$$
$$= (4/11) \sim (8/19) = 0.36 \sim 0.4 \sim 0.42$$

式中:t_r, t_n——分别为某种对称形单 U 槽热轧钢带 U 槽处的实际厚度与名义厚

度,通常可用: t_r =4 或 6 或 8 mm 和 t_n =7 或 9 或 11 mm(带宽可取 32~50 mm,槽深约 3 mm,槽宽为带宽的 1/2)

ζ——每两层相互扣合轴对称交错缠绕钢带绕层间由于容器轴对称形变特性形成的轴向静摩擦力加强的作用系数;因每两层相互扣合形成了相当的一层,故应将其加强作用仅考虑为绕层数的 0.5 倍,而绕带层间及其与圆直内筒表面间的静摩擦系数 f 则根据大量热轧钢板与钢带实际接触及层间套合的测定,包括日本和中国的实测均大于0.62,以及我国工程实际绕带容器的实测结果,在通常工程强度设计中取 f =0.35~0.4,即使钢带层间发生某些水或油的漏入影响仍将是极为安全可靠的。

=0.5 f =0.5×0.35~0.4=0.175~0.2

$[\sigma]_{am}$——容器薄内筒和单 U 槽钢带绕层材料的轴向最小综合许用应力

或
$$= [j\sigma_{si}\phi_i + (1-j)\sigma_{sw}\phi_w] / n$$
$$= [j\sigma_{ui}\phi_i + (1-j)\sigma_{uw}\phi_w] / N$$

(式中各参数的含义和取值均参见式Ⅱ-1中符号说明)

⑦ 钢带交错缠绕容器的轴向屈服和极限承载内压:

(A)扁平钢带交错缠绕容器的轴向屈服和极限承载或爆破内压从上述方程(Ⅲb-10F)可得:

$$P_{ya} = [(r_j^2 - r_i^2)\sigma_{si}(1-\phi) + (r_o^2 - r_j^2)(\sin^2\alpha + f\cos^2\alpha)\sigma_{sw}] / r_i^2$$

(Ⅲb-11F)

和

$$P_{ba} = [(r_j^2 - r_i^2)\sigma_{ui}(1-\phi) + (r_o^2 - r_j^2)(\sin^2\alpha + f\cos^2\alpha)\sigma_{uw}] / r_i^2$$

(Ⅲb-12F)

钢带缠绕倾角的最优化角度 α,可从 $P_{ya} \cong P_y$ 应用计算机求得。当然,实际上总是应使容器的轴向强度略大于环向,因为任何容器的轴向断裂爆破要远比其发生环向爆破的后果严重得多。而上述这种钢带交错缠绕式压力容器即使其内筒相当薄,钢带缠绕倾角 α 也较小,由于其钢带层间必然存在并大于设计计算值的环向尤其轴向的摩擦力加强作用,因而通常也不至发生如同德国那种因采用双面复杂型槽钢带只能单向缠绕于全长带型槽的内筒外部的绕带容器那样,当发生超强度爆破时总是轴向首先断裂的严重破坏后果。大量实际试验和工程应用均已证明我国的钢带交错缠绕式压力容器具有这一优良安全特性的重要结论。

（B）单 U 槽钢带交错缠绕式压力容器的轴向屈服和极限承载内压，从方程（Ⅲb-10U）可得（式中，取 $\phi_i=1$ 和 $\phi_w=1$）：

$$P_{yaU}=\{\ [(r_j^2-r_i^2)\ \sigma_{si}+[(r_o^2-r_j^2)\ \eta+(\ r_o^2-r_j^2)\zeta]\ \sigma_{sw}]\ /\ r_i^2$$

（Ⅲb-11U）

和

$$P_{baU}=\{\ [(r_j^2-r_i^2)\ \sigma_{bi}+[(r_o^2-r_j^2)\ \eta+(\ r_o^2-r_j^2)\zeta]\ \sigma_{bw}]\ /\ r_i^2$$

（Ⅲb-12U）

这种单 U 槽钢带交错缠绕式压力容器，其轴向强度应总是大于环向强度，因其内筒与每两层成对相互扣合轴对称交错缠绕的绕层，以及其因轴对称形变而有效的层间静摩擦力加强所形成的轴向综合强度，实际上总是高于这种绕带容器的环向综合强度，即这种绕带容器如同前述扁平绕带容器一样，在内压作用下的应力水平，轴向通常总是低于环向！而且其每两层成对相互扣合轴对称交错缠绕的绕层的轴向承力作用是完全各自独立的，与这种容器的环向承力作用模型一样，其绕层与内筒所组成的容器轴向承力结构也属于一种安全可靠性极佳的纤维束模型。所以，这种薄内筒钢带交错缠绕的厚筒壳壁也是属于一种安全可靠性极佳的"多功能壳"：在设计、甚至略超工作内压作用下，壳壁即使发生各种严重裂纹扩展也只"漏而不爆"。这亦为其结构特性所决定和特有的。

⑧ 钢带预拉绕层在内筒外壁所引起的背压

钢带预拉缠绕势必在薄内筒外壁引起一定的外压作用。如该外压太大，可能使内筒产生屈服，甚至失稳压瘪。所以，这种薄内筒外部的缠绕背压应给予一定限制。

钢带绕层中的应力状态应是容器内压作用应力和带某一缠绕倾角 α 的钢带在其绕制过程所采用的某一预拉应力的综合。因而，钢带绕层的优化设计条件方程（Ⅲb-2）应由两部分应力组成，即：

$$(2/\sqrt{3})\ \sigma_{sw}\cos^2\alpha=(\sigma_T\cos^2\alpha-\sigma_r)_{\ winding}+(\sigma_T\cos^2\alpha-\sigma_r)_{\ internal\ pressure}$$

由 Lame' 方程可得：

$$(\sigma_T\cos^2\alpha-\sigma_r)_{\ internal\ pressure}\quad=2\ P_s\ r_i^2\ r_o^2/\ r^2(r_o^2-r_i^2)$$

因而：

$$(\sigma_T\cos^2\alpha-\sigma_r)_{\ winding}=(2/\sqrt{3})\ \sigma_{sw}\cos^2\alpha-2\ P_s\ r_i^2\ r_o^2/\ r^2(r_o^2-r_i^2),$$

因此，当内压 $P_i=0$，钢带绕层微小单元体的承力平衡方程应为：

$$r\ \mathrm{d}\sigma_r/\ \mathrm{d}r=(\sigma_T\cos^2\alpha-\sigma_r)_{\ winding}$$

$$=(2/\sqrt{3})\ \sigma_{sw}\cos^2\alpha-2\ P_s\ r_i^2\ r_o^2/\ r^2(r_o^2-r_i^2)$$

移项得：

$$d\sigma_r = (2/\sqrt{3})\, \sigma_{sw} \cos^2 \alpha\, (dr\,/\,r) - 2\, P_s\, r_i^2\, r_o^2\, dr\,/\,r^3(r_o^2 - r_i^2)$$

积分上式得：

$$(\sigma_r)_{\text{winding}} = (2/\sqrt{3})\, \sigma_{sw} \cos^2 \alpha \ln r + P_s\, r_i^2\, r_o^2\,/\,r^2(r_o^2 - r_i^2) + C$$

应用边界条件：$r = r_o$，$\sigma_r = 0$，

$$C = -(2/\sqrt{3})\, \sigma_{sw} \cos^2 \alpha \ln r_o - P_s\, r_i^2\,/\,(r_o^2 - r_i^2)$$

因而

$$(\sigma_r)_{\text{winding}} = -(2/\sqrt{3})\sigma_{sw} \cos^2 \alpha \ln(r_o/r) + P_s\, r_i^2(r_o^2 - r^2)\,/\,r^2(r_o^2 - r_i^2)$$

$$= -(2/\sqrt{3})\sigma_{sw} \cos^2 \alpha \ln(r_o/r) + P_s\, r_i^2[(r_o^2/r^2) - 1]/(r_o^2 - r_i^2) \quad (\text{Ⅲb-13})$$

当 $r = r_j$，便可得薄内筒的机械外压，即背压：

$$P_j = (2/\sqrt{3})\, \sigma_{sw} \cos^2 \alpha \ln(r_o/r_j) - P_s\, r_i^2[(r_o^2/r_j^2) - 1]/(r_o^2 - r_i^2)$$

$$(\text{Ⅲb-14})$$

为避免薄内筒因过大的机械外压而发生屈服和失稳，应同时满足以下两项控制性要求：

a)　　　　　　$(\sigma_t)_{r=ri} = P_j(2\, r_i^2)\,/\,(r_j^2 - r_i^2) \leqslant 0.8\, \sigma_{si}$

b)　　　　　　$P_j \leqslant P_{mcr} = E(\,t_i\,/\,r_j) \,/\, [4\,(1 - \mu^2)\,(1 - \cos^2 \gamma)]$ 　　（Ⅲb-15）

式中：$(\sigma_t)_{r=ri}$——薄内筒由方程（Ⅲb-14）机械外压 P_j 引起的预压缩应力；

　　　P_{mcr}——薄内筒的临界机械外压；

　　　γ——薄内筒的径向失稳角，经基本失稳分析和试验可取 $10° \sim 12°$。

（9）钢带绕层的环向残存预拉应力分布方程

$$(\sigma_T \cos^2 \alpha)_{\text{winding}} = (\sigma_T \cos^2 \alpha - \sigma_r)_{\text{winding}} + (\sigma_r)_{\text{winding}}$$

$$= (2/\sqrt{3})\, \sigma_{sw} \cos^2 \alpha - 2\, P_s\, r_i^2\, r_o^2\,/\,r^2(r_o^2 - r_i^2)$$

$$- (2/\sqrt{3})\, \sigma_{sw} \cos^2 \alpha \ln(r_o/r) + P_s\, r_i^2[(r_o^2/r^2) - 1]\,/\,(r_o^2 - r_i^2)$$

$$= (2/\sqrt{3})\sigma_{sw} \cos^2 \alpha\, [1 - \ln(r_o/r)] + P_s\, r_i^2[(r_o^2/r^2) + 1]/(r_o^2 - r_i^2) \quad (\text{Ⅲb-16})$$

（10）钢带交错缠绕绕层所要求的缠绕预应力

基于 Lame's 方程和（Ⅲb-13）式，内部钢带绕层由外部某一按要求拉紧的钢带绕层所引起的环向缠绕预压缩应力应为：

$$(\sigma_T \cos^2 \alpha)_{\text{wind. Compressive}} = (\sigma_r)_{\text{winding}}\, (r^2 + r_i^2)\,/\,(r^2 - r_i^2)$$

$$= (r^2 + r_i^2)/(r^2 - r_i^2)\{-(2/\sqrt{3})\sigma_{sw} \cos^2 \alpha \ln(r_o/r)$$

$$+ P_s\, r_i^2[(r_o^2/r^2) - 1]/(r_o^2 - r_i^2)\}$$

钢带绕层理论上所要求的缠绕预应力，应为该绕层的残存预应力再加该层钢带绕制过程因外部绕层在该层中所引起的预压缩应力，即：

$$\sigma_{TF} = \left[(\sigma_T \cos^2 \alpha)_{\text{winding}} - (\sigma_T \cos^2 \alpha)_{\text{wind. Compressive}} \right] / \cos^2 \alpha$$

$$= (2/\sqrt{3})\, \sigma_{\text{sw}} \cos^2 \alpha \left[1 - \ln (r_o/r) \right] + P_s\, r_i^2 \left[(r_o^2/r^2) + 1 \right] / (r_o^2 - r_i^2) \cos^2 \alpha +$$

$$(r^2 + r_i^2) / (r^2 - r_i^2) \{ -(2/\sqrt{3})\, \sigma_{\text{sw}} \cos^2 \alpha \ln (r_o/r)$$

$$+ P_s\, r_i^2 \left[(r_o^2/r^2) - 1 \right] / (r_o^2 - r_i^2) \}$$

$$= (2/\sqrt{3})\, \sigma_{\text{sw}} \left[1 + 2\, r_i^2 \ln r_i^2 (r_o/r) / (r^2 + r_i^2) \right] - 2\, P_s\, r_i^2 / (r^2 - r_i^2) \cos^2 \alpha$$

$$\text{（Ⅲ b-17F）}$$

当 $r = r_o$，最外层钢带绕层的缠绕预拉应力 σ_{ToF} 应为：

$$\sigma_{ToF} = (2/\sqrt{3})\, \sigma_{\text{sw}} - 2\, P_s\, r_i^2 / (r_o^2 - r_i^2) \cos^2 \alpha \qquad \text{（Ⅲ b-18F）}$$

而当 $\alpha \cong 0, \cos^2 \alpha = 1$，单 U 槽钢带绕层的缠绕预拉应力 σ_{ToU}，显然便应为：

$$\sigma_{TU} = \left[(\sigma_T \cos^2 \alpha)_{\text{winding}} - (\sigma_T \cos^2 \alpha)_{\text{wind. Compressive}} \right]$$

$$= (2/\sqrt{3})\, \sigma_{\text{sw}} \left[1 + 2\, r_i^2 \ln r_i^2 (r_o/r) / (r^2 + r_i^2) \right]$$

$$- 2\, P_s\, r_i^2 / (r^2 - r_i^2) \qquad \text{（Ⅲ b-17U）}$$

当 $r = r_o$，最外层钢带绕层的缠绕预拉应力 σ_{ToU} 就变为：

$$\sigma_{ToU} = (2/\sqrt{3})\, \sigma_{\text{sw}} - 2\, P_s\, r_i^2 / (r_o^2 - r_i^2) \qquad \text{（Ⅲ b-18U）}$$

方程（Ⅲ b-18F）或（Ⅲ b-18U）的第一项表示所用钢带所具有的屈服强度，而第二项则表示为最外层钢带绕层由该容器按方程（Ⅲ b-7）计算的设计屈服内压 P_y 作用所引起按 Lame's 方程所计算沿钢带方向的拉伸应力。显然，该最外层绕层钢带的缠绕预拉应力 σ_{ToF} 或 σ_{ToU} 应等于该层钢带的屈服强度减去为承载该容器设计屈服内压 P_y 作用所应承担的那部分强度（以及必要时的热应力数值等）。这是完全合理和正确的。这亦表明对这两种钢带交错缠绕式容器所作的所有上述优化工程强度设计理论的分析推导过程都正确合理。

这里对钢带绕层缠绕预应力问题还需说明几点：

（1）这两种薄内筒钢带交错缠绕容器完成钢带缠绕后其内筒全长直径会收缩变小，通常其收缩变形率可达 0.1％ 左右，这和其他单层及带深厚焊缝的多层式厚壁容器是不同的，这在考虑其水压试验后的验收标准要求时也应有所区别；

（2）绕带容器完成钢带缠绕后也需作竣工超工作压力（通常为 1.25 倍的设计内压）的水压试验，这对钢带绕层与内筒的层间接触状态会有所改善，而其预应力水平也会略有降低（其降低量通常不超过原有预应力水平的 10％，因预拉紧缠绕的绕层钢带宽度较窄其层间贴紧度通常可达 90％ 以上），且在经竣工

超工作压力水压试验乃至在工作内压下工程实际长期应用后,对常温高压容器其应力状态仍可保持基本不变;

（3）工程应用绕带压力容器设备的任何试验压力及工作内压是不会达到其屈服内压的,因而其实际绕带的预拉应力可按（Ⅲb-17F）或（Ⅲb-17U）计算后再作适当调整修正,使其绕层预拉应力按"内部绕层较紧,外部绕层较松"的原则,使最外层绕层适当保持相对较低一点的应力水平实际上最为安全合理,因为它们对容器全长将会起到一种很好的保护作用;

（4）对大型和超大型低压筒形绕带式压力贮罐钢带缠绕预应力应考虑大型筒壳承受"机械外压"刚度的特殊性和以满足层间"良好贴合"为主要缠绕质量要求的原理作出合理调整。其每两层绕制和初次作低压充压（卸压后再作竣工超压）试验过程中可用木制或铜制锒头适当敲打钢带绕层,使每两层层间扣合质量得到调整确保。钢带缠绕过程应保持钢带拉紧排辊小滚轮良好的注油与滚动状态。

第三篇　薄内筒钢带交错缠绕压力容器制造技术特性与制造成本分析

　　我国南京第二化机厂、杭州锅炉厂、上海四方锅炉厂(压力容器分厂)、浙江巨化机械厂、合肥化机厂等多个制造厂家,到1994年累计已制造各种新型绕带式高压容器7000多台,已创超10亿元人民币的工厂制造纯利润直接经济效益(不包括其安全防爆、减材节能、在役定期无损检测简化与长效安全应用等所带来的更多方面的社会技术经济效益)。该新型绕带式高压容器已以"错绕钢带筒体"为名列入我国压力容器设计制造技术规范国标GB150,至今仍在我国继续发展与制造应用,并已分别于1996年和1997年以2229#和2269#规范编号作为继日本和德国之后来自中国的第一项重大机械工程科技成果,被批准列入了美国机械工程师协会锅炉压力容器规范标准:ASME BPV Section Ⅷ,Division 1&2,可允许在国际上推广制造内径达3.6 m的包括高压尿素合成塔和高压热壁石油加氢反应器等在内的各种高压大型贵重的钢带交错缠绕式高压容器(钢带交错绕层的容器壳壁,和现有其他单层或多层壳壁容器一样亦可按规范规定作相同的较大开直径的开孔接管)。

一、新型压力容器设备突出的简化制造技术
(与安全使用可靠)特性

　　薄内筒钢带交错缠绕式高压容器是指薄内筒扁平钢带倾角交错缠绕压力容器和薄内筒单U槽钢带扣合交错缠绕压力容器。这种新型"薄内筒钢带交错缠绕高压厚壁容器",结构先进合理、制造工效最高、生产成本最低、使用非常安全可靠、适用范围宽广、能实现经济可靠的在线安全状态计算机集中自动监控,

具有十分广阔的应用发展前景。

通过近 40 年 7500 多台该型多种绕带高压容器设备的工业生产长期安全成功应用和几十台不同直径大小新型容器结构强度破坏试验研究充分表明,和国际上现有著名"大型筒节锻造焊接"、"厚板筒节弯卷焊接"、"多层筒节薄板包扎或热套"、"多层薄板整体包扎"和"德国薄内筒型槽钢带单向扣合热态缠绕",以及"球瓣钢板现场组焊大型球形压力贮罐"等得到广泛应用的各种类型主要压力容器技术相比,新型绕带"多功能复合壳"压力容器明显具有相当突出的简化制造(和安全使用)的技术特性:

(1)较薄钢板,尤其窄薄截面钢带原材料,轧制简便,施工处理容易,供应正常情况下其成本仅约为其他现有主要容器结构用钢材成本的 25%～70%,且其轧制过程的"轧压比"或"锻造比"通常要比用于核堆压力壳的筒节锻焊的厚筒锻件大 10 倍以上,材质自然可靠;

(2)两种绕带容器筒体内筒环向和轴向都会因实施钢带预应力缠绕而有相当程度的收缩,较易实现均化应力状态的工程优化设计,其筒体环向尤其轴向强度和刚度充足可靠,钢带倾角交错或每两层扣合交错缠绕使容器内筒受力平衡静定,且使容器内筒轴向强度通过改变绕带倾角或由于钢带绕层每两层相互扣合而又独立作用的轴向更略高于环向,壳壁内外表面环向,尤其纵向热应力反比单层壳壁结构的略低,由于较薄钢板,尤其钢带材质致密,材料强度和抗断裂韧性及耐高温蠕变等特性均更优;

(3)壳壁各处任何可能的隐藏缺陷通常均很少且很小,并能被壳壁真正的多层结构自然分散;而每层绕层两端的斜面分散焊缝,其边缘应力极小,由于具斜面分散特性更比壳体部位合理可靠,并通过对绕带容器两端斜面分散焊缝的静力拉伸和特别的断裂疲劳强度特性试验研究,充分表明,其静力拉伸强度和持久疲劳强度都很优异,钢带不可能先于其横截面而沿此斜面分散焊缝部位撕开断裂失效;

(4)容器壳壁具有自然"止裂抑爆抗爆"的特殊自救作用,在操作或设计内压作用条件下容器内筒发生任何裂纹严重扩展的最坏情况就是"内筒只会泄漏,容器不会整体爆破";

(5)容器经特别设计的多层壳壁内层及外层或外保护薄壳能自动收集容器内部的泄漏介质,从而可避免可能发生的各种燃烧、中毒和爆炸等恶性事故,并可能暂时继续保持其原有的操作过程或工作状态,以赢得适当处理时间,这些往往都很宝贵;

（6）已经工程试验证实,应用某种适当的传感器及化学成分抽检等技术,容器可实现经济可靠的在线安全状态自动监控,并可实现工厂或工程所有重大压力容器装备（如将其他主要中、低压容器设备都采用双层结构）的计算机集中自动安全监控报警,且可因此适当延长容器装备或系统停产安全检查的周期,从而可显著减轻定期停产安检的经济损失;

（7）本新型绕带容器的壳体结构的环向和轴向完全符合可靠性理论的"纤维束"最佳失效模型,通常其可靠性或失效概率可达 1×10^{-12} 1/R·Y 超低量级,这比单层锻焊结构核反应堆所可能达到的量级还更低,因而可能对其合理实施比现有单层和带厚焊缝或贯穿焊缝的任何壳壁结构的容器（包括各种球形压力贮罐）的强度设计都略低的安全系数;

（8）容器结构设计灵活,其内外层材料种类组合、直径大小和壳体厚薄可在很大范围内变化,内筒亦可采用适当合理的单层或多层结构,且其内外层及多层内筒内外层材质和厚度均可按设计需求改变,并可在绕层壳体上按设计需求开孔接管,其开孔比率通常可达 $d/D\leqslant1/（3-4）$,因而此种"薄内筒钢带交错缠绕的多功能复合壳压力容器"可广泛推广应用于制造各种大型及超大型高温高压等贵重承压装备,包括各种有相当壁厚要求的中、低压大型压力贮罐的设计制造。从长远发展考虑,该型绕带结构容器今后还可能是大型和微型"核反应堆压力壳"技术发展的一种极佳的结构型式。

二、薄内筒钢带交错缠绕压力容器制造技术及其成本比较分析

1. 最优化的筒体壳壁结构

科学合理的容器筒壳结构是压力容器设备制造中减少焊缝焊接、避免贯穿焊缝与深厚焊缝、避免大量繁复的钢板切割、弯卷、包扎、打磨、检测等工艺,避免大面积层间紧密贴合和大型整体精确机械加工与大型整体热处理,以提高其制造经济性和使用安全可靠性的关键。

当代厚壁压力容器设备的壳壁,有特厚钢板弯卷焊接和大型特厚筒节锻焊等的单层结构,有多层包扎、多层热套、整体包扎和螺旋绕板等各种多层壳壁结构,有厚内筒缠绕钢丝和薄内筒复杂 U 槽钢带单向扣合缠绕等相当著名的结构,也有我们中国自主创新开发的"薄内筒扁平钢带倾角交错缠绕"和"薄内筒

79

对称单 U 槽钢带每两层相互扣合交错缠绕"的壳壁结构。其中,显然应以筒体绕层两端斜面分散焊缝联接的"新型钢带错绕式高压容器"结构为最佳。这是因为当代厚壁压力容器构造技术上国际性的各种"瓶颈"都被两种薄内筒多层钢带交错缠绕的构造技术所全面突破了。其中,圆直表面薄内筒的制造基本就如同通常的中、低压容器的制造一样,应是最为简便合理的;而扁平钢带和对称单 U 槽钢带的轧制与交错(扣合)缠绕,相对于其他任何筒节锻钢、厚薄钢板和成型钢带的锻造、轧制、加工、焊接、检测、热处理与包扎或缠绕都最为简便合理。薄内筒和钢带绕层两者的复合制造,本质上仍然都最为简便合理。

2. 主要原材料及其成本

构造材料材质必须致密可靠,强度高,塑性和韧性好,这是保证广大压力容器设备使用安全可靠的基础。构造压力容器的原材料很多,并关系制造成形技术等诸多方面。国际上主要有厚板、电渣重熔筒节锻钢、厚内筒和细钢丝、复杂双面 U 槽钢带,宽薄钢板,以及较薄钢板和易于实现层间贴紧的窄薄截面扁平钢带和单 U 槽钢带等。

从已有的制造实践经验表明,窄薄截面的较薄钢板,尤其扁平和单 U 槽钢带,轧制较易,材质可靠,容易缠紧,价格较为低廉合理。其中,厚度为 4～40 mm 的优质较薄压力容器用钢板为通常的热轧优质中厚或较薄钢板,价格均较合理,而厚度为 4～8 mm 和宽度为 32～80 mm(或更小)的热轧扁平或单 U 槽钢带,其轧制简便,轧机和钢锭加热与送带等设备都最小,其装备成本不会超过轧制厚度达 80～400 mm 特厚特长钢板的轧机和钢锭加热与送板等装备的5％,也不会超过大型电渣重熔筒形铸锭和特大型锻压等装备的 5％,钢带成本在钢材成分相同的条件下应不超过特厚钢板的 40％～50％,不超过大型锻造厚壁筒节毛坯的 30％,也不超过较宽较长中厚或较薄(6～20mm—主要用于多层包扎容器)优质钢板的 60％～75％,即使形位公差要求相对也较为简单合理的对称单 U 槽钢带的轧制也一样较为简易,轧制装备也一样很小,因为这种单面对称的单 U 槽钢带的轧制与扁平钢带的轧制并无大的原则差异,只要对轧制扁平钢带的轧辊形状略作改变就可。这种单 U 槽的凹凸形轧辊比德国或其他复杂双面多个凹凸型槽的钢带的轧辊要简单得多。只要国家有关方面能给予支持,投入适量的经费,组织有关部门和现有轧制钢带的某一适当的工厂企业定点轧制供应该两种钢带就可为国际重大压力容器设备工程技术的变革发展开辟新的方向创造条件(1970 年前后多层包扎高压容器用薄钢板需 1200 元/吨,而扁平钢带因轧制简易仅约为 750 元/吨)。这两种优质钢带的供应价格应与现有优质卷筒钢板或钢带的价格相当(单 U 槽钢带会略高)。这样仅主要原材料钢带的成本就可能比特厚钢板和厚筒锻钢,甚至中厚及较薄优质钢板等降低约 25%～70%,这在工程技术改革中是十分显著的。实际上,即使现有多层包扎式容器也改为采用卷筒钢板并与扁平钢带的价格相当,由于钢带材料利用率(高于 95%),通常要比钢板弯卷切割的利用率(低于 75%)高约 20%,因而约占 80%壁厚的钢带绕层这部分壳体的原材料成本实际也将可降低 15%以上(如与厚板或厚筒锻钢相比自然更为显著)。

3. 内筒制造技术及其成本

缠绕钢带必须要有一个圆直的内筒做缠绕的"芯子",否则扁平钢带或单 U 槽相互扣合的钢带就无法缠绕。这个内筒厚度必需合理适当,太薄则强度和刚度不足,太厚则会增加制造的困难程度。而选配厚度较薄,如仅占容器总厚 15%～30%(通常为 20%)的筒形单层或多层壳体做内筒,则不仅可简化制造和无损检测,并可为容器提高安全可靠性创造重要条件。这是因为:

(1)只有采用较薄的单层或多层壳体圆直表面结构的内筒才能真正减少焊接,避免深厚焊缝,简化无损检测和精确整体机械加工及避免大型整体热处理;

(2)采用较薄的单层或多层壳体结构内筒,就可先对较薄单层内筒或多层薄内筒各层实施全面必要而又简便易行的无损检测及其检漏系统的制作和各种必要的质量安全检查,这就可简化制造又可保证容器的制造质量;

(3)只有采用较薄的单层或多层组合壳体结构作内筒才能真正赋予内筒以各种必要的耐腐蚀、抗失稳,抗辐射,以及实现在线安全状态自动报警监测的"可监控"等重要特性。

对尿素合成塔这样壁温较低(200 ℃左右)有耐腐蚀和抗失稳要求的设备,一般可直接采用 10mm 厚的 Tp316L 等不锈钢板做最里层内筒(见附图),而对石油加氢及核动力压力壳等高温(高达550 ℃)或其他特别重大的高压厚壁耐腐蚀和抗失稳的装置,则可将耐高温腐蚀的厚约 10mm 的堆焊层堆焊在厚约为 30mm 左右的耐高温和氢腐蚀等作用的抗失稳的第一层内筒内壁上(见附图)。这时这种绕带结构的高温高压厚壁容器的耐腐蚀、辐射与抗失稳能力将与通常的单层厚板或锻造筒节的情况并无差异,但其多层钢带缠绕厚壁壳体在高温下的氢离子渗透能力和铬—钼系钢在氢气环境工作条件下抗低温回火脆性的能力则将可能得到极大改善。在这些特殊厚壁容器的钢带绕层上同样可实施必要的开孔接管,其开孔率建议取 $d/D \leqslant 1/(4-6)$。

所有这些突出优点和特性,对各种带有贯穿性焊缝的单层壳壁,尤其带贯

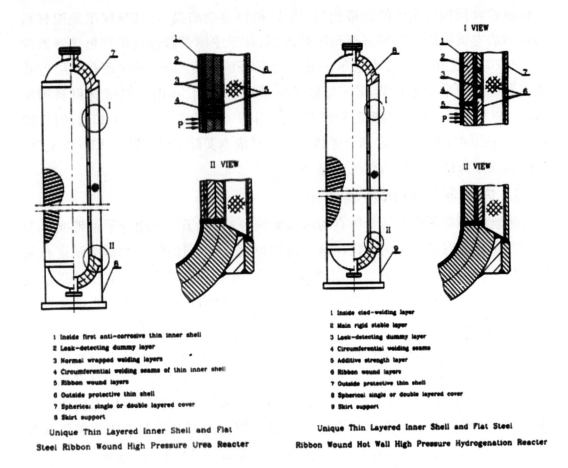

图1　组合薄内筒绕带式高压尿素合成塔和高温高压石油加氢反应精炼装置结构原理示图

穿性深厚焊缝的单层或多层厚壁结构壳壁,如厚板卷焊、厚筒锻焊和多层包扎或热套及大型球罐等,显然都难以实现,因为它们的焊缝都是"贯穿"的、单层的。

这种相对较薄的内筒(其厚度通常不超过 40～80 mm,此时容器总壁厚可达 200～400 mm),其制造难度大为降低,相当于焊接、制造通常较薄的中、低压容器,故较易于焊接制造,因而该内筒部分的制造成本应比内筒相对于原有容器总壁厚所占的比例(如 20%)要低,即与单层厚板卷焊或多层包扎式容器约 20% 厚的这部分相比,薄内筒错绕钢带容器的内筒其制造成本通常可相应降低约 5% 以上。

4. 钢板切割弯卷成形与钢带缠绕技术及其成本

冶金工业提供了各种优质钢板为各种压力容器的制造创造了可能条件。但至少对高压容器的制造而言,不论薄板还是厚板,其切割下料、弯卷和切除其每块卷板两端的直边部分,以及使其成形以构成容器壳壁的一份组成部分都要付出大量繁复甚至相当困难的工作,不仅会降低材料利用率,也会明显降低制造工效。这种情况即使采用简单的卷筒钢板做原材料的切割弯卷或特厚钢板做原材料通过特大型弯卷机械装置冷态弯卷(主要对热态弯卷时的恶劣高温劳动条件有所改善)也不能使其得到根本改变。这也就是厚壁筒节多层包扎和整体厚筒多层包扎式容器制造工效低下的一个重要原因。然而缠绕扁平钢带,尤其单U槽钢带时的情况便可发生根本性变化。其每根钢带(缠绕过程可实施简便可靠的接长,故每根钢带的长度几乎不受限制)所具有的覆盖面积,通常与2～4块甚至和一层所有包扎钢板面积大小相当或相同。其每根钢带的两端只需作简便的切割,并做机械缠绕便可完成其形成容器壳壁的一部分成形要求,其这一部分的制造工效可提高几十倍之多。因而这部分的制造工作量相对于多层或整体包扎结构而言几可忽略不计。特厚钢板(如200～400mm)的厚筒弯卷成形(通常为热态弯卷,即使冷态弯卷成形过程,包括其焊后校圆在内)与约40mm厚的单层薄内筒(每台绕带容器只需一层)的弯卷成形工效相比,通常用于弯卷一个特厚筒节的工时将可完成5～8个大小相同的薄内筒(厚度占20%左右)筒节的弯卷,因为此时薄筒的冷态弯卷及其直边的处理都相对要简单容易得多,其间的工效差异就约为5倍以上,而且弯卷装置也要简单便宜得多(装备投入至少相差10倍!)。以上这些反映在容器制造成本上的差异应是显而易见的,其相应成本降低应不低于20%,视容器大小厚薄长短而定。

5. 焊接技术及其成本

焊接,尤其深厚焊缝的焊接,是决定通常钢制压力容器使用安全性能和制造成本高低的一个重要关键因素。通常单层钢板卷焊包括厚板卷焊压力容器和大型球型压力贮罐都离不开大量贯穿性纵向、环向焊缝,甚至深厚焊缝。核反应堆厚筒锻焊结构离不开多条贯穿性环向深厚焊缝,但仍以每个筒节没有纵向深厚焊缝而被认为是个重大优点。厚筒多层包扎和热套更离不开大量每层层间纵向多条焊缝和贯穿性筒节间环向深厚焊缝。这几类压力容器的制造都要为这些有点特殊的焊接付出高昂的代价。整体多层夹钳包扎容器的创新主要目的在于避免深厚环焊缝和提高层板包扎效率,但其仅仅将厚环焊缝相互错开而已,容器整体的焊接量一点没有减少!其整体容器上进行的包扎、焊接、检测和修磨工作反而会降低容器的整体制造工效,而且又不能作焊后热处理。其层间内部如此大量使用期间难以检测的焊缝可能会给长期安全使用带来困惑。德国的单向钢带扣合缠绕容器发明的主要目的也是在于避免层间的大量焊缝和大量筒节间的深厚环向焊缝,以及改善层板包扎的效率,但可惜其因此却陷入了单向绕带内筒受扭,尤其内筒需作大型整体型槽精密机械加工(内壁还需用 50～100m 长特大型机床做内壁搪孔加工),且其复杂槽形钢带也特别难以轧制的困境。然本发明的薄内筒扁平钢带或单 U 槽钢带交错缠绕容器,却根本改变了这种情况,焊接量可减少约 80%,且无论薄内筒的焊缝,还是每层钢带绕层两端的斜面焊缝的焊接都得到极大简化,根本没有任何深厚焊缝,其间不论人工,还是焊材等的节省,反映在制造成本上的降低,通常应不低于 10%,容器越长,效果越好。

6. 无损检测(NDT)及其成本

压力容器所用钢材本身(如所有钢板和筒形锻件等)和所有焊缝都需作质量无损检测。其制造过程的无损检测通常主要是高能 X 和 γ 射线透视并配以超声波探测等技术。为较好保证无损检测的质量和便于发现焊缝焊后隐藏缺陷后的返修,几乎所有 40 mm 以上(如达 100mm)的厚焊缝都应分数次(至少 3 次,否则焊得太厚了,一旦发现焊缝存在缺陷,其返工处理就会很困难)完成焊接及其焊后的射线透视和超声波探测等。这就往往需要频繁将所联接的厚壁筒节甚至整台大型容器作来回吊运及其相应的焊接预热与等待冷却等处理。不仅需要大量人工、检测材料,而且对制造工效和生产周期都会因此带来很大影响。然对薄内筒钢带交错缠绕的任何厚壁容器,这种状况也能得到根本改变。不仅因内筒器壁不厚其无损检测不易漏检,且其内筒厚度通常不超过 30～60 mm,几乎可以一次完成其所有焊缝焊后的无损检测,而对每一根钢带及其每一绕层两端的两圈焊缝如有需要可采用绕带同时的涡流漏磁和焊后涡流漏磁或着色探伤检测都很简便,其总的无损检测的工作量应可减免约 80%,其制造成本相应也将可降低不少于 5%以上,视容器长短和厚薄而定。

7. 机械加工及其成本

容器制造离不开各种机械加工工艺过程。通常内径可达 3 m,壁厚可达成 300 mm,筒节长度可达 2～3 m,筒体全长可达 30～40 m 的厚板卷焊容器的筒节至少需要在大型机床上加工纵向和环向焊接坡口;核反应堆筒节锻焊容器至少需要在大型机床上加工厚筒节的内外表面和环向焊接坡口;德国复杂 U 槽钢带缠绕容器至少需要在大型机床上加工内筒全长内外表面和精确的扣合型槽;多层厚筒包扎或热套容器至少需要在相当大型的机床上加工环缝焊接坡口及其各层纵向焊缝大量的机械打磨处理。所有这些机械加工工艺不仅需要大型加工装备,且需要相当大量的人工和工艺时间过程,对容器制造成本有相当大的影响。整体包扎容器的情况虽有某些改善,但也基本与此类似。薄内筒钢带交错缠绕容器则不然,其薄内筒的焊接坡口因钢板较薄可在钢板切割刨边时在刨边机上完成,也可在较大型的简易端面车床上加工,但其工时要少得多,而其每层钢带只有两端斜面焊缝的打磨处理,显然即使相对于其他如多层包扎或整体包扎容器也几乎可以忽略不计。相对于内筒壁厚比15%~30%的绕带容器而言,其机械加工量几乎可以减少约80%,反映到制造成本上将可降低5%以上,视容器大小长短和厚薄而定。

8. 热处理要求及其成本

通常钢制压力容器焊后必须作热处理,以消除焊接残余应力及改善某些钢材的综合性能。厚板卷焊容器和厚筒锻焊容器,以及厚壁多层热套容器,因其筒壁和焊缝均相当厚必须在特大型热处理炉中作焊后整体热处理。但对多层包扎、整体包扎、螺旋绕板及复杂U槽钢带等容器因其内筒都较薄,按已有的各种工程实践经验均只需对其较薄内筒的筒节在一般较小型的热处理炉里作焊后退火处理和对其内筒环缝必要时也作局部热处理,而对其容器整体是不作或不能作热处理的。显然,对薄内筒钢带交错缠绕容器与后面这几类容器的结构情况有相似之处,同样只需对其内筒筒节和内筒环缝作必要时的局部热处理,故其间工效和制造成本几无差异。然如有需要也可采用简单装置在绕带同时对钢带实施局部加热与冷却的热处理和绕层端部斜面焊缝的局部热处理,以改善材质。这与通常的钢板包扎及绕板式容器不同,后者很难对钢板及其焊缝实施局部热处理。但相对于单层厚板卷焊和筒节锻焊容器而言,其热处理工作量约可减少80%,而其成本约可相应降低不低于5%左右。

9. 法兰顶盖等容器组成部件与开孔接管及其成本

通常较大型高压厚壁容器设备主要多由圆筒形厚壁壳体与其两端带有适当大小的开盖密封装置和开孔接管的顶部法兰和底部单或双层球形封盖相焊接所构成,并在必要时还可能在筒壳上设有适当大小的开孔接管及内部的堆焊层等。薄内筒错绕钢带容器同样是由工程技术要求决定其总体结构,且正如由长期工业应用实践与试验所已证明的那样,其法兰、底盖和开孔接管及内部堆焊等都与其他结构如多层和绕带式甚至单层式厚壁容器的相同或基本相同,如在钢带绕层上经适当圈焊处理就和在多层包扎甚至单层厚板壳体上开孔接管的效果相同,如能采用我们所发明并已试验成功的小顶盖全自紧抗剪螺栓快开高压密封装置,其端部密封装置的总重量就可能减轻约40%。与现有主要容器构造技术相比,上述构件在结构型式、材料运用、制造技术(亦可能采用优质钢板多层组合法兰结构）和制造成本上基本并无大的差异。

10. 主要制造装备及其成本

当代高压厚壁容器的制造及其安全技术几乎应用了各种大型装备和高科技手段。万吨级以上特大型锻压机,主辊直径达 1.5 m 的超大型钢板弯卷机,缠绕钢板宽度达 2.4 m 容器内径达 4 m 长度达 40 m 的螺旋绕板机,内径达 5 m 长度 40 m 的大型加热及热处理炉,以及 300 mm 的特厚钢板和 300 吨以上重的特重型筒形钢锭等都有应用。这些装备一台的造价往往都高达数千万至数亿元,而由此类设备制造的厚钢板弯卷焊接,尤其厚筒锻焊容器,其造价往往也就当然相当高昂,且大型厚板筒节弯卷或厚筒锻造以后还会引来厚缝的焊接、无损检测和大型筒节端部焊缝坡口机械加工,尤其大型锻造筒节内外表面的机械加工及大型整体热处理等昂贵的制造技术要求。然对薄内筒钢带交错缠绕容器,这些大型或特大型装备及其特殊原材料与制造技术都是不用的(或只要用以处理相对尺度要小得多的端部法兰或球形封头底盖的装备),实际上连重型厂房和重型桥式吊车都不需要。和多层包扎式或整体包扎式容器的制造装备相比,只需将一台大型多层液压拉紧钢板包扎机或一台支承大型容器全长的整体钢板包扎机,改变为装备一台大型卧式自动钢带缠绕机就可带来容器制造技术及其安全特性的极大变革。通常在现有大型多层包扎式容器制造厂只要制造好仅有 10～40 mm 厚度的单层或多层组合的内筒就可在这种简单机械电气化的卧式缠绕装置上于室温条件下绕制 50～400 mm 壁厚内径达 3.6m(或更大)长度达 40 m 包括尿素合成塔及石油加氢反应器在内的各种厚壁高压容器。这种钢带缠绕装置是一种相当简单的钢制构架,装置功率不大于 60 KW,其造

图 2　一台可以绕制内直径达 1 m、长度达 30 m、总壁厚达 150 m 容器的简易小型绕带装置

价将不会超过一台相同规模的大型宽薄螺旋绕板装置的 20%,不会超过一台相同规模的特大型厚板弯卷机械装置的 10%。所以反映在主要制造装备的成本上,显然也以本绕带结构为优,通常应可相应降低其制造成本约 10%。实际上就是与上述钢板包扎装置相比也只略高,相差也并不大。上海四方锅炉厂运用投资仅约 10 万元左右制造的一台可绕制内径达 1 m、长达 30 m 的绕带装置(图 1)成功制造了几千台氨合成塔、铜液吸收塔等各种绕带式高压容器。巨化公司机械厂曾投资约 15 万元制造了一台可绕制内径达 2 m、长达 30 m 的绕带装置(图 2),制造了 1~2 台氨合成塔或甲醇合成塔或铜液吸收塔等绕带式高压容器便收回了全部投资。由于种种原因该型绕带装置却未能进一步增大,使新型绕带容器的发展在绕带装置上受到了限制。所以,要说这种绕带容器的缺点,这就是其唯一的一个缺点,因为不装备这种大型缠绕装置就无法制造这种大型绕带容器。然而,如此简化的高效的绕带装置难道还不是一种根本性变革的充分证明吗? 请见所附的两张照片中那样简单的装置,照样也能经济可靠成功地制造出现在国际上通常需要相当复杂和大型的装备才能制造的各种高压容器设备,这总应可以说明问题了吧? 如能按作者所获得的 5676330 号美国专利的“设计”,对大型绕带装置作机械自动化方面的进一步完善,为何还要采用那些复杂困难的特厚钢板弯卷焊接或厚筒锻造焊接等传统技术来制造各种大型高压厚壁容器装备呢? 这反映到制造成本上应可降低 5% 左右。

三、简要结语

由上述多方面的比较分析表明,在制造技术及其成本方面可得出如下主要结论:

(1) 容器主体材质扁平钢带或单 U 槽钢带的成本,由于其轧制简便,通常应仅约为相同化学成分特厚钢板材料价格的 40%~50% 或仅约为相同化学成分特厚筒节锻造材料价格的 30%,以及仅约为相同化学成分较宽较长中厚或较薄优质钢板材料(主要用于大型球罐的制造)价格的 60% 左右(不包括球瓣压制成形的成本),或仅约为通常中厚(4~40mm)优质钢板的 75% 左右,至少能与通常优质卷筒或宽带钢板的价格相当。正常情况下如能组织专业化定点供应该型钢带应该是钢制高压与大型容器的一种最为低廉的合理原材料。

(2) 钢带材料的利用率得到很大提高,正常情况下可由现有其他主要制造技术原材料通常的 70% 左右提高到 95% 左右,即可突出地提高约 25%。

（3）容器制造过程焊接与热处理等能耗约可降低 80％，应是一种突出的节能产品。

（4）即便已有大型弯卷或锻压设备和特厚钢板或特大筒形锻件供应，其制造的困难程度和可能发生突然断裂的失效特性也不会有任何本质性的改变；而我国的绕带容器制造过程却无任何深厚焊缝焊接、检测和层间扣合或公差精确套合等要求，不需整体大型精密机械加工和整体大型热处理工艺，也没有层间大面积相互紧贴的处理技术要求，其筒体构成部分钢材的切割、弯卷、焊接、无损检测、机械加工及焊后打磨处理与热处理等工序的工作量可减免约 80％。

（5）容器制造生产周期和"厚钢板弯卷焊接"技术相比通常约可缩短 50％；

（6）容器在薄内筒外面卧式或立式（在工地现场绕制大型和超大型压力贮罐）冷态机械电气化缠绕扁平钢带，尤其单 U 槽钢带的正常生产过程，因仅每一绕层两端有一操作非常简便的斜面焊缝需作焊接、打磨及检查等处理（其他钢带绕层带间部位不作焊接），工效极高，根本无需像现有其他主要类型容器的制造技术那样为了继续焊接、检测、热处理及机械加工等过程大多需要频繁吊运大型筒节或整台容器。因而一台大型厚板卷焊容器的多个厚筒筒节（及整台容器），在天车上来回吊运的"辅助"时间的"总和"，便将可用来完成相同规格绕带容器全部钢带在简易绕带装置上的缠绕。

（7）对钢带绕层作适当局部圈焊处理后可在钢带绕层上直接开孔接管（包括耐腐蚀介质容器的检漏管系统及其接管），其制造过程也相当简便可靠。

（8）综上分析表明，和现有国际上各种大型厚板卷焊容器、多层厚筒容器、整体包扎厚筒容器，以及型槽绕带容器，尤其大型筒节锻焊厚筒容器相比，新型钢带缠绕容器总体上制造工效可提高 2～3 倍，生产成本可降低 30％～50％，甚至更低，容器越长，直径越大壁厚越厚，效果越显著。其中"单 U 槽钢带交错缠绕的容器"将更为突出，且特别有利于各种大型和超大型厚壁高压容器，及大型与超大型低压贮罐装备的绕制。显然，这将开创一个全新的发展局面。

第四篇 新型钢带交错缠绕压力容器的全面试验和壳壁优异安全使用的可靠特性

新型薄内筒钢带交错缠绕式高压容器自 1965 年工业性产品制造试验获得成功并在我国工业生产中开始成功推广应用,又于 1981年以"新型薄内筒钢带交错缠绕式高压容器的设计"为名获得我国国家科学发明三等奖以来,据 1994 年的不完全统计已在我国初步成功推广应用内径达 1m、长度达 28 m、绕层达 28 层、设计内压达 35 MPa的氨合成塔、甲醇合成塔、氢气高压贮罐、水压机蓄能器(一种抗内压反复升降工作的高压压力容器设备)、各种高压气体或液体贮罐等多种工业用途的"薄内筒钢带交错缠绕式高压容器" 7500 多台。经对扁平钢带交错缠绕式压力容器多年来所做的多次工程规模实物容器的环向与轴向及其刚度和热应力等应力应变测试、环向轴向超压"抗爆"破坏与极限强度爆破试验、斜面分散焊缝专门拉伸断裂特殊高循环疲劳试验、4 万多次反复升降液压疲劳强度试验、薄内筒多层钢带交错缠绕壳壁大比例开孔接管试验、"在线安全状态计算机自动报警监控"工程规模试验、"新型端部小顶盖轴向全自紧快开高压密封装置"联接强度试验,以及双层大型油气输送管道远程报警监控和工程实际长期应用考核等方面的全面试验,均表明该新型薄内筒钢带交错缠绕压力容器设备在强度、刚度、疲劳强度、热应力及可监控特性等诸多方面均获得了科学合理的优异结果,在制造经济性和工程使用安全可靠性及其简便经济可靠的"在线安全状态可监控"特性等方面确具有优异的发展优势。

现将新型绕带式压力容器安全特性的全面基本试验结果简况汇总如下:

一、钢带缠绕容器内压环向极限强度爆破试验

这种新型薄内筒钢带交错缠绕式压力容器曾做过内直径各不相同的一系列内压环向极限强度爆破破坏试验，以求证其破坏强度的可靠性。试验容器的内直径有：49，147.3，200，450，500，1000 mm 等等，而所采用的钢带缠绕倾角则曾在最低 10°到 最高 30°之间视试验需要而变化。其中，还有一台这种绕带式试验容器（见所附照片），其内径为 500 mm、薄内筒厚度为 16 mm、钢带厚度为 4 mm 在三段筒体上分别各缠绕了 10～14 层钢带、最低设计内压为 30 MPa、三段绕带筒体上带有多个开孔接管其中在 10 层绕带筒体上最大开孔接管孔径达 140mm。

图 1　一台设计内压 30 MPa、内径 500 mm、10 层绕带、最大接管内径达 140 mm 的爆破试验高压容器

所有这些绕带式试验容器的环向极限强度爆破内压按第二篇（Ⅲa-10)′或（Ⅲb-8)式计算分别为 50 到 210 MPa,结果所有这种绕带式试验容器的极限强度爆破内压均略高于相应的设计强度，其安全系数均大于按规范要求的设计内压的 3 倍(即 N≥3)，并均不低于材质相同而设计筒壁厚度或重量也基本相同的单层或多层式容器的环向极限爆破破坏内压强度(因材质相同，薄钢带的强度最高，钢带交错缠绕筒体的综合强度均高于材质相同壳壁厚度也相同的单层大厚度或多层却带多条深厚焊缝的综合强度)，而且所有这种绕带式试验容器的极限爆破破坏方式都是绕带筒体的环向(见随后所附照片)，从未发生绕带筒体端部斜面焊缝脱裂爆破或内筒轴向整体断裂和如单层结构容器那种筒体爆破裂片抛飞的现象。即使对内直径 1000 mm 的该型大型试验容器(设计内压为 30 MPa)和内直径 500 mm 带 140 mm 开孔接管的试验容器(设计内压为 32 MPa)，结果都相同。其极限强度爆破内压分别为 90.2 MPa 和 96.5 MPa,设计

图 2　10 层钢带绕层离开接管部位在爆破内压达
96.5 MPa 时呈菊花状的爆破裂口

安全系数都达 N≥3 的规范要求,且破坏方式均为环向,爆破裂缝在钢带绕层部位或离开大开孔接管与绕带筒壳相联的焊缝部位(见所附照片与下表,内径 500 mm 的开孔绕带容器的数据,系为另一段开孔内径为 85 mm 较厚绕带壳壁的试

表 1　新型绕带式高压容器有代表性的极限承载破坏试验压力与理论计算值的比较(均为理想的环向破坏)

试验容器内径 (mm)	设计压力 (mm)	容器壁厚 (mm)	材料与综合强度 (MPa)	爆破压力(MPa)				试验爆破压力 (MPa)	爆破方式与误差
				修正中径公式 $P_b=\dfrac{2(S_c+0.9S_w)\cdot(\sigma_s)}{D_1+(S_r+0.9S_w)}$	最大能量理论 $P_b=\dfrac{K^2-1}{\sqrt{3}K^2}\cdot\sigma_c$	Faubcl 式 $P_e=\dfrac{2}{\sqrt{3}}\sigma_r(2\cdot\dfrac{\sigma_r}{\sigma_b})\times \ln k$	本发明者公式 $P_b=\dfrac{r_2^3-r_1^2}{\sqrt{3}r_c^2}\sigma_{ub}+\dfrac{2}{\sqrt{3}}\sigma_{ub}\cdot\cos^2\alpha\times\ln\dfrac{\tau_\theta}{r_t}$		
Ø500	31.4	$S_c=13$ $S_w=56$ $S=75$ $\alpha=30°$	20g A_1F $(\sigma_r)=235.3$ $(\sigma_b)=397.1$	95.5 $(\sigma_r)=397.1$	92.7 $(\sigma_s)=397.1$	98 $(\sigma_r)=235.3$ $(\sigma_b)=397.1$	95 $\sigma_{ab}=422$	95.6	环向 0.6%
Ø1000	29.4	$S_c=28$ $S_w=80$ $S=108$ $\alpha=30°$	16Mn $(\sigma_r)=304$ $(\sigma_b)=496.2$	90.2 $(\sigma_b)=496.2$	87.8 $(\sigma_b)=496.2$	94.5 $\sigma_r=304$ $\sigma_b=496.2$	90 $\sigma_{nb}=\sigma_{ub}=496.2$	90.2	环向 0.22%
Ø500 (开孔)	35.3	$S_c=16$ $S_w=48$ $S=64$ $a_b=30°$	20g 16Mn $(\sigma_r)=308.8$ $(\sigma_b)=519.7$	109.8 $(\sigma_b)=519.7$	109.8 $(\sigma_b)=519.7$	113.7 $\sigma_r=308.8$ $\sigma_b=519.7$	109.8 $\sigma_{nb}=422$ $\sigma_{ub}=519.7$	111.8	环向 1.8%

验数据)。(其中,内直径 1000 mm 的大型试验绕带容器的相关试验,主要由我国合肥通用机械研究院(主要通过柳曾典与张立权两位教授级高工总师等)和南京第二化机厂(通过宗志鹏厂长与田之泽高工等)完成;内直径 500 mm 带 140 mm 开孔接管试验绕带容器的相关试验,主要由兰州化工机械研究院(通过汪祖洪、蔡振芳教授级高工等)和杭州锅炉厂(通过陈有生厂长与周芳义、朱关保高工等)完成。作者借此机会对上述相关单位和作出重要贡献的参与人员,表示敬佩和感谢!)。

二、钢带缠绕容器内压轴向强度破坏试验

这种新型薄内筒绕带压力容器的内压轴向强度更是其结构强度技术突破的一个关键。德国的薄内筒复杂型槽钢带单向扣合缠绕高压容器就因为绕层对内筒有一种必然的扭力作用,内压越高、这种扭力作用越大,因而其层间轴向就可能发生脱扣,单靠内筒强度显然不足以对抗内压升高后强大的轴向作用力而终将导致容器内筒发生轴向断裂爆破的危险。

为此,郑津洋教授在攻读博士学位研究生期间就曾专门针对这一问题作了简单但富有成效的试验研究。所做的三台材质相同特别的试验绕带容器:容器内直径 147.3 mm,由三段组焊而成的内筒壳壁厚度 2.5 mm,外面缠绕的 4 层厚度为 3.5 mm 的扁平钢带绕层共 14 mm,所以其内筒所占容器总壁厚的比例均相当小,仅约 15%。三台试验容器钢带缠绕倾角都很小,分别为 10°、15°、20°。对三台绕带容器所作的爆破试验结果,爆破压力分别为 51、58.8、60.3 MPa,钢带倾角越大,爆破内压越高。三台试验容器爆破破坏的方式,钢带倾角为 15° 和 20° 的明显为绕层部位内筒环向破裂,尤其钢带倾角为 20° 的容器虽经过严酷的爆破破坏试验,然其容器筒体却仍基本保持原状,显示出钢带绕层对内筒有极强的抑爆保护作用,特别是三台试验容器两端封头斜面焊缝部位都还保持完好无损。只有钢带倾角为 10° 的容器略近端部处内筒发生了内筒轴向断裂方式,但其钢带绕层均仍保持相连状态,并未发生像德国的那种复杂型槽钢带容器内筒爆破断裂成两段抛飞的现象。试验充分表明:这种新型绕带容器,即便其内筒很薄(壁厚仅占容器总壁厚度约 15%,德国的绕带容器内筒壁厚比经外壁机械加工后通常约占 25%),钢带交错缠绕的倾角相当小(分别仅为 10°、15°、20°),其轴向强度状态也已根本改观。

为充分验证薄内筒钢带交错缠绕式容器轴向强度,我们和上海四方锅炉厂合作曾专门做过一次工程规模的新型绕带容器轴向强度破坏试验。试验容器

为一台经工程使用 8 年多因定期检查发现存在严重超标原始焊接缺陷而报废的氨合成塔,内径 450 mm,内筒厚度 14 mm,容器筒体长度约 6.5 m,外面交错缠绕 4 层厚度 3.5 mm、宽 80 mm 的扁平钢带,缠绕倾角 α＝18°,设计内压为 15 MPa,设计极限爆破内压为 48 MPa。利用搪孔机床从容器内部将其内筒离法兰最端部约 750 mm 处搪切挖出一条深 12 mm、宽 20 mm 的内环槽,以使内筒严重削弱到仅剩余2mm壁厚(实际最薄处仅剩约1.65mm)以仅起试验时对内

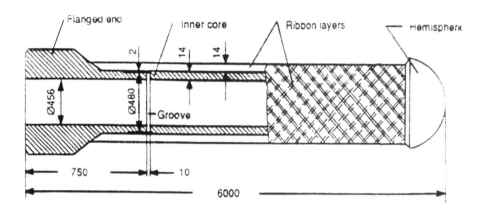

Scnematic of the test vessel with a circumierential groove（unit：mm）

图 3　新型绕带式压力容器内筒环槽削弱轴向超压破坏"抗爆"试验

（上为容器剖面示图,下为绕带实物容器）

部水压的密封作用。此时忽略绕带层间的摩擦力加强作用,该容器的轴向极限爆破强度按内筒环槽剩余壁厚 2 mm 和钢带绕层横截面材料极限强度轴向分量之和计算仅约 15 MPa。然当试验内压升至该容器原设计内压或搪切内环槽后的轴向极限爆破内压 15 MPa 时,该容器除径向尤其轴向伸长变形略显加大之外观察其容器外形与压力表显示等都看不出有什么变化,但当再次升压直达设计内压的 1.25 倍即 18.75 MPa 时容器却突然在开挖了内部环槽的外部带层缝间发生了气势很小、降压缓慢的喷射泄漏,压力试验就此终止。这时该容器除显示其轴向有较大的伸长残余变形之外,容器整体和钢带外形与外层钢带层间状态均看不出有多大肉眼可见的变化,直至打开试验容器封头才发现在内筒内部开挖的环槽底部最薄处有一条长约 25 mm 最大宽度约 0.4 mm 的环向裂纹,压力为 18.75 MPa 的试压水应就是通过这条不大的裂纹再经 4 层绕带层间的曲折通道向外喷射缓慢泄压的。

　　以上这些试验充分表明:只要绕带缠绕倾角设计得当,即使内筒相当薄(如内筒环槽处仅有 2 mm),这种绕带容器的轴向强度也完全充足可靠;在通常工程设计制造中实际应用的内筒壁厚比均大于或等于 20% 和钢带绕层缠绕平均倾角通常均约为或大于 23.5°的情况下,其轴向强度必然完全充足可靠。即使内筒轴向严重开裂泄漏,其外部多层绕带(即使只有 4 层钢带绕层)对较薄内筒也必然会有充分可靠的必然的"抑爆保护"作用。

三、钢带缠绕预应力收缩效果测试

　　新型绕带容器的制造是在室温环境下,通过简易钢带缠绕装置及其所附小型钢带拉紧矫形工具的合理设置对钢带实施适当的冷态预应力贴合缠绕的。这不仅极大地简化了各种大型高压厚壁容器的制造,而且还将通过预应力缠绕对厚筒筒壁带来应力状态的优化合理改善。为证验钢带预应力缠绕的效果,曾对一台工程应用绕带容器作过实际测试。该容器内径 500 mm,内筒部分筒体长度 1.6 m,内筒壁厚 18 mm,外绕 12 层厚 4 mm 钢带共厚 48 mm。按新型绕带容器优化设计理论,对该容器从内层到外层实施从 200 MPa 到 100 MPa 适当合理变化的预应力缠绕。经测量,其内径平均缩小超 0.5 mm,其轴向缩短 1.69 mm。该容器经 1.25 倍设计内压的超压试验后,结果仍发现 500 mm 的内径仍有约超 0.5 mm 的平均缩小值,1.6 m 的内筒筒体长度仍有约超 1.6 mm 的平均缩短值,其变形率均约达 0.1%(通过制造过程的最终超压试验以后层间贴合程度会有某些调整,其预压缩效果将有某些"损耗",但很小,此值通常仅约为0.01%左右)。显然,这是对内筒环向和轴向一个相当可观的预压缩应变,对改善容器的受力状态和抗疲劳特性都十分有利。实践也已表明,容器直径越大,筒体长度越长,因绕带层间更易贴紧,钢带缠绕预压缩效果也会更好。当然,合理的钢带缠绕预应力大小应通过这种绕带压力容器的优化设计来确定。对较大型容器的钢带缠绕通常应采用相对较小的预应力。由于钢带缠绕对内筒所产生的"机械外压"和通常"流体外压"的作用效果完全不同,通常较薄的内筒不会因按适当的钢带预应力缠绕而发生压瘪"失稳"问题。

四、工程应用钢带缠绕容器 40700 次液体内压疲劳循环试验

为验证新型绕带压力容器的抗疲劳强度,我们和上海四方锅炉厂曾专门对一台经工程实际使用 8 年多因定期检查发现存在严重超标原始焊接缺陷而报废的氨合成塔进行了工程规模液体内压反复升降抗疲劳强度试验。如上所述,试验容器内径 450 mm,内筒厚度 14 mm,容器筒体长度约 6.5 m,外面交错缠绕 4 层厚度 3.5 mm、宽 80 mm 的扁平钢带,缠绕倾角 $\alpha = 18°$,设计内压为 15 MPa,设计极限爆破内压为 48 MPa。经检测在内筒纵向和环向焊缝上发现有如最长达 45 mm、宽约 4 mm 的原始焊接超标深埋裂纹等缺陷,并在外层钢带上和内筒内壁上作了若干直径 8 mm 深达 4 mm 的人工钻孔,以模拟严重腐蚀削弱内筒内壁。对这台已经使用 8 年多之久的绕带容器按 0～(15 或有时 18.75)～0 MPa的内压进行了长达 20 余天的 40700 次反复升降液压低周疲劳试验后,经再次的应力应变检测和上述缺陷部位检测,其应力应变状态和深埋裂纹与钻孔等部位,包括筒体两端端部绕层斜面分散联接焊缝部位,都未发现有任何肉眼可见的变化。运用国际上较为通用的著名的 Paris 公式和我国相关标准规定,通过进一步理论分析计算表明,该试验容器即便存在如此严重的裂纹缺陷,仍可在 1.25 倍的超设计内压(18.75 MPa)条件下继续使用 200 年(每年按非常严重的反复停产 50 次反复升降压计算),而且即使发生了内筒疲劳裂纹严重扩展,如上所知,钢带绕层仍有足够的抑爆保护作用,容器也只可能会"漏而不爆"。试验与分析研究和长期工程实际应用表明,这种绕带容器的多层交错绕带筒体及其两端端部绕层斜面分散联接焊缝部位的抗疲劳强度,非常优异可靠。结合该型绕带容器前述轴向强度破坏试验的优异的自我抑爆保护特性成果,1982 年由上海市机电局主持我们两个合作单位在浙大成功召开了"绕带式

压力容器抗低周疲劳和轴向断裂破坏优异安全特性"试验成果鉴定会议(作者专门作了该型容器断裂疲劳寿命分析研究报告)。据说该成果后获上海市科技进步一等奖。作者同样借此对上海四方锅炉厂夏毓灼、蔡乐仪厂长和朱关保高工等试验研究参与人员(包括我们浙大多位师生)的艰苦奋斗与重要贡献,表示敬佩和感谢!

五、工程应用绕带容器抑爆抗爆实例

薄内筒钢带交错缠绕式压力容器的确具有优异的"抑爆抗爆"安全特性,除不少小型试验容器的事例以外,以下工程规模容器的破坏试验或应用过程中所表现出来的自然"抑爆抗爆"特性,更是在当代国际压力容器工程科技中其他结构壳壁容器所罕见的!

一台用作爆破试验用绕带容器,内径 450 mm,设计内压 15 MPa,内筒厚度 14 mm,内筒外壁交错缠绕 3.5 mm 钢带仅 4 层,缠绕倾角为 18°,外面未包扎焊接外保护薄壳,以便作容器内外壁及钢带层间的应力应变试验测量。其设计计算爆破内压为 48 MPa。当试验水压升至已超过 48 MPa 或 3 倍设计内压的强度设计要求的 51.3 MPa 时,发现其最外层钢带缝间发生试压水不大的喷射泄漏而卸压,容器外观却已有明显发生"鼓肚"变化。打开封头检查内部发现内筒第二筒节纵向焊缝上发现了一条肉眼可见长约 150 mm 的穿透裂纹扩展。决定作开挖补焊并做检查合格后再行升压试验,直至内压达 51.8 MPa 时容器发生爆破,内筒纵向原补焊处开裂,破口并不太大,钢带绕层也发生正常断裂破坏。先后两次爆破的试验压力均达容器极限强度设计要求,相差仅 0.5 MPa,绕层也仅仅 4 层而已,但爆破破坏后果却完全不同。前一次只泄漏而未爆破,后一次内压仅升高了 0.5 MPa 就发生筒壳纵向开裂爆破。这充分说明:当外部钢带绕层(或即外一壳层)直至达到其极限强度仍然保有某一强度余量之前,内筒就必受到一种意义重大的"保护作用"而自然"抑爆抗爆",即"只漏不爆"。

另又有一台试验绕带容器,内径 1000 mm,设计内压 30 MPa,内筒厚度 28 mm,内筒外壁交错缠绕 4mm 厚钢带 20 层,外面也未包扎焊接外保护薄壳,以便作容器内外壁及钢带层间的应力应变测量。其设计计算爆破内压为 90 MPa。当试验水压先后两次升至约70 MPa 和 50 MPa(已大大超过 30 MPa 设计内压的强度设计要求)时发现其一端与法兰相焊的环焊缝部位最外层钢带缝间发生试压水相当严重的喷射泄漏而卸压,容器外观变化并不明显。切割打开该端封头检查内部发现内筒与端部法兰相联的环向焊缝发生了严重环向裂纹扩展而几乎断裂。究其原因是因为该端部封头锻件材料挑用失误，碳含量超规，焊接时预热温度不够，焊后便有焊接裂纹产生，故在两次较高试验内压时便发生环向开裂。决定作只从内筒内部开挖和提高封头预热温度焊补并做检查合格后再行升压试验，直至内压达到略超 3 倍设计内压的 90.2 MPa 时容器发生爆破，内筒纵向开裂，破口较大，钢带绕层也发生正常的拉伸断裂。这更充分说明：在实际内压略超 1.25 倍设计内压即 37.5 MPa 设计内压时，当外部钢带绕层直至达到其极限强度仍然保有某一强度余量之前，内筒与容器端部封头的斜面焊接联接部位即便先后发生两次内筒环向焊缝的严重断裂，其斜面焊缝依然完好（引起裂缝启裂的主应力方向难以转到垂直于斜面焊缝的方向！），和内筒相联的端部封头仍会被钢带绕层强力拉住，起到了一种意义更为重大的保护作用，即：内筒环缝轴向开裂，绕层也仍有足够的"抑爆抗爆"效果。

另一台工程应用中的氮氢混合气合成氨高压绕带容器，内径 500 mm，设计内压 32 MPa，内筒厚度 18 mm，内筒外壁交错缠绕厚 4mm 钢带 12 层，外面包扎焊接了厚 3 mm 的外保护薄壳。该设备使用半年后一天其外保护薄壳筒壳上在该厂通常 28 MPa 的操作内压下突然发生了严重纵向大爆破，气浪把近旁的厂房玻璃门窗也震破了，以为是该绕带容发生了爆炸。后来发觉还有一点咝咝声从该容器上发出，检查后发现只是其外壳爆破而容器压力表仍基本显示正常约为原来的 28 MPa，但却有一股微小的气流从保护薄壳破口中流出。停产检查后发现原来是该容器内筒第二筒节纵向十字交叉焊缝上有一条长约 150 mm、宽约 0.4 mm 的原始制造厂冷作工人强力打下缝端焊接试板时所形成的制造而又漏检的裂纹。专家们分析认为事故是由于该容器内筒发生了裂缝渗漏进而发展成为微弱泄漏，以至于使通常不应该完全封焊的外保护薄壳内部压力积聚升高而发生约达 0.8 MPa 左右发生了爆破。而原来向外泄漏的气体爆破后仍继续外漏，故仍有丝丝气流之声。因该保护外壳内绕带缝隙之间积聚的气体并不多，故其爆破后果也就并不严重。该容器内筒经裂纹开挖焊补后继续使用了一段长的时间才结合设备改造作了扩大更换。这说明：即便是在高压氮氢混合气体的条件下，只要外部钢带绕层基本完好，其内筒发生裂缝开裂，容器依然"漏而不爆"，甚至仍可保持一段时间的原有生产操作状态。这应是一种极为宝贵的安全特性工程试验！

六、绕带容器壳壁温差应力测试

薄内筒钢带交错缠绕压力容器壳壁的内外壁温差,由于多层结构层间热阻略高,相对于单层结构壳壁似当然会较大。然其环向、尤其轴向具有一种特别的和单层厚筒壳壁略有不同的"柔性",所以,通过其层间的自然"调整",尤其轴向刚度相对显著减小(绕层轴向带间有相当间隙,内筒仅约为总厚的25%),其内外壁实际上因温差引起变形受到约束限制的温差应力,尤其轴向却因不会比单层厚筒结构壳壁的更大,可能反而会较小。这是一个令人十分关注的问题。

为此,我们的研究生曾对一台工程规模绕带容器进行了专门试验研究。该试验容器内径500 mm,设计内压32 MPa,内筒厚度16 mm,内筒外壁交错缠绕4 mm 厚的钢带12层,外面不带保护薄壳,以便作容器内外壁及钢带层间的应力应变测量。测试结果表明:其内筒内壁环向温差应力相对于其壳壁内外温差的比率为11,而非通常单层厚筒壳壁的20(决定于材料的弹性模量和线涨系数等特性);其内筒内壁轴向温差应力相对于其内外壁温差的比率仅为5,也并非通常单层厚筒壳壁的20(单层厚壁容器壳壁的环向和轴向的温差应力大小相同)。这就表明,其薄内筒内壁轴向的温差应力仅约为其环向温差应力的50%,而其内筒内壁环向温差应力又仅约为单层厚筒壳壁环向温差应力的60%左右。总之,其温差应力都反而比单层或其他多层式厚筒壳壁结构压力容器的更低(其轴向刚度均较大)。

根据实际的温差应力测试结果和理论计算,对通常都设有合理可靠的外保温层的容器设备,即使这种绕带式压力容器的壳壁总厚达200 mm 以上,其内外壁的温度差也不超过4℃左右,通常可略去不计。这就表明这种薄内筒钢带交错缠绕压力容器和单层与其他多层式壳壁结构容器一样,其壁温设计可达:−253℃和+550℃左右,也将同样可应用于深冷和高温等液氢液氧高压贮罐和热壁石油高压加氢反应器等重大装备的重要应用场合。

七、绕带容器工业生产过程在线安全状态自动监控报警试验

一种新型特殊的压力容器在线安全自动监控报警和泄漏介质自动收集与导引处理装置,于1984年在钢带交错缠绕高压容器上开天辟地成功进行了工程

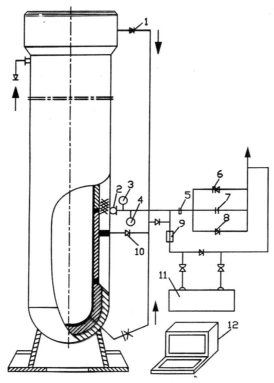

1. electromagnetic valve   2. φ50mm nozzle   3. low pressure capsule   4. low pressure manometer
5. bursting pressure relief value   6. whole opened safety value   7. bursting pressure relief valve
8. electromagnetic valve   9. chemical compositions monitoring device   10. electromagnetic valve
of corrosion-leakage inspecting system   11. miniature air pump   12. mini-monitroring device

图 4　Whole Reliable Safe on-line Automatic Monitoring Device of Double Layered or Steel
Ribbon Cross-helical Wournd Pressure Vessels

规模的试验研究。该试验容器内径 500 mm,设计内压 32 MPa,内筒厚度 16 mm,内筒外壁交错缠绕 4 mm 厚的钢带 12 层,且在其内筒内壁制作了一条长约 150 mm、宽约 0.8 mm 的相当宽大的人工纵向贯穿裂纹(用适当薄片加以填盖以使容器内部升压时起密封和试验内压下的承压作用),而在绕层之外再覆盖包扎焊接了一层外保护薄壳,其上带有一个开孔内径 25 mm 的接管,在这接管上再装有一套简易感受内部介质泄漏的"感压"元件所构成的一套在线安全状态自动监控报警与卸压导引处理装置。在实验室成功作了高压空气介质的上述试验之后,再移至一合成氨工厂现场成功作了灌注生产实际所用的高压氮氢混合气的试验。当试验容器内压升高至 28 MPa 时,人工裂纹密封薄片突然爆破,高压氮氢混合气从内筒如此宽大的人工裂纹中冲出,但通过 12 层交错缠绕的钢带之间的曲折缝隙后,其内压降低显得有些缓慢,同时发出报警并将可燃易爆的氮氢混合气自动卸压排放到了高空,直至内部介质排放完毕,试验容器和周围环境安然无恙。试验获得了完全成功。类似的一套在线安全状态自动报警监控与介质泄漏导引处理装置还被成功安装使用在巨化大型化工生产企业的一台内径 1000 mm、内部高度约 20m、设计内压 13.4MPa 的绕带式甲醇合成塔上，通过验证也获得了完全成功，一年后并通过了浙江省科技厅工程试验科技成果鉴定。作者同样借此对浙江巨化公司机械厂（韦润时厂长和叶佳仁高工等）、公司工程（设计）公司和合成氨厂等相关参与人员的贡献，表示衷心感谢！

　　这标志着一种新型压力容器计算机全面经济可靠的在线安全状态自动监控报警与卸压导引处理装置已经呈现在世界面前。该装置通过某种适当的简单可靠的"感压"或化学成分"超标报警"等感受元件，来感受通过内筒裂纹"渗漏"或"泄漏"出来的内部介质与其压力变化，通过现有远传通讯技术来实现甚至数千公里远距离计算机报警监控，自然非常简便经济可靠。容器在"抑爆抗爆"的前提条件下即使内筒发生了裂纹扩展，通常都有一个因工作循环而使内筒壳壁裂纹不断"扩展"而出现内部介质发生"微量渗漏"的一定时间过程。因而就可通过在线安全状态自动监控装置中感受某一压力或某种化学成分变化的元件发出"超标"报警。这就可使容器在保持正常生产操作过程中经济可靠地实现在线安全状态自动导引处理泄漏的内部介质和发出监控报警。众所周知，为使大型压力贮罐和核反应堆压力壳等特别重要压力容器装备使用更为安

图 5　1984 年初夏和师生们一起到工厂现场作如照片中所示三项工程规模成功试验研究留影

全可靠,国内外大都采用了一种多通道声发射监控报警装置的高新技术,以实现在线安全状态自动监控报警。这种监控装置是用作"等候监控"容器壳壁万一发生裂纹扩展时接收其声波微弱的传播讯号,并发出"报警"指令处理的。这种高新技术价格高昂,且不能重复验证裂纹的扩展状况。和多通道声发射监控报警装置的性能相比,新的绕带式压力容器在线安全状态安全自动监控装置却似乎显得太"土"了,多是一些相当简单的管路、阀门、压力表、防爆片或通过计算机也可集中"等候监控"的"感压"等元器组件,虽然使用场合仅适用于交错缠绕和双层壳壁的"多功能复合壳"压力容器设备,但其功能却更全面,可以重复试验验证,而且通常更为可靠。为了实现相同容器规模的监控目标,且还能自动收集和导引处理泄漏介质的更加全面的效果,其所需要的成本,初步实践表明仅约为相应的一台多通道声发射监控报警装置的 5% 左右。

八、绕带容器开孔接管测试和工业产品实际长期应用实例

扁平钢带交错绕层壳壁上作较大孔径的开孔接管,已成功完成工程试验和实际工程产品长期应用的考核。在内直径为 500 mm、设计内压为 32 MPa 的容器钢带绕层上最大开挖 260 mm 并和其他单层厚壁容器一样将带开孔内径为 140 mm(其开孔接管的开孔率为:d/D=0.28)的整体加强接管通过内部与外部 U 槽焊缝焊接联接于该开挖壳壁孔内。焊后无损检测表明其焊接质量除略含几点焊接夹渣之外未发现其他超标缺陷,质量合乎要求。经升压试验,当最高内压达 96.5 MPa 时容器壳壁在离壳壁开挖大孔边沿不远处发生了开裂爆破,其破口还较大,但所有钢带和接管均还与容器壳壁相联,破口呈菊花状。由 1.25 倍设计内压下的应力应变测量结果显示其最大孔径 140 mm 内缘最大应力集中系数为 2.57,这和单层结构壳壁容器理论上为 2.5 倍的开孔应力集中系数完全相同。其他开挖较小的,如接管内径 85 mm 的开孔接管状况也很正常。所以,该开孔接管试验无论是绕带筒体,还是开孔接管部位的强度考核都很成功(主要由兰州化机研究院完成)。后即在各种需要开孔接管的绕带筒体壳壁上作了各种不同孔径开孔接管的工程应用,自 1973 年以后长期安全应用至今。为偏于安全起见,按我国和美国相关规范标准,其开孔接管的开孔率采用:d/D ≤1/(3~4)。这已可满足通常工程的应用要求。

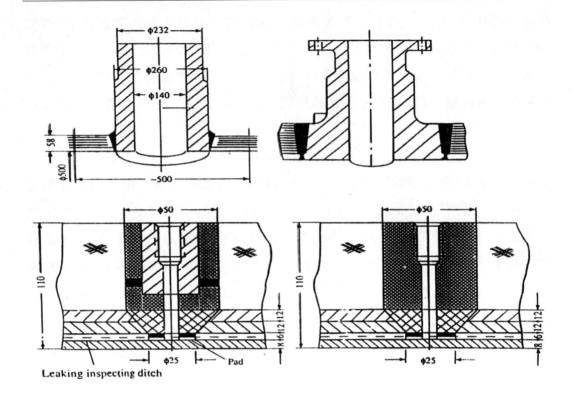

图 6　钢带绕层厚壁筒壳上四种工程开孔接管方案示图

九、钢带缠绕容器足够可靠的横向刚度产品实例

　　钢带缠绕容器采用的是薄内筒壳壁结构，因而其横向刚度的问题就引起了人们的关注。德国的复杂型槽钢带单向缠绕的绕带式压力容器的横向刚度可能就显得弱些，可能在运输起吊过程中不小心发生筒体变弯现象。我们研究生的试验研究和容器制造的生产实践都充分表明，实际上即使较薄内筒在钢带缠绕过程中两端自由支承的情况下，由于内筒筒体自身和外部约占 80％ 钢带绕层的均布重量对筒体所引起的弯曲变形完全可以忽略不计，显示其横向刚度完全足够。内筒直径越大壳壁厚度越厚，其抗弯刚度就越大。而且，新型绕带式压力容器的钢带是交错缠绕的，除内筒本身的横向刚度以外还存在层间摩擦力的加强作用，其横向刚度也就更显优良。

　　此外，绕带容器的以下两种工程产品 30 多年的长期成功应用实践的优良效果也可充分证明这一点。其一是：一种内径 800 mm、设计内压 12 MPa 的高压铜液洗涤塔，其内筒壁厚 14 mm、缠绕 4 层厚度 4 mm 的钢带，而容器内部长度超过 28 m；这台绕带容器的长径比为：28/0.8＝35。其二是：一种内径 500 mm、设计内压 32 MPa 的高压氨合成塔，其内筒壁厚 18 mm、缠绕 12 层厚度 4 mm 的钢带，而容器内部长度超过 20 m；这台绕带容器的长径比为：20/0.5 ＝40。

　　理论上，内筒壳壁厚度比例相同而内径不同的新型绕带压力容器的横向刚度，决定于其长径比。当然，长径比大的，表明其横向刚度就会较弱。对工程中应用的较大内径的压力容器通常在工程实际中其筒体并不需要很长。上述尤其内径较小、绕层较厚(12 层)的绕带压力容器的长径比为 40，这在通常的工程实践中是比较大的，但其制造和使用运输过程中横向刚度仍然表现优良，这就为新型绕带式压力容器提供了完全足够的横向刚度应用范围，因为其长径比通常不会超出上述比例范围，例如内径为 2 m 的容器其长度可达 80 m，一般当然不需设计这么长。所以，工程实践也已表明，按以往所作规定所设计制造的新型绕带压力容器在当今通常的工程应用场合完全具有足够可靠的横向刚度。

十、钢带缠绕高压容器工业产品内压疲劳循环实际应用实例

　　在中国有超过 200 台 内径 500 mm、内部长度约 8 m、设计内压为 20～30 MPa 的"薄内筒钢带交错缠绕式压力容器"作为油压或水压机的蓄能器，应用于多种机械制造厂家的产品制造中，例如压力容器封头的压制成型与较大型锻压件，以及异型管件等产品的制造中。这些绕带式高压蓄能器是处于一种循环反复升降液压状态下工作的，属于疲劳工作状态的容器设备。也有一些类似规模的绕带高压容器被用作石油开采工程中由高压空气推动的水、气高压贮罐，以利在石油开采过程中向地下钻井反复注水采油。在过去的 40 年期间，这些绕带式蓄能器及高压水、气贮罐都成功安全地经受住了长期疲劳循环工作状态的严峻考验。这些实际工程实践也充分表明，这种绕带式高压容器具有优良的抗疲劳特性。

　　通过近 40 年 7500 多台该型多种绕带高压容器设备的工业生产长期安全成功应用和几十台(只)不同大小的新型容器多方面广泛的理论与工程结构强度破坏试验研究的实践充分表明：

　　(1) 新型绕带容器采用较薄钢板，尤其窄薄截面钢带，原材料轧制简便，其轧制过程的"锻造比"通常要比厚筒锻件大约 10 倍，钢带材质致密，材质自然可

靠,抗断裂韧性及耐高温蠕变等特性均更优;

(2)两种绕带容器筒体较易实现均化应力状态的工程优化设计,筒体环向尤其轴向强度和刚度充足可靠,钢带倾角交错或每两层扣合交错缠绕使容器内筒受力平衡静定,壳壁内外表面环向,尤其轴向的热应力反比单层壳壁结构的可能更低;

(3)壳壁真正的多层化结构使任何缺陷得以自然分散,壳壁各处任何可能的隐藏缺陷通常均很少且很小;绕层两端的斜面分散焊缝具斜面分散特性更比壳体部位合理可靠;通过对绕带容器两端斜面分散焊缝的静力拉伸和特别的断裂疲劳强度特性试验研究表明,其静力拉伸强度和持久疲劳强度都很优异,钢带不可能沿此斜面分散焊缝部位断裂失效;

(4)新型绕带容器环向和轴向符合可靠性理论的"纤维束"最佳失效模型,其可靠性或失效概率可达 1×10^{-12} 1/R·Y 超低量级,使用应非常安全可靠;

(5)容器壳壁具有"止裂抗爆"的特殊自救作用,在操作或设计内压作用条件下容器内筒发生任何裂纹严重扩展的最坏情况就是"内筒只会泄漏,通常容器不会发生突然整体爆破";

(6)容器经特别设计的多层壳壁内层及外层或外保护薄壳能自动收集容器内部的泄漏介质,各种燃烧、中毒和爆炸等恶性事故将得以避免,还可能暂时继续保持其原有的操作过程或工作状态,以赢得适当处理的宝贵时间;

(7)应用某种适当的压力传感器及全面覆盖的化学成分变化抽检等技术,容器可实现经济可靠的在线安全状态自动监控,可以实现重大压力容器装备(包括双层结构)的计算机集中自动安全监控报警,因此可适当延长容器装备或系统停产安全检查的周期,这将可能显著减轻大型化工过程生产企业定期停产安检的严重经济损失;

(8)新型薄内筒钢带交错缠绕"多功能复合壳"压力容器工程创新技术,和当今国际主要由美国机械工程师协会 ASME BPV CODE 所主导的各种著名压力容器技术相比,的确具有无可争辩的发展优势,应可逐步推广应用于制造各种大型及超大型高温高压等贵重承压装备,以及各种壳壁厚度通常多也较厚的中、低压大型与超大型压力贮罐,乃至发展全新构造的大型和微型核反应堆压力壳技术。

第五篇 多功能复合壳压力容器创新工程技术主要专门科技项目简要说明与典型产品系列

一、薄内筒扁平钢带倾角交错缠绕高压容器和贮罐设备

单层或多层结构薄内筒占容器总厚 15%～35%(通常为 20%左右);轧制简易的扁平钢带(宽 40～100mm,厚 2～8mm),类似于纤维缠绕技术,以 15°～30°(通常平均约为 25°)倾角在一种简易卧式钢带缠绕装置上各层冷态交错缠绕于单层或多层结构薄内筒外面;每层钢带两端与顶部法兰和球形(通常应为双层)底盖斜面相焊形成一种异常可靠的分散焊缝联接;钢带绕层经圈焊后可以开孔接管,开孔率可达 d/D≤1/(3～4);内筒最内层可直接采用耐腐蚀钢板卷焊制成,亦可在适当厚度(如为 22～40 mm 厚,依壳壁总厚等具体情况而定)的抗高温失稳内筒内壁上堆焊防腐层;内外层材料均可按需调整改变;绕层外部设置附有在线安状态自动监控装置一般厚为 3～6 mm 的外保护薄壳。其制造技术和效果发生了根本性变革,容器直径大小和长短几乎不受限制;越大,钢带越易缠紧;越长,缠绕工效越高。国内推广应用 7500 多台,已创工厂纯利润直接经济效益超 10 亿元人民币,实际已因简化制造和长期安全应用等创超百亿元直接与间接经济效益。已以"错绕钢带筒体"为名列入中华人民共和国压力容器国标GB150 标准,美国 ASME BPV 规范标准允许应用于制造内径达 3.6 m 的各种高压和超高压容器,包括尿素合成塔、石油加氢反应器、煤加氢液化反应器,全不锈钢液氢液氧高压容器、超临界萃取高压容器及氢氧氮天然气等各种高压气体和液体贮罐等,可形成多项新的包括大型电站高压锅炉汽包在内的工业生产专门系列工程产品。

二、大型和超大型薄内筒对称单 U 槽钢带 扣合交错缠绕高压容器和贮罐设备

扁平钢带被改变为轧制亦较为简易低廉的窄薄截面(宽 10～60mm,厚 1～6mm 或更小的微型钢带)对称单 U 槽钢带,其内筒结构、每两层扣合错绕、端部斜面分散焊缝、绕层开孔,以及外保护薄壳设置和内外层材料调整等方面,均与扁平钢带交错缠绕技术相同或类似,亦可形成受力静定的包括尿素合成塔、石油加氢反应器,乃至未来的大、小核堆压力壳等多项新的工业生产专门系列产品,且将有更宽广的适用范围,更适于制造各种超大直径(如内径为 1～6 m 或更大)高压高温耐腐蚀贵重容器装备和带来更为可观的制造和安全保障技术经济效益。

(本项创新技术由作者师生共同提出,并对本专门科技的对称单 U 槽钢带的截面作了优化处理,以使钢带更易缠绕,更可降低缠绕时的拉紧力要求,并具更高缠绕工效。)

三、双层结构壳壁筒型压力容器和贮罐设备

壁厚 2～40 mm 的大量重要中、低压圆筒形或圆球形压力容器设备及大型长输油、气管道,其壳壁均可由单层改为厚度大致相等、焊缝合理错开的双层结构,并主要应用双层无缝钢管套合、快速包扎焊接,尤其双层螺旋或直缝焊管成型技术(其内径变化几乎不限),以及对此双层结构实施的液压成球和涨合等技术;其内外层均可分别单独和共同承受 1.25～3 倍以上设计内压的作用;内层内壁可按需另加防腐衬里或堆焊层或直接采用耐蚀材料做内筒,包括铝和钛合金的合理应用。其外层在承受内压作用的同时,亦起自然"抑爆保护、收集泄漏介质和实现在线安全状态、腐蚀诊断自动报警监控"的重要作用。这种"双层壳壁"的变革技术,可使好像"呆木"的单层壳壁,变得好像有"灵性"。这将对如下情况的中低压压力容器设备:(1)安全性要求较高;(2)易于发生腐蚀、疲劳破坏;(3)内部较难实施定期安全检测;(4)一旦泄漏甚至爆裂后果特别严重;(5)万一发生泄漏还要求继续保持暂时工作状态;(6)检查距离长远等重要应用场合的压力容器设备,具有特别重要的技术经济意义。可形成各种化工生产过程

中的重要中低压压力容器设备,以及各种蒸压釜,硫化罐,反应釜,天然气、液化石油气、液氨、液氯贮罐,放化处理压力容器设备及车用 LPG、CNG 钢瓶贮罐,各种气、液危险品车运压力槽罐,各种油、气(尤其大型)输送管道等多项新的双层结构系列工程产品。

四、圆直较薄内筒(约占 30%～40% 贮罐总壁厚)扁平或单 U 槽钢带交错缠绕大型和超大型压力贮罐设备

应用液压成球技术和简易绕带工具(一种在平台上可绕着直立内筒外部缓慢旋转的钢带拉紧测力可调装置,钢带可按需实施连续接长),在贮罐装备工地现场基础上,组焊并检测两端带双层半球形封盖的圆直内筒,运用简易可调升降平台实施立式状态每两层小截面 U 槽钢带交错缠绕,与厚度适当的内筒一起构成适量(通常缠绕 4～12 层就已足够)的相互扣合的单 U 槽钢带绕层或扁平钢带绕层,便可构成新一代独特的具"多功能壳钢复合特性"的液氨、乙烯,以及 NG 和 LNG 等各种大型和超大型(内容积可达 20000 m³)压力贮罐工业生产系列工程产品。和现有大型单层球形贮罐技术相比,不仅安全可靠性能根本改变,具"止裂抗爆"特性,占地面积比相同容积的球罐可减少约 70%,而且制造成本也将可降低 30% 左右,更可实现简便可靠的在线安全状态自动报警监控。这些都是现有单层球形或筒形压力贮罐等技术不可能实现的(请见第七篇:内压 2 MPa、内容积 20000 m³ 超大型贮罐的基本设计对比分析)。

五、小顶盖小法兰轴向扁形抗剪螺钉自锁承力和轴向全自紧快速装拆大型高压密封装置

顶盖置于容器内部并与法兰齐高,装置重量可减轻 40%;周向均布小直径(60～80mm)扁形抗剪螺钉,从螺孔环槽中用小型工具将扁形抗剪螺钉端部旋转 90° 即可实现快速装拆,不用大型笨重的装拆工具;预紧密封状态由小型螺钉调节预紧;内压轴向全自紧作用使高压密封十分可靠;始终向外膨胀的卡环使顶盖通过扁形抗剪螺钉永远与法兰螺孔牢固啮合;只要顶部法兰及其啮合螺纹长度适当,强度足够,装置就非常可靠;不仅结构紧凑、装拆方便,密封可靠,使用安全可靠,制造成本大幅降低 40%。应用范围宽广,其扁形轴向抗剪螺钉的

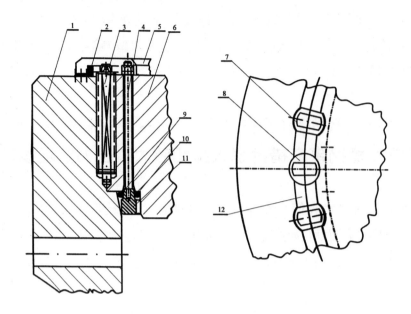

图 1　小法兰小顶盖扁平抗剪螺钉轴向全自紧快速装拆大型(内径可达 10 m)高压密封装置示图

直径大小不必随密封容器内径的加大而变大,只要适当加多周向均布的扁形螺钉数量即可(通常其直径不超过 80 mm,此时其重量不超过 20 公斤,而国际上现有广泛应用的大螺栓大法兰高压密封装置,包括核堆压力壳的大开顶盖密封装置,其螺栓直径必然随密封容器内径的增大而加大,往往可达 170 mm 或更大,仅一个又长又大的螺栓加上其大螺母和球面垫,其重量就将超过 1 吨,这给密封装置的装拆即使采用液压扳手也将带来相当困难)。可应用于制造内径为 0.5～10 m 的各种大、中、小型高压容器装备,以及大型核堆压力壳等的开盖密封装置(该新型密封装置经工程规模 500 mm 内径、30 MPa 高气压多次试验获得成功,密封可靠,装拆简便快速)。

六、钢带缠绕和双层结构压力容器与贮罐设备全面在线安全状态自动报警监控装置

围绕组合薄内筒防腐捡漏沟槽系统和绕层外保护薄壳,或双层结构壳壁外层,运用带压封闭气体对内层或内筒自然覆盖的原理和简单可靠的小直径法兰管路、电磁控制阀、压力传感器、防爆片、安全阀、微型循环抽气泵、化学成分变化分析超标报警仪,以及微机控制自动监控器等器件,便可对大型压力容器装

备形成一个封闭的气体(空气或某种惰性气体)**泄漏检测报警系统**。只要内筒或内壁防腐层因腐蚀、疲劳等引发裂纹扩展,在内压作用力的推动下,内部介质的微量渗漏,都将被循环气体化学成分"超标报警仪"或"感压"元件(尤其双层管道)检测报警。更可通过当代先进的信息传输技术,实现远距离显示报警。亦可能通过壳壁专设接口应用微型循环抽气装置进一步检定发生腐蚀裂纹扩展的具体状况。即使容器设备发生严重泄漏,该系统亦能作出自动收集、排放

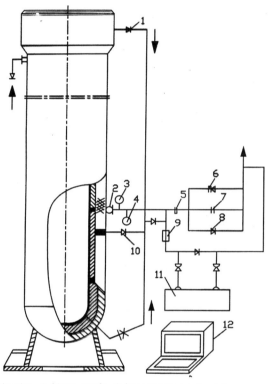

1. electromagnetic valve　2. φ50mm nozzle　3. low pressure capsule　4. low pressure manometer
5. bursting pressure relief value　6. whole opened safety value　7. bursting pressure relief value
8. electromagnetic valve　9. chemical compositions monitoring device　10. electromagnetic valve
of corrosion-leakage inspecting system　11. miniature air pump　12. mini-monitroring device

Figure 2　Whole Reliable Safe on-line Automatic Monitoring Device of Double Layered or
Steel Ribbon Cross-helical Wournd Pressure Vessels

图 2　全面在线安全状态自动报警监控装置示图

与报警处理,可使各种压力容器与贮罐设备根本避免发生泄漏、燃烧、中毒、爆炸等恶性后果;且是否发生介质渗漏,可重复验证,避免误报损失。该系统成本仅为对容器各部位以多探头为覆盖系统的声发射监控装置的 5% 左右,且多台就近容器设备基本可共用一套。该系统对大型远距离传输管道,应用当代有线、无线信息"监测"技术,因介质发生渗漏或泄漏,层间压力微量升高推动"感压"传感元件,便可报警哪段管段发生了安全状况。因而可延长停产检查周期,

简化在线安全检测和避免误报等损失,推广应用将可对广大压力容器设备和大型长输管道用户带来重大的经济效益(因管道腐蚀破坏等原因而造成几十万吨原油泄漏和引发爆炸等事故国内外都时有发生)。其直接与间接安全经济效益将相当可观,可能超过该台压力容器设备或相当长的双层管段的造价(该新型压力容器在线安全状态自动监控报警装置经工程规模空气和氮氢混合气 20~30 MPa 高气压多次试验获得成功)。

七、双层结构大型长距离输送管道

管道输送已发展成为当代世界五大运输行业之一。现有单层螺旋或直缝焊管长距离输送管道安全可靠性能较差,结构本质上不具备"止裂抗爆"和"可监控"功能,不仅难以实施安全检测与自动监测,而且往往可能发生腐蚀**泄漏和断裂爆炸**等灾难性后果。

采用双层螺旋焊管成形技术,和现有采用单层螺旋焊管成形技术相比,将在保持其承压强度不变(内层和外层厚度基本相等而其总厚与单层管道相同)和制造成本两者基本持平的条件下带来如下的重大变化:

(1)壳壁隐藏或萌生的各种裂纹等缺陷可被双层结构壳壁自然分散,其效果将相当于显著提高了管道材料的抗断裂韧性;

(2)外层强度(可单独承受 1.25~1.5 倍以上的工作内压的作用)对内层壳壁在设计或操作内压条件下具有充分的止裂抗爆效果,因而通常可避免单层管道因管壳一旦有裂纹扩展就将引发爆裂事故的危险;

(3)外层壳壁能将管道内因腐蚀和疲劳裂纹扩展等原因通过内层缝隙外泄的介质收集起来,并仍可保持相当一段时间暂时工作的能力,即那时该条管道仍可暂时继续原来的输送工作,这将为其平稳地作出安全处理提供极其宝贵的时机;

(4)利用安装在外层壳壁上简单的带感压传感器和抽气化验接口的检测报警系统,可对管道实施简易可靠的定期安全检测,将成倍降低长输管道现有通常的定期安全检测困难和维护经费(可降低 50% 以上);

(5)双层管道具有"可监控"功能,利用安装在外层壳壁上简单的带感压传感器的检测报警系统,将因内部介质泄漏、层间压力升高而推动压力传感器(这一动作简单可靠!),对双层管道全线实施定段或定节经济可靠的安全状态远程有线或无线信号传输计算机自动监控,使长输管道从此变为好像有"灵性"的工

程结构;

(6) 由于双层管道上述突出的安全特性和将开创的经济可靠的安全保障技术,将可适当加长管段或管节的长度,由此可减少管系的焊缝数量,并可相应减少相当数量的管道全线设置的其他为紧急切断处理等的安全附件装置,这就等于相应降低了双层管道的制造成本。

双层螺旋焊管成形装备技术与方法的基本原理如下:

(1) 保持相应的原单层油、气长输螺旋焊管的壳壁厚度不变,并将其分为壁厚大致相等的内外两层;

(2) 按国际上现有单层螺旋焊管成形装备技术与方法,先完成内层螺旋焊管筒节的制造,并作必要的质量检测与性能处理等,以确保其内层的安全可靠性;

(3) 在现有通常单层螺旋焊管装置上,以已完成螺旋焊管和必要的相应处理后的内层作芯筒,将其第一组外弯成形排辊和其内部压弯成形排辊的位置适当向后移至螺旋焊管前进方向的左下方,以使内层芯筒能通过其间,并适当调整螺旋焊管周边其他弯卷成形排辊的位置,以使钢板便于在内层芯筒外面弯卷成形;同时可将该装置的后部改造成适当向后伸出并带有相当于约 2 个筒节内层芯筒的支承辊轮轨道,就可将芯筒即内层筒节连续不断向外层钢板螺旋弯卷成形部位送进,此时只要调节螺旋弯卷成形排辊的成形弯曲直径,使外层钢板能基本贴合于芯筒即内层的外面,就可几乎和通常的螺旋焊管成形技术一样,其外层卷板与内层一起边弯卷,边焊接,完成双层螺旋焊管的制造,并在其前进方向按事先送进的内筒长度依次切断成双层筒节;此时外层螺旋焊缝是一种和多层包扎式高压容器相似的以内层钢板作衬底的焊接,易于操作,质量较易得到保证,且其质量检测亦基本和内层的螺旋焊缝一样易于进行,超声波和 X 射线等自动检测都可应用,随后再作其他处理即可。

顺便说明:(1) 和双层螺旋焊管技术类似,亦可实施双层直缝焊管技术。(2) 和上述类似,这两种双层成型技术亦可应用于重要中、低压双层压力容器的设计制造,内直径变化范围:0.2~4 m 或更大(可特殊处理)。(3) 双层管段或筒节间的连接,均可对外半层适当采用简单的卡状环片实施"错开环缝"结构,以分散焊缝。(4) 参与研发并资助的还有留学美国归来的徐铭泽博士以及浙江省特种设备检测中心刘富军博士等,作者借此机会对他们谨表衷心感谢之意!

八、大型和超大型耐腐蚀多层薄内筒钢带交错缠绕高压尿素合成塔设备

高压尿素合成塔是一种耐腐蚀特殊昂贵设备。其内压达24 MPa，内径达2800 mm，长度达35 m，壁温达190～240℃，壁厚达90～120 mm。国内外多采用带深厚焊缝的多层式结构制造，并以耐腐蚀不锈钢，如 Tp316L 做最里层内筒，且多在每个多层厚筒节上设置盲层引漏小孔防腐检测系统。如采用带深厚焊缝的单层厚板或筒节锻焊式结构制造，其内壁就必须堆焊约 10 mm 厚的耐腐蚀不锈钢层。这些技术不仅制造困难，而且由于其多层厚筒节上的引漏小孔直径既小（一般仅约 50 mm）且深，尤其填焊质量很难保证，而介质腐蚀性又非常严重，所以这种装置往往引发壳壁层间及厚焊缝处的介质泄漏严重腐蚀而导致

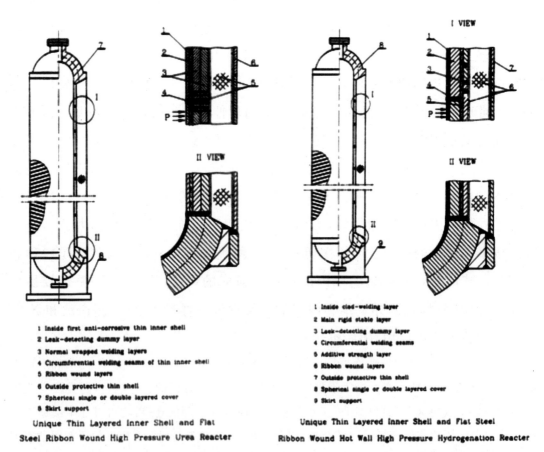

1 Inside first anti-corrosive thin inner shell
2 Leak-detecting dummy layer
3 Normal wrapped welding layers
4 Circumferential welding seams of thin inner shell
5 Ribbon wound layers
6 Outside protective thin shell
7 Spherical single or double layered cover
8 Skirt support

Unique Thin Layered Inner Shell and Flat Steel Ribbon Wound High Pressure Urea Reacter

1 Inside clad-welding layer
2 Main rigid stable layer
3 Leak-detecting dummy layer
4 Circumferential welding seams
5 Additive strength layer
6 Ribbon wound layers
7 Outside protective thin shell
8 Spherical single or double layered cover
9 Skirt support

Unique Thin Layered Inner Shell and Flat Steel Ribbon Wound Hot Wall High Pressure Hydrogenation Reacter

图 3 组合薄内筒绕带式高压尿素合成塔和高温高压石油加氢反应精炼装置结构原理示图

断裂破坏的事故,多层包扎式尿素合成塔便曾发生这种严重破坏事故。本专门技术也采用通常的多层包扎组和薄内筒结构,首先制造厚度仅约为容器壳壁总厚 20%～25% 的薄内筒,并对这些厚度不大(通常仅约 30～40 mm 左右)的多层内筒筒节亦设置且钻孔填焊基本相同的盲层引漏小孔防腐检测系统,通过质量检测合格后,再如通常氨合成塔等设备的钢带缠绕一样完成钢带缠绕层,并可将各层各个引漏小孔的位置简单地"复映"至最外层,然后实施已大为简化了的最外层的钻孔和填焊,故其防腐检测系统的质量自然要安全可靠得多。而且,由于将约 80% 的壳壁壁厚变为绕带层结构,容器全长根本没有深厚焊缝,其制造工效约可提高一倍,制造成本约可降低 30%～40%,并可对容器实施止裂抗爆条件下全面经济可靠的在线安全状态自动监控。因而,一旦层间漏入泄漏的介质便将能被及时可靠发现而补救。显然,这将为这类装置的制造和安全技术带来根本性变革。

九、大型和超大型内壁堆焊耐腐蚀抗失稳多层较薄内筒钢带交错缠绕高压热壁石油加氢或煤加氢液化炼制装置

大型和超大型高压热壁石油加氢和煤加氢液化炼制装置是国际著名抗腐蚀特殊昂贵设备。其内压高达 30 MPa,壁温高达 550℃,内径可达 2～6 m,长度可达 40 m,壁厚可达 200 ～ 400 mm。国际上多采用非常昂贵的筒节锻焊或特厚钢板弯卷焊接,并在其内壁堆焊约 10mm 厚如 A347 耐腐蚀不锈钢层的技术来制造;内筒内壁带堆焊层的多层结构和德国特殊型槽钢带缠绕的技术也有应用。这样重型的特殊装备制造当然非常困难。本专门技术的结构和制造技术基本和高压钢带交错缠绕尿素合成塔的技术相同,但其第一层内筒为采用厚约 22～40 mm(视装置的内径大小等条件而定)的抗高温失稳的钢板直接卷焊制造,并在其内壁堆焊约 10mm 厚如 A347 耐腐蚀不锈钢层和外设盲层沟槽小孔检漏报警系统(因为较薄,其小孔检漏系统填焊质量易于得到保证)。这种带抗高温失稳和盲层沟槽小孔检漏报警系统的组合薄内筒经各种必要的检验合格和处理后,即可在工厂,甚至工地现场卧式绕带装置上交错缠绕扁平或单 U 槽钢带绕层,并完成绕层全部开孔和双层接管等的制造。其壳壁开孔率可达 $d/D \leqslant 1/(4 \sim 5)$ [d-接管内径,D-容器内径]。同样由于将约 75%～80% 的壳壁壁厚变为绕带层结构,容器全长根本没有深厚贯穿焊缝,其制造工效约可提高一倍,制造成本约可降低 30%～40%,并可对容器实施"止裂抗爆"条件下全面简

便可靠的在线安全状态自动监控。因而,一旦层间漏入泄漏的腐蚀介质便将能被及时可靠发现而补救。尤其这种壳壁内筒既可充分可靠地"抗高温失稳",也可较好地解决采用单层锻焊或厚板焊接特厚壳壁的"氢剥离"与"低温回火脆"等国际性长期未能解决好的科技难题。这又将为这类国际重大承压装置的制造和安全科技带来根本变革。

十、薄内筒扁平或单 U 槽不锈钢带交错缠绕液氢、液氧高压深冷贮罐装备

液氢液氧深冷绝热高压贮罐是宇航液体燃料火箭发动机地面性能测试必不可少的装置。作为其最关键构成部分的内容器的内压达 40 MPa,内径达 1~2 m,长度达 20 m,壁厚达 200~300 mm。由于其壁温处于液氢液氧的深冷条件下,全部壳壁材料必须为奥氏体不锈钢。这样厚的不锈钢壳壁,无论是筒节锻制或厚板弯卷成形,还是纵向或环向深厚焊缝的焊接与热处理,显然都非常困难,质量难以保证。国外也有发展多层厚壁全不锈钢壳壁结构的技术,但其环向深厚焊缝焊接及热处理等的困难和问题依然存在。本专门技术其内筒厚度约为壳壁总厚 20%,并将其做成单层或双层不锈钢板弯卷焊接的圆直筒体结构。经必要的检验和处理后,即在其外面交错缠绕扁平或单 U 槽不锈钢带绕层,且绕制过程各层都分别与两端双层球形封盖的斜面相焊。如有需要也可在不锈钢带绕层壳壁上开孔接管。不锈钢带的绕制和通常的低合金钢带的绕制基本并无区别。这样,由于分层变薄,其内筒和厚约 80% 的大量钢带绕层的制造,包括弯卷成形、焊接、检验及必要的其他处理等都将从极大的困境中解脱出来。也可实施在线安全状态自动监控。这对推进宇航工程火箭发动机地面测试关键装置的科技进步将有极其重要意义。而其制造工效可提高一倍以上,制造成本约可降低 50% 左右。能耗减低近 80%。因而这将对制造技术与安全可靠性能带来根本性变革。

十一、钢带交错缠绕第一层抗失稳内筒带堆焊层的多层薄内筒核动力反应堆压力壳

核动力反应堆压力壳是核能电站的核心装置。其重大程度和困难程度及

危险程度不言而喻。核电站安全壳中最关键的核反应堆压力壳容器,国际上主要应用电渣重熔"厚筒锻焊"加"内壁堆焊"的制造技术。"厚钢板卷焊"加"内壁堆焊"的制造技术也有应用。欧美等国多年来也在积极探索其他多层和缠绕结构。通常其内压可达 25 MPa,高度达 30 m,内径可达 6 m,厚达 150～300 mm。但据报导,国际上有一台核堆压力壳内径达 16 m,为厚内筒(占壳壁总厚 50％以上)矩形钢带缠绕加强结构。为防患突然事故,国际上多年来发展了一种声发射在线安全多通道探头监控系统。但这种声发射多通道监控系统不是作为定点定时,而是作为容器整个壳壁长年累月的在线裂纹扩展实施报警监控的技术,实际上是非常困难的,影响因素太多,实践上也并不可靠,往往可能误报,而其价格又十分高昂,并不能对容器装备达到任何"抑爆阻漏"的作用效果。

本专门技术采用基本与石油或煤加氢装置的抗高温失稳并堆焊耐腐蚀辐射层的薄内筒钢带交错缠绕的构造技术基本相同,并也适当设置相应的盲层沟槽小孔检漏报警系统,且可进行绕层壳壁必要的整体补强开孔接管[控制开孔率 $d/D \leqslant 1/(4\sim6)$(d-接管内径,D-容器内径)],并实施经济可靠的在线安全状态自动监控。针对核反应堆压力壳的特点和极其严格的高质量要求,其通常厚约 20％总厚的抗高温失稳的第一层内筒,可采用"电渣重熔"的钢板卷焊加"内壁堆焊"的技术,亦可采用"电渣重熔"的"薄筒锻造"加"内壁堆焊"的技术,并设置特殊的盲层小孔泄漏检测系统,且将包括钢带绕层的焊接连接(包括绕层端部的焊接连接)和筒壳上部冷却水循环接管(该接管的管段亦可采用整体锻造结构)的连接焊接接头在内的所有焊接连接(除内壁堆焊层以外),都引出核反应堆堆芯区域之外,以减免因焊接接头的辐照脆化对壳壁安全性能的影响。由于通常钢带的轧压比远大于厚筒锻造的锻压比,故仅原材料的质量就必然得到很大提高。因而,这种多层绕带壳壁的安全可靠性,显然将远比单层锻造厚筒或钢板卷焊厚筒的要高。而其制造工效和成本,由于减免了大量焊接、检验及厚筒的热处理等的工作量亦将会有很大改善。显然,这种在抗高温失稳和带盲层沟槽小孔检漏报警系统的组合薄内筒外面,主要交错缠绕扁平或单U槽钢带绕层的核堆压力壳,其特殊的"多功能壳"特性(在其层间将来还可能加入其他阻抗辐射作用的某种特殊物质)是当今国际上现有各种"锻焊"或"厚板焊"等的核堆压力壳所无法相比的。譬如,其"窄薄截面材质自然可靠"和"焊接量大量减少"等的制造特性;其"多层层间自然分散缺陷和止裂抗爆"及"多层壳壁自动收集泄漏介质"等的安全特性;以及其多层绕带壳壁好像显得有"灵性"而可实现经济可靠在线安全状态自动监控的"可监控"特性等,都将给世界各种(大型和微型)核堆压力壳这一重大科技的未来长远发展带来别开生面的突破性变革。

十二、钢带缠绕与双层结构各种抗爆炸高压容器装置

从通常的炸弹到核弹的爆炸,其能量都在极短的时间内全部释放,这就会给其承压容器设备带来极大的压力和高温冲击(单位时间内释放出巨大的爆炸冲击力和热能能量)。这时按一定安全要求设计的(当代现代化城市为防恐怖破坏,乃至某些国家为微型大能量武器的试验,需求一批要求特殊的抗爆炸高压容器装置),通常的单层壳壁及带有贯穿焊缝的多层壳壁结构的压力容器设备将较难承受这种巨大的冲击能量,因这种单层或多层壳壁在承受这种单位时间内巨大的冲击能量作用时将会表现为较脆的性质:强硬,但脆弱。这种壳壁一旦出现某种裂纹扩展,包括腐蚀和疲劳裂纹扩展,其冲击破坏结果便将可能是脆断报废,后果往往不堪设想,而且制造往往又相当困难。然而,用双层结构,尤其钢带交错缠绕的壳壁结构,其结果将发生深刻的变化:强硬,带柔韧。这是因为其双层结构,尤其交错缠绕的钢带绕层,由于其层间特别的接触特性和层间自然的分隔特性,以及其层间的相互制约作用,不仅能承受爆炸时的冲击压力,同时亦能较好地吸收和缓解爆炸瞬间所释放的巨大的冲击能量,不仅各种裂纹不易形成和扩展,而且即使某根甚至某层钢带发生了扩展甚至断裂也不致立即引发整个壳壁发生突然断裂而爆炸,因而经特殊结构和强度设计制造的双层结构,尤其钢带交错缠绕的复合壳壁将特别适宜作为各种抗爆炸容器设备的应用(如有需要,在其层间还可加附某些特殊的吸震抗爆材料),和现有厚板弯卷或筒节锻焊等容器相比,通常其成本将可降低30%以上,且安全可靠。

其他专门科技项目还有:

(1)钢带自动缠绕带间间隙带自动控制机构的扁平钢带或单U槽钢带交错缠绕装置与技术方法(中国和美国专利技术)

钢带的缠绕,与纤维、钢丝缠绕和德国复杂型槽钢带的热态缠绕根本不同。未能科学缠绕的钢带绕层的容器结构,将可能成为一堆废钢。为简化缠绕工艺和保证钢带缠绕的贴平或扣合的质量,作者发展了专用大型冷态多用缠绕装置,并获中国和美国专利(US Patent 5676330号)。装备了这种简易科学的多用钢带冷态机械化自动监控钢带缠绕预拉应力的制造装置,就可使一个厂家原有压力容器工程装备的生产能力成倍(5倍)提高(如一个只拥有可冷态弯卷最大

40 mm 厚度的弯卷机的压力容器制造厂家,若能再拥有一台大型钢带缠绕装置,其生产能力即可大幅提高变为能制造总厚度达 200~400 mm 的大型贵重高压容器装备)。没有高大的重型厂房,依靠可在绕带装置轨道上来回移动的若干小型平板托车专门装置,也可以制造移运超大型重型高压容器装备。且既可缠绕扁平钢带,也可缠绕 U 槽钢带,其直径可达 3.6 m 或更大,长度可达 40m 或更长。一台与原苏联或日本的宽板螺旋绕板装置(重达 800 t)绕制压力容器规模相同的大型绕带装置,其重量不超过 100 t,所需成本也不高,只约为一台大型特厚钢板卷板机的 1/10 左右或只约为一台日本大型螺旋绕板装置的 1/5 左右。

(2) 钢带交错缠绕保护的各种超高压容器(超高压水晶斧等);

(3) 特别安全双层中小型中、低压气、液球形贮罐;

(4) 特殊双层高压和超高压微型和小型球形贮罐;

(5) 车用双层高压燃料（氢和天然气等）筒罐;

(6) 特别安全双层中、低压气、液危险品车用贮运筒罐;

(7) 可实施安全监控双层高、中、低压重要工业锅炉、废热锅炉汽包及管壳式换热器筒壳;

(8) 钢带交错缠绕的各种超临界萃取高压与超高压装置;

(9) 双层或钢带缠绕超临界压力深冷液氢、液氧和 LNG、LPG 贮（固定）、运（车用）装置;

(10) 钢带缠绕大型高压锅炉汽包;

(11) 可实施安全监控的双层底部壳壁结构大型和超大型平底低压油品贮罐等。

主要典型重要工程应用新工程产品系列

(将可涵盖当代压力容器工程技术的广阔重要应用领域):

(1) 钢带交错缠绕各种高压氨合成塔;

(2) 钢带交错缠绕各种高压尿素合成塔;

(3) 钢带交错缠绕各种高压甲醇合成塔;

(4) 钢带交错缠绕各种高压、超高压氢气贮罐;

(5) 钢带交错缠绕各种高压特殊抗爆炸承压装置;

(6) 钢带交错缠绕全不锈钢高压液氢和液氧深冷贮罐;

(7) 钢带交错缠绕各种高压热壁石油加氢脱硫反应器;

United States Patent [19]

Zhu

[11] **Patent Number:** 5,676,330

[45] **Date of Patent:** Oct. 14, 1997

US005676330A

[54] WINDING APPARATUS AND METHOD FOR CONSTRUCTING STEEL RIBBON WOUND LAYERED PRESSURE VESSELS

[75] Inventor: Guo Hui Zhu, Miami, Fla.

[73] Assignee: International Pressure Vessel, Inc., Miami, Fla.

[21] Appl. No.: 562,261

[22] Filed: Nov. 22, 1995

[30] **Foreign Application Priority Data**

Nov. 27, 1994 [CN] China 207228

[51] Int. Cl.⁶ B21D 51/24

[52] U.S. Cl. 242/444; 242/447.1; 242/447.3; 242/448.1; 29/429; 220/588

[58] Field of Search 242/438, 447, 242/447.1, 448.1, 448, 436, 444; 220/588; 29/429

[56] **References Cited**

U.S. PATENT DOCUMENTS

2,011,463	8/1935	Vianini	252/444
2,326,176	8/1943	Schierenbeck	220/3
2,371,107	3/1945	Mapes	242/436
2,405,446	8/1946	Perrault	242/11
2,657,866	11/1953	Lungstrom	242/11
2,822,825	2/1958	Enderlein et al.	138/64
2,822,989	2/1958	Hubbard et al.	242/438
3,174,388	3/1965	Gaubatz	242/444
3,221,401	12/1965	Scott et al.	242/436
3,483,054	12/1969	Bastone	242/444
3,504,820	4/1970	Barthel	220/588
4,010,864	3/1977	Pimshtein et al.	220/3
4,010,906	3/1977	Kaminsky et al.	242/444
4,058,278	11/1977	Denoor et al.	242/7.22
4,160,312	7/1979	Nyssen	29/429
4,262,771	4/1981	West	242/7.22
4,429,654	2/1984	Smith, Sr.	114/65
4,809,918	3/1989	Lapp	242/7.22
4,856,720	8/1989	Deregibus	242/7.02
5,046,558	9/1991	Koster	166/243
5,346,149	9/1994	Cobb	242/7.22

Primary Examiner—Katherine Matecki
Attorney, Agent, or Firm—Oltman, Flynn & Kubler

[57] **ABSTRACT**

An apparatus for winding steel ribbon around a vessel inner shell having forward and rearward ends to construct a pressure vessel includes a vessel support and rotation mechanism, a vessel elevation adjusting mechanism, tracks for supporting and guiding the vessel support and rotation mechanism, a carriage having rail track engaging mechanism for traveling along the track on at least one side of the vessel inner shell, and a ribbon pulling mechanism mounted on the carriage for delivering the ribbon to the vessel inner shell under ribbon tensile loading to pre-stress the vessel. The apparatus preferably additionally includes a locking mechanism for locking the vessel support and rotation mechanism to the track, after the vessel support and rotation mechanism is positioned at forward and rearward ends of a given vessel inner shell. The vessel support and rotation mechanism preferably includes several vessel support roller sets in the form of annular members rotatably mounted on tracks. A method for winding steel ribbon around a vessel inner shell using the above described apparatus, includes the steps of mounting the vessel inner shell on the vessel support and rotation mechanism, securing an end of the ribbon to the vessel inner shell, rotating the vessel inner shell, delivering the ribbon from the ribbon pulling mechanism to the vessel inner shell for winding around the inner shell, and advancing the ribbon pulling mechanism along the track on the carriage to wind the ribbon along the inner shell in a helical path.

17 Claims, 2 Drawing Sheets

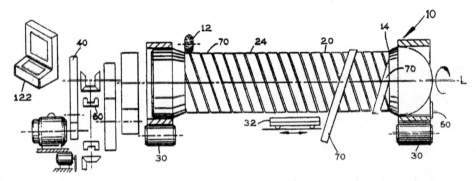

图 4 作者获得大型钢带交错缠绕装置美国专利 5676330 号封页

（8）钢带交错缠绕各种高压热壁石油加氢精制反应器；

（9）钢带交错缠绕各种高压热壁煤加氢液化脱硫装置；

（10）钢带交错缠绕各种高压热壁煤加氢液化精制装置；

（11）钢带交错缠绕各种高压核反应堆压力壳；

（12）钢带交错缠绕各种大型和超大型气、液压力贮罐；

（13）双层壳壁各种安全要求高和特殊贵重压力容器设备；

（14）双层壳壁各种大型油、气长输管道；

（15）双层壳壁（加复合材料外壳）各种气、液危险品压力贮运槽罐（车）；

（16）双层壳壁（加复合材料外壳）各种液化氢、氧及天然气压力贮运槽罐（车）；

（17）钢带交错缠绕各种超临界萃取等高压及超高压装置；

（18）钢带交错缠绕各种高压铜液吸收塔；

（19）双层壳壁特种高强材料"可监控"车用燃料压力贮罐；

（20）双层筒壳"可监控"轻工制药等特殊危险压力釜罐设备；

（21）双层壳壁"可监控"管壳式锅炉汽包和废热锅炉筒壳；

（22）双层壳壁"可监控"硫化罐、蒸压釜等。

第六篇　钢带交错缠绕大型超高压氢气贮罐的基本工程设计对比分析

（一种具"多功能复合壳"特性将为国际现有各种大型高压容器与贮罐设备等工程装备带来重大变革的技术）

（在本相对设计对比分析例中，按经验设定了设计参数与原材料，为有利于现有技术，尤其对各种相应的原材料都相对取了较当前国际市场价较低的价格，但这都并不会影响设计分析对比的基本结果）

　　本文作者为首发明了一种轧制和扣合缠绕最为简单合理的新型扁平或对称单 U 槽小截面钢带每两层相互扣合交错缠绕的高压大型压力贮罐构造技术。本文介绍按此技术构造的容积达 28.4 m³（1000 feet³）、内压 68 MPa（10000psi）超高压氢气贮罐的基本工程设计对比，表明不仅其制造技术简便可行，和国际上现有单层或多层厚壁筒罐、单层厚壁球型贮罐及碳纤维缠绕复合材料厚壁筒罐等相比，其制造成本将可降低约 30%～70%，而且在安全可靠性方面也将发生根本变化，其壳壁具"抑爆抗爆"特性，并可实现简便、可靠的在线安全状态"自动报警监控"，其在役安全维护成本也将可降低 50% 以上。这种新型具"多功能复合壳"特性的钢带交错缠绕的复合筒形高压贮罐或容器，将可取代国际上现有各种钢制大型筒形及球形高压（氢气）贮罐与容器设备。

一、内压 68 MPa、容积 28.4 m³ 大型超高压氢气贮罐的基本设计和构造技术参数

　　设计内压（设计壁温达 100℃，内部氢介质有氢致腐蚀破坏特性，本对比分

析暂不予考虑）：

$$P = 68 \text{ MPa}$$

球形压力贮罐的内直径：　$d_{isph} = 3.8$ m

（内容积 $C_{sph} = \pi d_{isph}^3 / 6 = 28.73$ m$^3 \geqslant 28.4$ m^3）；

钢带交错缠绕筒形贮罐与两端半球形端盖的内直径：$d_{icy} = 1.5$ m

（包括内径 $d_{icy} = 1.5$ m 和 内部长度 $L_i = 15.2$ m 的圆筒与两端半球封盖在内，其内容积：

$$C_{cy} = (\pi d_{icy}^2 / 4) \times L_i + \pi d_{icy}^3 / 6$$
$$= 25.86 + 1.767 = 28.62 \text{ m}^3 \geqslant 28.4 \text{ m}^3）；$$

采用适当的较高强度低合金钢（设如为一种压力容器用钢 14MnMoVg）的许用应力：

用于大型球瓣现场组焊球形压力贮罐时，当其厚度 $t \approx 330$ mm、壁温 $\leqslant 100$ ℃，其 $\sigma_y \geqslant 400$ MPa，$\sigma_b \geqslant 550$ MPa，则其许用强度或应力：

$$[\sigma]_{sph} = 550 / 2.5 = 220 \text{ MPa}$$

★（设取其设计安全系数为 $N = 2.5$ 进行分析对比，如取为 $N \geqslant 3$ 计，其设计对比结果几乎相同）

用于大型筒形钢带交错缠绕压力贮罐两端半球封盖时，当其厚度 $t \approx 60$ mm、壁温 $\leqslant 100$ ℃，其 $\sigma_y \geqslant 460$ MPa，$\sigma_b \geqslant 600$ MPa，则其许用强度或应力：

$$[\sigma]_{cyrw} = 600 / 2.5 = 240 \text{ MPa}$$

用于大型筒形钢带交错缠绕现场组焊缠绕压力贮罐时，当其厚度 $t \approx 6 \sim 14$ mm、壁温 $\leqslant 100$ ℃，其 $\sigma_y \geqslant 480$ MPa，$\sigma_b \geqslant 630$ MPa，则其许用强度或应力：

$$[\sigma]_{cyrw} = 630 / 2.5 = 252 \text{ MPa}$$

（事实上，厚度约为 $6 \sim 14$ mm 较薄钢板，特别是 6×50 mm 窄薄截面钢带的实际强度，要比用于超大型压力贮罐的厚 320 mm 特厚钢板及其深厚焊缝的强度提高超 15%）。

二、高压球形贮罐和两端带半球形封盖的钢带交错缠绕筒形贮罐的厚度和重量

高压球壳厚度：

$$t_{sph} = P d_{isph} / \{4 [\sigma] \phi_{sph} - P\} + C_{add}$$
$$= 68 \times 380 / (4 \times 220 \times 1 - 68) + 0.4$$

$$= 31.82 + 0.4 = 32.22 \text{ cm} \approx 330 \text{ mm}$$

高压球罐重量：

$$Q_{sph} = 4 \pi R_a^2 t_{sph} \gamma$$

$$= 4 \times 3.1416 \times 2.23^2 \times 0.33 \times 7.8 = 160.8 \text{ton}$$

同时：

筒形贮罐两端半球封盖壁厚：

$$t_{cysph} = P d_{icysph} / \{4 [\sigma] \phi_{sph} - P\} + C_{add}$$

$$= 68 \times 150 / (4 \times 240 \times 1 - 68) + 0.4$$

$$= 11.44 + 0.4 \text{ cm} = 11.84 \text{ cm} \leqslant 60 + 60 \text{ mm}$$

筒形贮罐两端半球封盖总重量：

$$Q_{cyendsph} = 4 \pi R^2 t_{cysph} \gamma$$

$$= 4 \times 3.1416 \times 0.87^2 \times 0.12 \times 7.8 = 10.24 \text{ton}$$

由：$Q_{cyendsph} / Q_{sph} = 10.24 / 160.8 = 0.064 \leqslant 7\%$

这表明筒形绕带贮罐两端半球形端盖,其内径(由 3.8 m 减为1.5 m)和壳壁厚度(由 330 mm 减为 120 mm)都发生了很大改变,其总重量对球形高压贮罐(内径 3.8 m、壁厚 330 mm)的重量比仅约占 7%,这当然将会对其制造带来重大变化。其制造成本按其通常的与重量成正比来估算,也不过将仅约占 7%左右而已。请注意,这是一个很大的变化。

三、内径 1.5 m、长 15.2 m 钢带缠绕筒形压力贮罐的基本壁厚和重量

设计壁厚：$t_{cy} = P d_i / \{2 [\sigma] \phi_{cy} - P\} + C$

$$= 68 \times 150 / (2 \times 252 \times 1 - 68) + 0.4$$

$$= 23.4 + 0.4 = 23.8 \text{ cm} = 238 \approx 240 \text{ mm}$$

$$= t_i + t_{wU}$$

$$= 60 + [12 \times (t_r + t_n)]$$

$$= 60 + 12 \times (6 + 9) = (3 \times 20) + 180 = 240 \text{ mm}$$

内筒所占壳壁总厚之比为：$t_i / t_{cy} = 60 / 240 = 0.25 = 25\%$。这是适当的。

绕带贮罐筒壳重量：

$$Q_{cyU} = 2\pi R_a t_{cyreal} L \gamma$$

$$= 2 \times 3.1416 \times 0.99 \times 0.24 \times 15.2 \times 7.8$$

$$=177 \text{ ton}$$

该绕带复合贮罐总重：

$$Q_{\text{cytotal}} = Q_{\text{cyU}} + Q_{\text{cysph}}$$
$$= 177 + 10.24 = 187.24 \text{ ton}$$

两种贮罐的重量差：

$$Q_{\text{add}} = Q_{\text{sph}} - Q_{\text{cytotal}}$$
$$= 160.8 - 187.24 = -26.44 \text{ ton}$$

　　然而,上述两种钢制贮罐制造过程的实际材料利用率及与其相应的所需原材料成本却有很大差异。球形贮罐,尤其大型球罐,为尽量减少焊缝总长,需采用较长、较宽又厚的钢板压制球瓣,因而所切除的边角余料就必较多,故其材料利用率通常超不过70%。可是钢带缠绕的利用效率,尤其 U 槽钢带,理论上几乎可全部利用;而筒形壳壁较薄钢板的成形效率,通常也要比球形壳壁的高得多;考虑内筒所占壳壁总厚比例不大,所以筒形薄内筒和钢带缠绕壳壁的综合材料利用率可高达95%以上。这两者之差可达25%以上,而且所节减的通常又是既宽且长又厚价格高昂的钢板。因而,

　　两种贮罐考虑容器或贮罐制造过程材料利用率的原材料实际需用量之差：

$$Q_{\text{realadd}} = Q_{\text{sph}}/U_{\text{coesph}} - (Q_{\text{cyU}}/U_{\text{coecyribbon}} + Q_{\text{cysph}}/U_{\text{coesph}})$$
$$= 160.8/0.7 - (177/0.95 + 10.24/0.7)$$
$$= 229.8 - (186.4 + 14.63) = 229.8 - 201.1 = 28.7 \text{ ton}$$

　　(这表明：如此两种 28.4 m³ 大型高压氢气贮罐的重量差为 −26.44 吨,而且制造钢带交错缠绕筒形压力贮罐的较薄钢板和窄薄钢带原材料实际需用量更可比制造同容积球形压力贮罐所需昂贵的 330 mm 特厚钢板原材料可减少 28.7 吨,仅这一项就将可带来约3.5万美元的技术经济效益)。

式中：Q_{cyU}——筒形压力贮罐绕带圆筒壳体重量；

　　　Q_{cysph}——筒形压力贮罐圆筒两端半球壳体总重量；

　　　Q_{sph}——单层球形压力贮罐重量；

　　　$U_{\text{coecyribbon}}$——筒形压力贮罐绕带圆筒壳体内筒与钢带绕层的材料综合利用率,实践表明对 U 带钢带应可达 0.95（95%）；

　　　U_{coesph}——大型单层球形压力贮罐,及筒形压力贮罐两端半球形端盖由较宽较长钢板压制成球瓣并作切割成形的材料利用率,实践证明通常仅为 0.7（70%）。

四、大型钢带交错缠绕筒形压力贮罐工程设计的基本强度校核

屈服内压：
$$P_y = \sigma_y \ln (r_o / r_i)$$
$$= 480 \ln (0.99 / 0.75)$$
$$= 133.26 \text{ MPa} \geqslant 1.6 \, P = 108.8 \text{ MPa}$$

极限或爆破内压：
$$P_b = \sigma_b \ln (r_o / r_i)$$
$$= 630 \ln (0.99 / 0.75)$$
$$= 174.9 \text{ MPa} \geqslant 2.5 \, p = 170 \text{ MPa}$$

以上的计算数值都基于最保守的第三强度理论计算，而据以往相应的绕带容器所作的大量试验研究表明，实际的破坏强度通常都略高于这些计算值。这表明该大型筒形绕带压力贮罐的强度设计完全足够安全可靠。

筒罐轴向强度校核：

$$\sigma_{aU} = P \, r_i^2 / \left[(r_j^2 - r_i^2) + (r_o^2 - r_j^2) \, \eta + (r_o^2 - r_j^2) \zeta \right] \leqslant [\sigma]_{a\min}$$
$$= 68 \times 75^2 / \left[(81^2 - 75^2) + (99^2 - 81^2) \, 0.4 + (99^2 - 81^2) \, 0.175 \right]$$
$$= 136.7 \text{ MPa} \leqslant [\sigma]_{\text{inner shell allowed}} = 240 \text{ MPa}.$$

（即便不考虑绕带层间有效的摩擦力轴向加强作用，$\sigma_{aU}{}'_1 = 171.37$ MPa < 240 MPa）

这表明这时其轴向应力水平远低于容器或贮罐的材料许用强度，即：136.7 / 240 = 0.57，尚有约 43% 的强度贮备；即使不考虑绕层两圆柱表面层间的摩擦力加强作用，$\sigma_{aU}{}'_1 = 171.37$ MPa < 240 MPa，171.37/240 = 0.714，仍尚有 28% 的强度贮备，而且其内筒和各每两层相互扣合绕层的轴向承力作用，各自独立，是一种"纤维束"模型，故其轴向强度同样完全足够安全可靠。

式中：P——容器或贮罐的设计内压， 为 68 MPa；

R_i——筒形容器或贮罐的设计内半径， 为 0.75 m；

R_j——筒形容器或贮罐内筒的设计外半径， 为 0.81 m；

R_0——筒形容器或贮罐绕层的设计外半径， 为 0.99 m；

σ_{aU}—— 单 U 槽钢带交错缠绕容器或贮罐的轴向应力；

η——单 U 槽钢带交错缠绕绕层的有效扣合轴向承力系数；由于每两层相互扣合的钢带只有其中一层可以承担或传递容器轴向力的作用，因而：

$$\eta = t_r / (t_r + t_n) = 6 / (6 + 9) = 6 / 15 = 0.4$$

t_r,t_n——分别为某种对称形单 U 槽热轧钢带 U 槽处的实际厚度与名义厚度。

此例：$t_r=6$ mm 和 $t_n=9$ mm（带宽可取 $50\sim60$ mm，对称 U 槽深约 3 mm，槽宽为带宽的 $1/2$）

η——每两层相互扣合轴对称交错缠绕钢带绕层相邻圆柱面间由于容器轴对称形变特性形成的轴向静摩擦力加强的作用系数；因每两层相互扣合形成了相当的一层，故应将其加强作用仅考虑为总绕带层数的 0.5 倍；而绕带层相邻圆柱面间及其与圆直内筒表面之间的静摩擦系数 f 则根据大量热轧钢板与钢带实际接触及层间套合的测定，包括日本和中国的实测均大于 0.62，以及我国工程实际绕带容器的实测结果，在通常工程强度设计中取 $f=0.35\sim0.4$，即使钢带层间发生某些水或油的漏入影响仍将是极为安全可靠的。即：

$\zeta=0.5\ f=0.5\times0.35\sim0.4=0.175\sim0.2$；本例取 $\zeta=0.175$

$[\sigma]_{am}$——容器薄内筒和单 U 槽钢带绕层材料的轴向最小综合许用应力（为 240 MPa）：

$$\text{或}\quad\begin{aligned}&=[\,j\,\sigma_{si}\,\phi_i+(1-j)\,\sigma_{sw}\,\phi_w]/n\\&=[\,j\,\sigma_{ui}\,\phi_i+(1-j)\,\sigma_{uw}\,\phi_w]/N\end{aligned}\quad\text{两者中取小值}$$

式中：j——薄内筒相对于容器设计总厚要求的壁厚比；

通常取值为：$0.15\sim0.35$；　本例为 0.25；

ϕ_I,ϕ_w——内筒与绕层焊缝系数，通常均取为 1；

$\sigma_{si},\sigma_{sw},\sigma_{ui},\sigma_{uw}$——分别为内筒、外筒和钢带绕层的屈服与极限强度；

n——容器屈服强度设计安全系数，通常取 $\geqslant1.4\sim1.6$，本例取 1.6；

N——容器极限强度设计安全系数，通常取 $\geqslant2.5\sim3.0$，本例取 2.5。

此外，当贮罐内压并未升起时，由筒形贮罐的重量在其仅由内筒（绕层亦可承担）所引起的最大轴向压缩应力为：

$\sigma_P=Q_{cy}/F_{inner\ shell}=246500\,/\,(\pi\times156\times6)\leqslant100$ kg/cm$^2\approx10$ MPa。

完全可以忽略。

总之，本文上述钢带交错缠绕高压筒形贮罐的环向和轴向工程设计强度优良可靠，并在设计内压条件下具有特殊的"抑爆抗爆"和"安全可监控"等"多功能复合壳"特性。

五、基本构造技术

如图1所示,内径为1.5 m并带排除氢气渗透内筒最内层引起腐蚀破坏和在线安全状态自动报警监控系统的多层组合薄内筒,其内筒壳壁厚度约占筒形贮罐壳壁总厚约25%,内部切线长度为15.2 m,绕带筒体两端与带斜面的双层半球形封头底盖相联接(仅内筒两端与绕层斜面部位进行焊接,两端较小较薄双层半球可在地面依据钢架模型完成组焊检测)。内筒与两端半球封盖部分完成制造后必要时可进行适当超压胀合处理。(为防止发生高压下氢致脆性和氢致应力腐蚀,在组合薄内筒和钢带缠绕贮罐壳壁上,必须也可能设置排除将通过内层壳壁渗透的氢气的排泄检测系统和在线安全状态自动报警监控系统)。然后在确认内筒检测质量后,即可应用卧式钢带缠绕装置在室温状态下按每两层相互扣合并以适当的预拉紧力和相互交错缠绕的方式,将12对24层每两层相互扣合的对称单U槽钢带交错缠绕在内筒外面(对称单U槽钢带是在任何成型钢带中,其成型轧制与扣合缠绕最为简单和科学合理的一种),再在其外包扎焊接或缠绕上

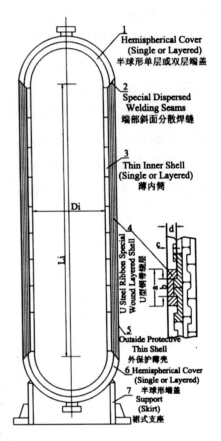

Figure 1　Structural Principle of U Steel Ribbon Special Wound Large Low Pressure Storage Tanks

图1　U型绕带中、低压压力储罐结构原理

一层带有安全状态监控装置的外保护薄壳或略加填焊的最外层钢带外壳。这台钢带交错缠绕筒形高压贮罐通常用裙式支座固定于稳固的钢筋混凝土基础上。该台压力贮罐的总高,包括裙座基础高度在内,约为 $15.2+1.5+1.5 \approx 18.2$ m。其筒形部分高度与总高的长径比分别为: $L_{cyi}/d_{cy}=15.2/1.5 \leqslant 10.2$ 和 $L/d_{cy}=18.2/1.5=12.14 < 20$。这个长径比在工程实践中完全正常合理,在现今的国际工程实践中有不少更大长径比的各种高压承压设备成功应用。作为对比,内径达3.8 m、壁厚约330mm、容积28.4 m³的球形压力贮罐的高度约为7 m。

六、制造成本得以大幅降低的基本原因

和现有单层特厚壳壁高压球形贮罐、单层或多层筒形高压贮罐，以及碳纤维缠绕筒形高压贮罐相比，钢带交错缠绕筒形高压贮罐的制造成本将可降低约36％～70％，其主要原因如下：

（1）由于轧机得到极大缩小和简化，(4～8)×(32～60) mm 窄薄截面的钢带容易轧制和处理；在钢带材料成分相同和定点供应的正常情况下，其成本必将比单层球形压力贮罐要求厚达 100～400mm 的原材料成本降低约 25％～60％，特别和通常需要庞大锻压装备和高昂操作费用厚约 100 ～ 400 mm 的厚筒锻件相比，其成本约可降低 50％～75％。

（2）压制较薄的筒形绕带贮罐两端双层半球端盖的球瓣和只需缠绕而无需其他额外成形要求的窄薄截面钢带的缠绕成本，和将要求厚约 100～400 mm、内径 3.8 ～34 m 的钢板模型压制成特厚球瓣并切出必要的焊接坡口的成本相比可降低约 30％～50％。

（3）钢带缠绕复合筒形高压贮罐或容器，全身没有任何深厚焊缝，其焊接与检测成本和其他筒形或球形结构厚约 100～400 mm 带深厚环向与纵向焊缝的高压贮罐相比将可降低 70％～80％；相应的其焊接电能就可降低约 70％～80％。

（4）组装和焊接内径 1.5 m、厚约 60 mm、总高约 18 m 的筒形贮罐的较薄筒形内筒及其在卧式钢带缠绕装置上在内筒外部用简单工具自动缠绕 32 层钢带绕层，其组装、焊接、检测、打磨与局部热处理及缠绕钢带等过程都相对得到较大简化，因而和在贮罐使用现场组装、焊接、检测、打磨与整体热处理内径 3.8 m、厚 400 mm 单层厚壁压力球罐相比，其机械加工与热处理成本也将可降低 20％～40％。

（5）钢带交错缠绕筒形压力贮罐窄薄截面钢带和薄内筒钢板原材料的利用率，和国际上现有其他贮罐或容器结构的相比将可降低约 25％。

（6）钢带缠绕容器或贮罐的生产效率和现有其他结构技术包括纤维缠绕贮罐相比，由于没有复杂困难的深厚焊缝和效率很低的纤维缠绕与固化工艺过程，生产效率可提高 2～5 倍，而生产周期也将可缩短 50％～100％。

七、几种高压氢气贮罐基本制造成本估算对比

（1）钢带交错缠绕筒形并带两端半球封盖高压贮罐的成本：

$$Q_{cyU} \times (2 \sim 2.2) C_{sr} + Q_{cysph} \times 2.5 \, C_{sp}$$
$$= 177 \times (2 \sim 2.2) \times 600 + 10.24 \times 2.5 \times 1000$$
$$= 238000 \sim 259240 = 0.238 \sim 0.259 \text{ 百万美元}$$

式中：C_{sr}—— 钢带与较薄钢板综合价格 = 600 美元；

C_{sp}——60 mm 厚钢板价格 = 1000 美元；

2~2.2——为较薄钢板制成薄内筒和钢带交错缠绕成复合筒体相对于原材料成本的倍数；

2.5——为 60 mm 厚钢板制成筒体端部半球形封盖相对于原材料成本的倍数。

（2）330 mm 特厚钢板球形高压贮罐的成本：

$$Q_{sph} \times 2.75 C_{sp} = 160.8 \times 2.75 \times 1200 = 530640 = 0.53 \text{ 百万美元}$$

式中：C_{st}——330 mm 特厚钢板价格 = 1200 美元；

2.75——考虑 330 mm 特厚钢板球瓣压制和焊接、检测与热处理等特殊困难，其成本加倍系数，偏于低估取为原材料成本的 2.75 倍。

（3）单层或多层结构筒形并带两端半球封盖高压贮罐的成本：

$$Q_{cy} \times (2.5 \sim 2.75)(C_{sr} \sim C_{st}) + Q_{cysph} \times 2.5 \, C_{sp}$$
$$= 177 \times (2.5 \sim 2.75) \times (850 \sim 1200) + 10.24 \times 2.5 \times 1000$$
$$= 401725 \sim 609700 = (0.4 \sim 0.6) \text{ 百万美元}$$

式中：C_{sr}——20~30 mm 较薄钢板价格 = 850 美元；

C_{sp}——60 mm 钢板价格 = 1000 美元 ；

C_{st}——300 mm（其单层或多层筒壳厚度设与球形贮罐的基本相同）特厚钢板价格 = 1200 美元；

2.5~2.75——考虑 300 mm 厚筒壳带深厚焊缝厚壁筒体制造极其困难，且其焊接、检验、机械加工及热处理等工作量等丝毫未减，其成本加倍修正系数偏低估取为 原材料成本的 2.5~2.75 倍。如采用锻焊结构其加倍修正系数当然会更高。

（4）碳纤维复合材料缠绕大型超高压贮罐的成本：

$$Q_{cyC} \times C_{fiberC} = 23.4 \times 1000 \times (25 \sim 40)$$

$$=585000～936000=(0.585～0.936)\ 百万美元$$

式中：Q_{cyC}——碳纤维缠绕复合材料筒形高压贮罐的重量，以保守估计仅为绕带筒罐的 1/8（包括其内筒重量），即 $Q_{cyC}=187.24×1/8=23.4$ ton $=23400$ kg；

　　　C_{fiberC}——碳纤维缠绕加环氧树脂等复合材料筒形高压贮罐单位重量的最低成本，据保守估计仅为：$25～40$ 美元/kg，实际上如此超大型纤维缠绕高压贮罐的制造，尤其轴向 8 字形纤维挂颈缠绕和缠绕完成后大型筒罐高温固化处理都非常困难，生产效率很低，且纤维缠绕复合材料易于老化变脆，其疲劳强度和使用寿命通常要比钢制容器低约一个数量级。

　　显然，通过以上分析比较，新型钢带交错缠超高压筒罐的制造成本最低，仅约 23.8 万～25.9 万美元（即使加上防氢腐蚀和在线安全状态自动报警监控装置，其制造成本也将不超过 30 万美元），和通常单层或多层结构壁厚 300mm 筒形高压贮罐相比，可降低制造成本 40%～56%；和特厚球形贮罐相比，可降低制造成本 50%；和（如采用的话）碳纤维复合材料缠绕筒形高压贮罐相比，可降低制造成本 55%～72%。且后面几种不具备"多功能复合壳"特性，都较难实现计算机在线安全状态自动报警监控的安全保障技术。

八、钢带交错缠绕筒形压力贮罐的主要突出发展优势

　　通过上述几种高压氢气贮罐的基本结构和强度设计分析对比，具"多功能复合壳"特性的对称单 U 槽钢带交错缠绕筒形压力贮罐或容器相对于单层特厚壳壁球型压力贮罐和特厚筒形单层或多层压力贮罐，及大型碳纤维缠绕筒形高压贮罐或容器，明显具有以下主要突出发展优势：

　　（1）壳体工程强度，包括其环向、轴向静压强度，和断裂与疲劳强度及刚度等都足够安全可靠；

　　（2）钢带缠绕复合壳壁筒罐或容器的制造非常合理，其原材料成本最低、材质优良，对各种工业规模尺寸大小，包括内容积为 $1～20000$ m³ 和内压为 $0.1～200$ MPa 的贮罐或容器，制造上几乎都没有特殊困难的限制条件，除了需由国家支持定点供应窄薄截面的特殊钢带和相应的钢带缠绕装置以外；

　　（3）壳壁为多层复合结构，无任何贯穿性焊缝尤其厚焊缝，壳壁中任何隐藏的缺陷和裂纹均能被多层复合壳壁结构自然分散，且通常都很小、很少；

（4）组合内筒和钢带绕层对因各种裂纹严重扩展引起的突然断裂爆破具有非常有效的"抑爆抗爆"作用，壳壁在设计或操作内压条件下最严重的失效破坏状况就是"只漏不爆"，这对在都市应用的高压贮罐或容器尤其有非常意义；

（5）因腐蚀等原因引发介质泄漏，其组合内筒检漏和外保护薄壳收集保护系统，能全面自动收集通过内层缓慢泄漏的介质（包括氢气及其他特殊腐蚀等介质）并加以经济合理的适当导引处理，可避免发生更大的燃烧、中毒及爆炸等灾难性后果；

（6）采用新型绕带贮罐或容器构造技术，企业可同时对多个贮罐或容器设备实施经济、可靠的在线安全状态计算机集中自动报警监控管理，因而可能适当延长停产质量安全检测周期，其在役安全检测和维护成本将可降低50%以上，这对现有其他单层或多层但带贯穿焊缝的高压贮罐或容器都很难做到；

（7）绕带筒罐的内外用材和结构可按需设计改变；如为防止高压下氢气渗透引起钢材发生氢致脆性和氢应力腐蚀开裂，应设置导引检测系统将透过内层渗漏的氢气自动加以及时引出高空排放，这对现有其他单层或多层结构但带贯穿焊缝的高压贮罐或容器都很难做到；

（8）制造过程的焊接、检测、机械加工和热处理等工作量可减免约70%～80%；因而能源消耗亦可降低约70%～80%；

（9）筒形贮罐的占地面积可缩小约70%，这对城市能源供应站的建造十分有利；

（10）制造成本将可降低30%～70%，生产效率可提高约2～5倍，生产周期将可降低约50%～80%，且尤其和纤维缠绕结构相比其使用寿命将最长，并当其内筒万一发生突然泄漏时通常仍能暂时保持其原有正常的生产状态，这对许多实际生产过程或经营管理往往会有重要意义。

简单结语

从以上所作内压68 MPa和容积28.4 m³钢带交错缠绕筒形超高压氢气贮罐的基本工程设计和制造成本的计算对比分析表明，不仅其制造成本将可降低30%～70%，生产效率提高2～5倍，在役安全维护成本也将可降低50%以上，而且在其实现经济可靠的"抑爆抗爆"和在线安全状态自动报警监控等方面，和现有国际上其他单层或多层但带贯穿焊缝的筒形高压贮罐、单层厚壁高压球罐，以及固定式纤维缠绕复合材料筒形厚壁高压贮罐等构造技术相比都表现出了突出的发展优势。上述这种设计对比结果，当采用其他钢带材质和设计强度安全系数时，其对比效果基本相同。

A Unique Steel Ribbon cross-helically Wound Large Capacity & Super High Pressure Hydrogen Storage Tank

(Basic Comparison of Engineering Design and Fabrication Cost for Steel Ribbon cross-helically Wound Hydrogen Storage Tank with Internal Capacity of 1000 feet^3(28. 4m^3) and Pressure of 10000 psi (68MPa) and A Special System of Anti-Corrosion of Hydrogen and Device of Safety on-line Automatic Alarm and Monitoring)

(Comparison results are the same basically even if design parameters and prices of all usedmaterials changing others)

Hydrogen is a very clear fuel for using of cars and trucks in the world. A unique large capacity and super high pressure hydrogen storage tanks fixed in the oil stations made by steel ribbon cross-helically wound technology invented by the authors has been introduced in this paper. This kind of steel ribbon cross-helically wound super high pressure hydrogen storage tank is a unique one which is with an important special "Multiple Functional Composite Shell" Nature, so having serial development advantages in the world.

A special comparison example of hydrogen storage tank have been designed which with internal design pressure of 68 MPa (10000psi) and internal capacity of 28. 4 m^3(1000 feet^3) Its main results have been introduced in this paper. It is shown that, the fabrication cost of steel ribbon cross-helically wound super high pressure storage tank is the lowest, only about 259000 US dollars (And if added the special anti-corrosive system of hydrogen and safety on-line automatic monitoring device, its fabrication cost is also not exceeded 280000 US dollars) Compared to the normal single layer or multi-layer cylindrical super high pressure storage tank, its fabrication cost will be reduced over 40% ~ 56%; Compared to the single layer spherical super high pressure storage tank, its fabrication cost will be reduced over 50% ~ 55%; Compared to the carbon filament winding composite cylindrical super high pressure storage tank, its fabrication cost will be reduced over 59% ~ 72%; and the last several types of super high pressure storage tanks are very difficult for manufacture, especially for making the anti-corrosive system of hydrogen and safety on-line automatic alarm and monitoring. For this so large super high pressure composite storage tank, the filament winding and other handling is very difficult, especially its filament winding in 8 model with two end necks for axial strength of the tank, its fatigue and using life are also not too good.

Obviously, the unique steel ribbon cross-helically wound super pressure vessel or storage tank technology with "Multiple Functional Composite Shell" Natures will be used widely and reasonably as large capacity and super high pressure hydrogen storage tanks fixed in the oil stations for cars and trucks fuel supply in the world in future.

1. Basic Design and Structural Parameters of the unique large fixed hydrogen storage tank with super internal design pressure of 68MPa and internal capacity of 28.4m³:

Internal design pressure (design T ≤ 100 ℃, hydrogen is a specialmedia)

$$P = 68 \text{ MPa}$$

Internal diameter of Spherical tank:

$$d_{isph.} = 3.8 \text{ m}$$

(Internal capacity: $C_{sph} = \pi d_{isph}^3 / 6 = 28.73 m^3 \geq 28.4 m^3$);

Internal diameter of ribbon wound cylindrical tank and two end hemispherical covers:

$$d_{icy} = 1.5 \text{ m}$$

($d_{icy} = 1.5m, L_{il} = 15.2m, C_{cy} = (\pi d_{icy}^2 / 4) x L_i + \Lambda d_{icy}^3 / 6$

$= 26.86 + 1.767 = 28.62 \text{ m}^3 \geq 28.4 \text{ m}^3$);

Allowed stress of certain proper higher strength vessel steel, such as 14MnMoVg:

When $t \approx 320$ mm and $T \leq 100$ ℃, for large thick walled-welded single layer spherical tank,

$\sigma_y \geq 400$ MPa, $\sigma_b \geq 550$ MPa, Allowed stress or strength:

$$[\sigma]_{sph} = 550/2.5 = 220 \text{ MPa}$$

(Taken Strength Design Safety Factor N ≥ 2.5; Followings are the same)

When $t \approx 60mm$ and $T \leq 100$ ℃, for the double layered hemispherical covers of cylindrical tank

$\sigma_y \geqslant 460$ MPa，$\sigma_b \geqslant 600$ MPa，Allowed stress or strength：

$$[\sigma]_{cyrw} = 600/2.5 = 240 \text{ MPa}$$

When $t \approx 6 \sim 14$ mm and $T \leqslant 100 \text{ ℃}$，for the composite shell of steel ribbon wound cylindrical tank

$\sigma_y \geqslant 480$ MPa，$\sigma_b \geqslant 630$ MPa，Allowed stress or strength：

$$[\sigma]_{cyrw} = 630/2.5 = 252 \text{ MPa}$$

In fact，the thinner steel plates with thick of $12 \sim 14$mm，especially for 6x50mm narrow and thin steel ribbons，their strength will be higher over 20% than that of the thick steel plates，which are special thick steel plates with thickness t $\geqslant 320$mm，and more wider and longer for reducing the very difficult thick-welded seams in manufacture of thick-walled-welded spherical tank.

2. Basic Thickness and Weight of Spherical Pressure Storage Tank and Steel Ribbon Wound Composite Cylindrical Storage Tank with Two End Hemispherical Covers：

Shell Thickness of the high pressure spherical tank：

$$t_{sph} = Pd_{isph} / \{4[\sigma]\phi_{sph} - P\} + C_{add}$$
$$= 68 \times 380 / (4 \times 220 \times 1 - 68) + 0.4$$
$$= 31.82 + 0.4 = 32.22 \text{ cm} \approx 330 \text{ mm}$$

Weight of the high pressure spherical tank：

$$Q_{sph} = 4\pi R_a^2 t_{sph} \gamma$$
$$= 4 \times 3.1416 \times 2.23^2 \times 0.33 \times 7.8$$
$$= 160.8 \text{ ton}$$

Meanwhile，

Shell Thickness of two end hemispherical covers of cylindrical tank：

$$t_{cysph} = Pd_{icysph} / \{4[\sigma]\phi_{sph} - P\} + C_{add}$$
$$= 68 \times 150 / (4 \times 240 \times 1 - 68) + 0.4$$
$$= 11.44 + 0.4 \text{ cm} = 11.84 \text{ cm} \leqslant 60 + 60 \text{ mm}$$

Weight of two end hemispherical covers of cylindrical tank：

$$Q_{cyendsph} = 4\pi R^2 t_{cysph} \gamma$$
$$= 4 \times 3.1416 \times 0.87^2 \times 0.12 \times 7.8$$
$$= 10.24 \text{ ton}$$

from: $Q_{cyendsph} / Q_{sph} = 10.24 / 160.8 = 0.064 \leqslant 7\%$

This is shown that the two end hemispherical covers of the cylindrical tank, its internal diameter was changed from 3.8 m to 1.5 m, its shell thickness was also changed from 330 mm to 120 mm, its weight has changed from 160.8 ton to 10.24 ton, is only 7% of that of the spherical tank with internal of 3.8 m and shell thickness of 330 mm. Based on the fabrication cost is relation with the weight of the spherical tank usually, so its manufacture cost is also only about 7% of that of the spherical tank. This is a big change!

3. Basic Thickness and Weight of Steel Ribbon Wound Cylindrical Super High Pressure Storage Tank with Internal Diameter of 1.5 m and length of 15.2 m:

Design thickness of cylindrical composite shell:

$$t_{cy} = Pd_i / \{2[\sigma]\phi_{cy} - P\} + C$$
$$= 68 \times 150 / (2 \times 252 \times 1 - 68) + 0.4$$
$$= 23.4 + 0.4 = 23.8 \ cm = 238 \approx 240 \ mm$$
$$= t_i + t_{wU}$$
$$= 60 + [12 \times (t_r + t_n)]$$
$$= 60 + 12 \times (6 + 9) = (3 \times 20) + 180 = 240 \ mm$$

The proportion of the thin inner shell to whole shell thickness:

$t_i / t_{cy} = 60 / 240 = 0.25 = 25\%$. This is reasonable.

The weight of cylindrical composite shell of the high pressure tank:

$$Q_{cyU} = 2\pi R_a t_{cyreal} L\gamma$$
$$= 2 \times 3.1416 \times 0.99 \times 0.24 \times 15.2 \times 7.8$$
$$= 177 \ ton$$

Whole weight of the steel ribbon wound composite cylindrical tank:

$$Q_{cytotal} = Q_{cyU} + Q_{cysph}$$
$$= 177 + 10.24 = 187.24 \ ton$$

The weight difference of the two kinds of tank:

$$Q_{add} = Q_{sph} - Q_{cytotal}$$
$$= 160.8 - 187.24 = -26.44 \ ton$$

The actual raw material weight difference needed for the two kinds of tank based on the consideration of utilizing efficiency of raw material used during manufacturing process:

$$Q_{realadd} = Q_{sph}/U_{coesph} - (Q_{cyU}/U_{coecyribbon} + Q_{cysph}/U_{coesph})$$
$$= 160.8/0.7 - (177/0.95 + 10.24/0.7)$$
$$= 229.8 - (186.4 + 14.63) = 229.8 - 201.1 = 28.7 \text{ ton}$$

It shows that the raw material formanufacture of the steel ribbon wound storage tank

would be reduced at least 28.7 ton compared to the original thick spherical storage tank.

It is also shown that the weight difference for these two sorts with internal capacity of 28.4m^3 is -26.44 ton, however, the special thicker and expensive raw material with thickness of 330mm (steel plates) will be reduced over 28.7 ton, which is about 34000 US dollars.

Where: Q_{cyU}——the weight of cylindrical ribbon wound composite shell (177 ton)

Q_{cysph}——the weight of two end hemispherical double layered covers (10.24 ton)

Q_{sph}——the weight of special thick single layer structural spherical tank (160.8 ton)

$U_{coecyribbon}$——thematerial average utilized efficiency of normal cylindrical and steel ribbon cross-helically wound shell, it is over 0.95 usually;

U_{coesph}——thematerial real utilized efficiency including the special thick single layer spherical tank and two end hemispherical covers, it is about 0.7 usually.

4. Basic Strength Examination of the U Grooved Steel Ribbon

cross-helically Wound High Pressure Storage Tank:

Yield internal pressure:

$$P_y = \sigma_y \ln(r_o/r_i)$$
$$= 480 \ln(0.99/0.75)$$
$$= 133.26 \text{MPa} \geqslant 1.6 \ P = 108.8 \text{ MPa}$$

Ultimate or Burst internal pressure:

$$P_b = \sigma_b \ln(r_o/r_i)$$

$$=620 \ln (0.99/0.75)$$
$$=172.13 \text{ MPa} \geqslant 2.5 \, p = 170 \text{ MPa};$$

The above calculation amounts based on the Special strength theory are the lowest one in theory, and the real strength amounts of pressure vessels or storage tanks usually are higher than these calculation amounts. Now, they all have met the requirements of normal engineering design of pressure vessels and storage tanks based upon the design safety factor of 2.5. It shows that the design strength of the ribbon wound composite tank in circumferential direction is excellent and reliable.

The examination of axial strength of the ribbon wound composite tank:

$$\sigma_{aU} = P \, r_i^2 / \left[(r_j^2 - r_i^2) + (r_o^2 - r_j^2) \, \eta + (r_o^2 - r_j^2) \, \zeta \right] \leqslant [\sigma]_{a \min}.$$
$$= 68 \times 75^2 / \left[(81^2 - 75^2) + (99^2 - 81^2) \, 0.4 + (99^2 - 81^2) \, 0.175 \right]$$
$$= 136.7 \text{MPa} \leqslant [\sigma]_{\text{inner shell allowed}} = 240 \text{ MPa}.$$

(Even if without the friction reinforcing effect, the $\sigma_{aU}{'}_1 = 171.37$ MPa $<$ 240 MPa);

It is shown that the axial stress of this example of steel ribbon wound composite tank with internal capacity of 28.4m³ and internal design pressure of 68MPa is so lower than that of allowed stress or strength of the composite tank, namely: 136.7 / 240=0.57, that means it is just be used about 57% of thematerial in axial direction of tank or vessel. Even if without the friction effect between layers, namely: $\sigma_{aU}{'}_1 = 171.37$MPa $<$ 240MPa, 171.37 / 240= 0.714, that means it is also just used less than 72% of strength of the material in axial direction. Meanwhile, the strength or bearing effect of thin inner shell and steel ribbon cross-helically wound layers each pair interlocked each other for subjecting internal design pressure in axial direction is independent each other, which is also a real "filament bindmodel" for subjecting the internal pressure of tank or vessel. So, the axial strength of this ribbon wound cylindrical composite tank is also very excellent and reliable.

Where: σ_{aU}——the axial stress of Single U grooved steel ribbon cross-helically wound tanks;

$$\eta\text{——} = t_r/(t_r + t_n) = 6/(6+9) = 0.4$$

——(Interlocked coefficient, it enforces the axial direction of vessel by interlocked each pairs of steel ribbon wound layers; each pair just has one can subjected or transfer the action of the axial force, so it is just $t_r/(t_r+t_n)$, no use $2 t_r/(t_r+t_n)$; t_r, t_n-real and name thickness of a certain hot rolled single U grooved steel ribbons respectively, Here $t_r=6$ mm and $t_n=9$ mm);

$$\zeta \text{——} =0.5 f=0.5\times0.35\sim0.4=0.175\sim0.2$$

——(Friction enforcing coefficient in axial direction of vessel by the static friction action between each two steel ribbon wound interlocked pairs; So, the front of friction coefficient f need by 0.5, and the f just taken 0.35~0.4 as a very safe consideration including the contact status and the certain change of its f, such as with the certain water or certain oil etc., while the real f between hot rolled steel plates or steel ribbons is bigger than 0.6 by many real measurement tests, including the inter-layers natures and hot shrink-fitted-welded high pressure vessel testsmade in China and Japan. Here has just taken 0.175 in calculation).

So, the engineering strength design example in the circumferential and axial direction above super high pressure hydrogen storage tank is very excellent and reliable with great special natures of burst arrested and resisted under design or operating internal pressure and so on. These are the "Multiple Functional Composite Shell" Natures.

5. Basic Structural Method (Figure 1)

A unique single U grooved steel ribbon cross-helically wound super high pressure Hydrogen storage tank has made by a double or multi-layered structural inner shell which thickness about 21% of total composite shell thickness with internal diameter of 1.5 m and inside length of 15.2 m and connected respectively to its two end double layered hemi-spherical covers which is formed or composite welded by a special proper steel frame model on the grand and using certain proper internal higher pressure expansive handling forming technology, and then the single U grooved steel ribbons cross-helically wound interlocked each pair (Total is 12 pair or 24 layers) onto the cylindrical inner shell under normal room temperature with a proper lower pretension on a simpler steel ribbon winding equipment in horizontal state of inner shell. Pass certain test examination for the ribbon wound tank which is decided by relative national Code and then moving it to using site and supported vertically by normal steel structural base and on a large proper designed concrete base. This unique composite tank is used a special excellent system for anti-corrosion of hydrogen and safety on-line automatic monitoring detecting system. The total highness of the cylindrical tank is about 15.2 m (for internal tangent length) and 20 m including the supporting skirt base. The proportion of $L_{cy}/d_{cy}=15.2/1.5 \leqslant 10.2$ and $L/d_{cy}=20/1.5=13.4<20$. This proportion of the length to diameter of the tank or vessel installed vertically is less than 20, this is normal completely in engineering practice. As a basic engineering design comparative example, the general single layer structural spherical storage tank with 330 mm is with

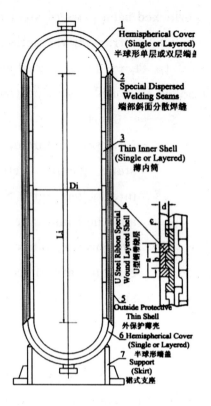

Figure 1　Structural Principle of U Steel Ribbon Special Wound Large Low Pressure Storage Tanks

internal diameter of 3.8 m and is also supported by certain general steel structural columns base and on a large concrete base, its total highness is about 7 m, which is very difficult for safety on-line automatic monitoring in economically and reliably.

6. The basic reasons for the manufacture cost of the ribbon wound composite tank can be reduced over 30%~70% compare to others

The manufacture cost of this unique large ribbon wound storage tank shall be reduced over 30%~70% compared to that of larger thick single layer super high pressure storage tanks due to the following reasons mainly:

1) Cost of raw material will be reduced over 25%~75%, because the steel ribbons with narrow and thin section of $(4\sim8)\times(32\sim60)$ mm are very easy

for hot rolling and handling, its rolling equipment are very small. Its hot rolling cost will be reduced over 25%~60% compared to the special thick steel plates with thickness of 330 mm, and will be reduced over 50%~75% compared to the special forged cylindrical thick segments with thickness of 330 mm usually, because the hot rolling or cylindrical segment forged equipment for thick steel plates or thick walled cylindrical segments are very large and expensive for operating process of production;

2) The working cost for forming of the larger spherical pieces with thickness of 330 mm with internal diameter of 3.8 m including their spherical press and cut forming of the spherical petal pieces will be reduced over 30%~50% usually compared to the cost for forming of the two end thinner and smaller spherical petal pieces with thickness of 20~30(or total 60) mm which weight amount is only about 7% of the original large spherical tank;

3) The welding and inspection cost of the steel ribbon wound composite cylindrical tank or vessel will be reduced over 70%~80% (which is without any special deep weld seams in whole body of tank or vessel) compared to other sorts of tank, such as for connection of larger cylindrical or spherical petal pieces with thickness of 330 mm using welded seams in circumferential and longitudinal direction; So, the electric energy will be reduced over 70%~80%;

4) The utilized efficiency of the narrow and thin section steel ribbons can be increased over 25% compared to that of the spherical or cylindrical thick-walled tank;

5) The machining and heat treatment cost, including the winding of ribbons and two end hemispherical covers for construction of a steel ribbon cross-helically wound onto a thin inner shell composite cylindrical tanks or vessels with two end hemispherical covers will be reduced over 20%~40% usually compared to the larger thicker spherical tanks or vessels, especially compared to the larger thicker single layer cylindrical tanks or vessels formed by thick steel plate rolled-welded or thick cylindrical segments forged-welded technology.

6) The production efficiency of the ribbon wound tank or vessel will increase over 2~10 times compared to other sorts, which will be including single layer spherical tank, thick steel plate rolled or pressed-welded single layer

cylindrical tank, thick steel segment forged-welded cylindrical tank, multi-layer thick-walled-welded cylindrical tank, as well the carbon filament wound composite cylindrical tank etc., and the production period of this unique steel ribbon wound cylindrical composite tank is the shortest or will be reduced 50% ~80%.

7. Basic Fabrication Cost Estimation of Four Basic Sort of Super High Pressure Storage Tanks or Vessels

(1) Fabrication cost estimation of steel ribbon wound composite tank with two end hemispherical double layered covers:

$$Q_{cyU} \times (2 \sim 2.2) C_{sr} + Q_{cysph} \times 2.5 C_{sp}$$
$$= 177 \times (2 \sim 2.2) \times 600 + 10.24 \times 2.5 \times 1000$$
$$= 238000 \sim 259240 = 0.238 \sim 0.259 \qquad \text{million USd}$$

(C_{sr}——The compound price of steel ribbons and thinner plates = 600 USd;

C_{sp}——The price of thick steel plates with thickness of 60mm = 1000 Usd;

$2 \sim 2.2$——The times efficiency related to the cost of raw material for the cylindrical composite shell;

2.5——The times efficiency related to the cost of raw material for spherical double layered covers)

(2) Fabrication cost estimation of special thick spherical tank with $d_{isph.} = 3.8m$:

$$Q_{sph} \times 2.75 C_{sp} = 160.8 \times 2.75 \times 1200$$
$$= 530640 = 0.53 \text{ million USd}$$

(C_{sr}——The price of thick steel plates with thickness of 330mm = 1200 USd;

2.75——The times efficiency related to raw material for the special thick spherical tank with thickness of 330mm, consideration the special difficult for the press of spherical prices, installation, weld, inspection and heat treatment etc. Take it 2.75 times).

(3) Fabrication cost estimation of single layer or multi-layer cylindrical tank with two end hemispherical double layered covers.

$$Q_{cy} \times (2.5 \sim 2.75) C_{sp} + Q_{cysph} \times 2.5 C_{sp}$$

$$=177 \times (2.5 \sim 2.75) \times (850 \sim 1200) + 10.24 \times 2.5 \times 1000$$

$$=401725 \sim 609700 = (0.4 \sim 0.6) \text{ million USd}$$

(C_{sr}——The price of thinner steel plates with thickness of $20 \sim 30mm =$ 850 USd;

C_{sp}——The price of thick steel plates with thickness of 60mm $= 1000$ Usd;

C_{st}——The price of thick steel plates with thickness of 330mm $= 1200$ Usd;

$2.5 \sim 2.75$——The times efficiency related to raw material for the single layer or multi-layer cylindrical tank with single layer or compound layered shell thickness over 330mm, consideration the special difficult for the rolling or press of thick cylindrical steel plates, installation, weld, inspection, machining and heat treatment etc. Taken it just is $2.5 \sim 2.75$ times. In fact, that is very difficult for the manufacture of single layer cylindrical tank with internal diameter of 1.5m and shell thickness over 330mm; if it is forged, the cost shall be much higher!)

(4) Fabrication cost estimation of carbon filament winding composite cylindrical tank with a certain stainless steel thin inner core (if it will be used for this object):

$$Q_{cyC} \times C_{fiberC} = 23.4 \times 1000 \times (25 \sim 40)$$

$$=585000 \sim 936000 = (0.585 \sim 0.936) \quad \text{million USd}$$

(Q_{cyC}——The compound weight of the carbon filament wound cylindrical tank with a stainless steel or other material thin inner core usually, it is estimated about 1/8 of that of the steel ribbon wound cylindrical composite tank, so that is: $Q_{cyC} = 187.24 \times 1/8 = 23.4$ ton $= 23400$ Kg (including the weight of its thin inner core of the tank);

C_{fiberC}——The price of unit weight of the carbon filament wound cylindrical composite tank, it is estimated only in $25 \sim 40$ USd/ kg. In fact it is very difficult for winding of filament (especially for the filament winding in 8model with the two end necks of tank) and the elevated solid handling in an extra-large elevated furnace;

Obviously, the fabrication cost of steel ribbon cross—helically wound high pressure storage tank is the lowest, only about 0.238 ~ 0.259 million US dollars (if added the special system of the anti-corrosion for hydrogen and safety on-line automatic alarm and monitoring device, its fabrication cost is also not exceeded 0.28 million US dollars) Compared to the normal thick-walled single layer ormulti-layer cylindrical high pressure storage tank with two end hemispherical covers, the cost will be reduced over 40% ~ 56%; Compared to the spherical high pressure storage tank, the cost will be reduced over 50% ~ 55%; Compared to the carbon filament winding composite cylindrical high pressure storage tank, the cost will be reduced over 59% ~ 72%; and the late several types of high pressure storage tanks are very difficult formanufacture especially formaking the anti-corrosive system of hydrogen and safety on-line automatic alarm andmonitoring. It is well known, for this so large and long high pressure composite storage tank, the filament winding and other handling is very difficult, especially for the filament winding in 8model with two end necks of the long tank, and its fatigue and using life are also not too good, due to the filament wound compositematerial quality will be in an ageing change.

8. Main Characteristics

Compare to the existing other structural technologies of pressure tank or vessel, such as the general single layer or multi-layer cylindrical or spherical structural technology, including the famous thick steel plate rolled-welded, thick cylindrical forged-welded etc. technology, as well as the carbon fiber wound cylindrical composite structural technology for extra-large storage tank, the Chinese unique flat or symmetrical U steel grooved ribbon cross-helically wound composite high pressure vessels or/and storage tanks have a series outstanding development advantages as follows mainly:

1) Engineering strength in circumferential and axial direction, including its fatigue strength and fracture natures of the steel ribbon wound composite shell are reasonable and reliable;

2) Manufacture of the composite shell is very reasonable, the cost of raw material is the lowest, and its quality is the most excellent, almost have not

special difficult for manufacture of various industrial size of vessel, including the internal capacity of 0. 1~20000 m³ and the internal pressure of 0. 1~200 MPa;

3) Defects or cracks hided in the composite shell of the tank can be dispersed naturally and much smaller by layered shell (without any deep welded seams in whole body of tank or vessel);

4) Sudden fracture burst induced by various cracks propagated seriously hided in shell can be arrested and resisted by outside layer or steel ribbon cross-helically wound layers (including thin inner shell and steel ribbon cross-helically wound layers) effectively and reliably. This tank will only leak, not burst at worst under design internal pressure condition. That is very important, especially for using of tanks or tanks in city;

5) The leaked media of tank via inside thinner shell can be collected and guided handling properly by the layered composite shell, so the serious burned, explosion, as well toxic accidents induced by the leaked media, like hydrogen and others, will can be avoided reasonably and economically;

6) Safety on-line automatic monitoring technique attached on the double layered inner shell or/and the most outside layer can be realized reliably and economically, and that safety state can be repeated examined easily (The safety state of pressured tanks or vessels in whole process system can be controlled automatically by a computer with a proper control system, including the guiding system for leaked media);

7) The structural material of this composite tank can be changed easily based on the special requirement;

8) The concrete structure of the composite shell can be designed and changed easily, such as for a guiding and detecting system of the permeated hydrogen for avoiding serious problem induced by the hydrogen under elevated temperature and high pressure;

9) The weld, inspection, machining and heat treatment amount can be reduced over 80% usually and the electric energy during manufacturing process can be reduced over 80%;

10) The land area occurred by this unique cylindrical ribbon wound storage tank can be reduced about 70%~80% compared to that of the general large

spherical storage tanks. That is also very important, especially for using of tanks in oil stations in city;

11) The fabrication cost can be reduced over 30% ~ 70%, the production efficiency can be increased over 2 ~ 10 times, the production period can be reduced over 50% ~ 80% and the maintain cost during service can be reduced over 50% usually, as well its using life is the longest;

12) The operating process using the various steel ribbon wound composite pressure tanks or vessels can be keep temporarily, if certain steel ribbon wound composite vessel or tank has leaked suddenly. Obviously, it is also important for keeping the normal state of large scale production process.

9. Brief Conclusion

From the above analysis and calculation of the steel ribbon wound composite high and super high pressure vessels and storage tanks with internal design pressure, such as 68 MPa and its internal capacity, such as 28.4 m³, not only its manufacture cost will be reduced over 30% ~ 70% and maintenance cost in service can be reduced over 50%, but also its burst resistant or arresting nature and safety on-line automatic alarm and monitoring technique realized reliably and economically, all have appeared a very outstanding development advantage compared to that of the existing other sorts of high pressure vessels or storage tanks, such as the single layer thick-walled spherical high pressure storage tank, single layer or multi-layer cylindrical high pressure tank, as well carbon filament wound composite high pressure storage tank mentioned as above.

So, this unique structural technology of the single U grooved steel ribbon cross-helically wound composite pressure vessels or storage tanks shall a reform technology for instead of the existing other various cylindrical or spherical high and super high pressure vessels and storage tanks widely used in the world.

第七篇　钢带扣合交错缠绕超大型低压贮罐基本工程设计对比分析

(一种具"多功能复合壳"特性将为国际现有大型和超大型压力贮罐工程装备带来重大变革的技术)

(在本相对设计对比分析例中,按经验设定了设计参数与原材料,为有利于现有技术,尤其对各种相应的原材料都相对取了较当前国际市场价较低的价格,但这都并不影响设计分析对比的基本结果)

　　本文作者为首发明了一种小截面扁平和单 U 槽新型钢带扣合交错缠绕技术构造的中、低压大型和超大型压力贮罐。本文介绍按此技术构造的钢带交错缠绕内容积达 20000 m³ 的中低压超大型压力贮罐 的基本工程设计分析对比,表明不仅其制造成本可降低 30%～40% 左右,而且在安全可靠性方面也将发生根本变化,其壳壁具自然"抑爆抗爆"特性,并可实现经济、可靠的在线安全状态"自动报警监控",其在役安全维护成本也可降低 50% 以上。这种新型具"多功能复合壳"特性的钢带交错缠绕大型和超大型筒形压力贮罐将可用于取代国际上现有应用广泛的各种大型和超大型钢制并不科学合理的球形及筒形压力贮罐设备。

一、内容积 20000 m³ 中低压超大型压力贮罐的基本设计和构造技术参数

　　设计内压(设计壁温达 100 ℃,本分析对比中都暂不考虑内部介质的腐蚀性):

$$P = 2 \text{ MPa}$$

145

球形压力贮罐的内直径： $d_{isph.}=34$ m

（内容积 $C_{sph}=\pi d_{isph}^3 / 6=20579.6$ m$^3 \geqslant 20000$ m^3）；

钢带交错缠绕筒形贮罐与两端半球形端盖的内直径设为：

$$d_{icy}=17 \text{ m}$$

（包括内径为 17 m 和 内部长度 $L=77.5$ m 的圆筒与两端半球封盖在内其内容积

$$C_{cy}=(\pi d_{icy}^2 / 4)\times L_i+\pi d_{icy}^3 / 6$$
$$=17591+2572.5=200163 \text{ m}^3 \geqslant 20000 \text{ m}^3）$$

采用适当的较高强度低合金钢（如设采用一种压力容器用钢 14MnMoVg）的许用应力：

当其厚度 $t\approx80$ mm and $T\leqslant100$ ℃用于超大型球瓣现场组焊球形压力贮罐时：

$$\sigma_y\geqslant420 \text{ MPa}, \sigma_b\geqslant560 \text{ MPa}$$

这里设取其设计安全系数为 $N\geqslant2.5$，

$$[\sigma]_{sph}=560/2.5=224 \text{ MPa}$$

当其厚度 $t\approx20$ mm、壁温 $\leqslant100$ ℃用于超大型筒形钢带交错缠绕压力贮罐两端半球封盖时：

$$\sigma_y\geqslant470 \text{ MPa}, \sigma_b\geqslant600 \text{ MPa}, [\sigma]_{cyrw}=600/2.5=240 \text{ MPa}$$

当其厚度 $t\approx6\sim16$ mm，壁温 $\leqslant100$℃，用于超大型筒形压力贮罐现场钢带交错组焊缠绕时：

$$\sigma_y\geqslant490 \text{ MPa}, \sigma_b\geqslant630 \text{ MPa}, [\sigma]_{cyrw}=630/2.5=252 \text{ MPa}$$

★（事实上，厚度约为 8～16 mm 较薄钢板，特别是 6×50 mm 窄薄截面钢带的实际强度，通常要比用于超大型压力贮罐厚 80 mm，尤其更厚的厚钢板的强度更将提高约 15%）。

二、超大型压力球罐和两端带半球形封盖的钢带交错缠绕筒形压力贮罐的基本厚度和重量

大型球壳壁厚：

$$t_{sph}=Pd_{isph} / \{4 [\sigma]\phi_{sph}-P\}+C_{add}$$
$$=2\times3400 / (4\times224\times1-2)+0.4$$
$$=7.6+0.4=8 \text{ cm}=80 \text{ mm}$$

大型球罐重量：

$$Q_{sph} = 4 \pi R^2 t_{sph} \gamma$$
$$= 4 \times 3.1416 \times 17.08^2 \times 0.08 \times 7.8$$
$$= 2288 \text{ ton}$$

同时

筒形贮罐两端半球封盖壁厚：

$$t_{cysph} = Pd_{icysph} / \{4 [\sigma] \phi_{sph} - P\} + C_{add}$$
$$= 2 \times 1700 / (4 \times 240 \times 1 - 2) + 0.4$$
$$= 3.55 + 0.4 \text{ cm} = 4. \text{ cm} < 20 + 20 \text{ mm}$$

筒形贮罐两端半球封盖总重量：

$$Q_{cyendsph} = 4 \pi R^2 t_{cysph} \gamma$$
$$= 4 \times 3.1416 \times 8.54^2 \times 0.04 \times 7.8$$
$$= 286 \text{ ton}$$

由 $Q_{cyendsph} / Q_{sph} = 286 / 2288 = 0.125 \leqslant$ 12.5 %表明该筒形贮罐两端半球端盖，其内径(由 34 m 减为 17. m)和双层壳壁厚度(由 80 mm 减为 40 mm)都发生了很大改变，其总重量对原大型球形压力贮罐的重量比仅约占 12。5 %，其制造成本按其重量比通常也不过仅约占 12.5 %而已。请注意，这对大型压力球罐的制造与成本是一个重大变化！

三、基本构造技术

内径为 17 m 并带在线安全状态自动报警监控系统的单层或双层薄内筒，其内筒壳壁厚度约占筒形贮罐壳壁总厚 20%～35%，内部切线长度为 77.5 m，绕带筒体两端与带斜面的双层半球形封头底盖相联接(仅内筒两端与绕层斜面部位进行焊接，两端较小较薄双层半球可在地面依据钢架模型完成组焊检测)。内筒与两端半球封盖部分完成制造后如有必要可进

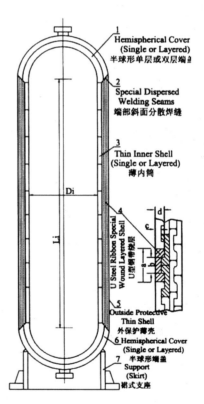

Figure 1　Structural Principle of U Steel Ribbon Special Wound Large Low Pressure Storage Tanks

图 1　U 型绕带中、低压压力储罐原理

行适当气态或液态超压胀合处理。然后于使用工地现场在内筒直立安装定位并确认检测质量后,即可应用简便装备和工具在常温状态下按每两层相互扣合并以相应较低的预拉力和相互交错缠绕的方式,将 4 对 8 层每两层相互扣合的对称单 U 槽钢带交错缠绕在内筒外面(对称单 U 槽钢带是在任何成型钢带中,其成型轧制与扣合缠绕最为简单和科学合理的一种),再在其外适当缠绕上一层适当加焊带有安全状态监控装置的外保护钢带薄壳。这种大型和超大型钢带交错缠绕筒形压力贮罐可用裙式支座固定于稳固的钢筋混凝土基础之上。该台压力贮罐的总高,包括裙座基础高度在内,约为 $77.5+17.5+5 \approx 100$ m。其筒形部分高度与总高的长径比分别为:$L_{cy}/d_{cy}=77.5/17 \leqslant 4.6$ 和 $L/d_{cy}=100/17=5.88 < 6$。这个长径比在工程实践上完全正常,甚至通常优化设计还可将此高度增高到约 120 m 左右,以再适当减小筒型绕带贮罐内径和壳壁总厚,因为当代的国际工程装置中已有不少更大长径比的石油、化工等企业的高塔类承压设备成功正常得到应用。作为对比,内径达 34 m、壁厚约 80 mm、容积超 20000 m³ 的球形压力贮罐的总高度约为 40 m。

四、内径为 17 m、高 77.5 m 单 U 槽钢带交错缠绕筒形压力贮罐的基本壁厚和重量

设计壁厚:

$$t_{cy} = Pd_i / \{2[\sigma]\phi_{cy} - P\} + C$$
$$= 2 \times 1700 / (2 \times 252 \times 1 - 2) + 0.4$$
$$= 6.8 + 0.4 = 7.2 \text{ cm} = 72 \leqslant 76 \text{ mm}$$
$$= t_i + t_{wU}$$
$$= (2 \times 8) + [4 \times (t_r + t_n)]$$
$$= (2 \times 8) + 4 \times (6 + 9) = 16 + 60 = 76 \text{ mm}$$

内筒所占壳壁总厚之比为: $t_i / t_{cy} = 16 / 76 = 0.21 = 21 \%$. 这是适当的。

绕带贮罐筒壳重量:

$$Q_{cyU} = 2 \pi R_a t_{cyreal} L \gamma$$
$$= 2 \times 3.1416 \times 8.576 \times 0.076 \times 77.5 \times 7.8$$
$$= 2476 \text{ ton}$$

绕带贮罐筒壳总重量:

$$Q_{cytotal} = Q_{cyU} + Q_{cysph}$$

$$= 286 + 2476 = 2762 \text{ ton}$$

两种贮罐的重量差：

$$Q_{add} = Q_{sph} - Q_{cytotal}$$
$$= 2288 - 2762 = -474 \text{ ton}$$

两种贮罐考虑容器或贮罐制造过程材料利用效率的原材料实际需用量之差：

$$Q_{realadd} = Q_{sph}/U_{coesph} - (Q_{cyU}/U_{coecyribbon} + Q_{cysph}/U_{coesph})$$
$$= 2288/0.7 - (2476/0.95 + 286/0.7)$$
$$= 3268.6 - (2606 + 408.6) = 3268.6 - 3014.6$$
$$= 254 \text{ ton}$$

这表明：如此 20000 m³ 超大型的两种贮罐的重量差仅 474 吨，而制造钢带交错缠绕筒形压力贮罐的较薄钢板和窄薄钢带原材料实际需用量却反而比制造同容积球形压力贮罐所需超宽、超长相当昂贵的 80 mm 特殊厚钢板原材料减少 254 吨，仅这一项就将带来超 25 万美元的技术经济效益。

式中：Q_{cyU}——筒形压力贮罐绕带圆筒壳体重量（2476 吨）；

Q_{cysph}——筒形压力贮罐圆筒两端半球壳体总重量（286 吨）；

Q_{sph}——超大型单层球形压力贮罐重量（2288 吨）；

$U_{coecyribbon}$——筒形压力贮罐绕带圆筒壳体内筒与钢带绕层的材料综合利用率实践表明应可达 0.95（95%）；

U_{coesph}——超大型单层球形压力贮罐，及筒形压力贮罐两端半球形端盖由较宽较长钢板压制成球瓣并作切割成形的材料利用率，实践表明通常仅约为 0.7（70%）。

五、超大型钢带交错缠绕筒形压力贮罐工程设计的基本强度校核

整体屈服内压：　　$P_y = \sigma_y \ln(r_o/r_i)$
　　　　　　　　　　$= 480 \ln(8.576/8.5)$
　　　　　　　　　　$= 4.36 \text{ MPa} \geqslant 1.6 P = 3.2 \text{ MPa}$

极限或爆破内压：　$P_b = \sigma_b \ln(r_o/r_i)$
　　　　　　　　　　$= 630 \ln(8.576/8.5)$
　　　　　　　　　　$= 5.6 \text{ MPa} \geqslant 2.5 P = 5 \text{ MPa}$

表明该大型筒形绕带压力贮罐的环向强度设计完全足够安全可靠。

筒罐轴向强度校核：

$$\sigma_{aU} = P\,r_i^2 / \left[(r_j^2 - r_i^2) + (r_o^2 - r_j^2)\,\eta + (r_o^2 - r_j^2)\,\zeta \right] \leqslant [\sigma]_{a\,\min}$$

$$= 2 \times 850^2 / \left[(851.6^2 - 850^2) + (857.6^2 - 851.6^2)\,0.4 \right.$$

$$\left. + (857.6^2 - 851.6^2)\,0.175 \right]$$

$$= 1445000/8619.3 = 167.65 \ \mathrm{MPa}$$

$$\leqslant [\sigma]_{innershellallowed} = 240 \ \mathrm{MPa}$$

即使不考虑层间必然存在的摩擦力的加强作用：$\sigma_{aU}{}'_1 = 211.8 \ \mathrm{MPa} < 240 \ \mathrm{MPa}$

表明此时其轴向应力水平远低于容器或贮罐的轴向材料许用强度，即：167.65 / 240 = 0.7，尚有约 30% 的强度贮备；即使不考虑绕层两圆柱表面层间的摩擦力加强作用，$\sigma_{aU}{}'_1 = 211.8 \ \mathrm{MPa} < 240 \ \mathrm{MPa}$，211.8/ 240 = 0.88，仍尚有 12% 的强度贮备，且其内筒和各每两层相互扣合绕层的轴向承力作用，各自独立，是一种很好的"纤维束"模型，显然其轴向强度亦足够安全可靠。

式中：P——容器或贮罐的设计内压（本例为 2 MPa）；

R_i——绕带筒形容器或贮罐的设计内半径（8.50 m）；

R_j——绕带筒形容器或贮罐内筒的设计外半径（8.526 m）；

R_0——绕带筒形容器或贮罐绕层的设计外半径（8.586 m）；

σ_{aU}——单 U 槽钢带交错缠绕容器或贮罐的内压作用轴向应力；

η——单 U 槽钢带交错缠绕绕层的有效扣合轴向承力系数；由于每两层相互扣合的钢带只有其中一层可以承担或传递容器轴向力的作用，因而：$\eta = t_r/(t_r + t_n) = 6 /(6+9) = 6 / 15 = 0.4$；

t_r, t_n——分别为某种对称单 U 槽热轧钢带 U 槽处的实际厚度与名义厚度，此例：$t_r = 6 \ \mathrm{mm}$ 和 $t_n = 9 \ \mathrm{mm}$（带宽可取 50～60 mm，对称 U 槽深 3 mm，槽宽为带宽的 1/2）；

ζ——每两层相互扣合轴对称交错缠绕钢带绕层相邻圆柱面间由于容器轴对称形变特性形成的轴向静摩擦力加强的作用系数；因每两层相互扣合形成了相当的一层，故应将其加强作用仅考虑为总绕带层数的 0.5 倍；而绕带层相邻圆柱面间及其与圆直内筒表面之间的静摩擦系数 f 则根据大量热轧钢板与钢带实际接触及层间套合的测定，包括日本和中国的实测均大于 0.62，以及我国工程实际绕带容器的实测结果，在通常工程强度设计中取 $f = 0.35$～0.4，即使钢带层间发生某些水或油的漏入影响仍将是极为安全可靠的。即：

$$\zeta = 0.5 \ f = 0.5 \times 0.35 \sim 0.4 = 0.175 \sim 0.2$$

本例偏于安全取=0.175。

$[\sigma]_{am}$——容器内筒和 U 槽钢带绕层材料的轴向最小综合许用应力（本例仅取内筒的轴向许用应力 $[\sigma]_{am} = 240 \ MPa$），而通常为：

$$\begin{aligned} &= [\ j\ \sigma_{si}\ \phi_i + (1-j)\ \sigma_{sw}\ \phi_w\ ]\ /\ n \\ \text{或} \quad &= [\ j\ \sigma_{ui}\ \phi_i + (1-j)\ \sigma_{uw}\ \phi_w\ ]\ /\ N \end{aligned} \qquad \text{两者中取小值}$$

式中：j——薄内筒相对于容器设计总厚要求的壁厚比，通常对大型贮罐取值为：0.20～0.35；本例为 0.21；

ϕ_I, ϕ_w——内筒与绕层焊缝系数，通常均取为 1；

σ_{si}，σ_{sw}，σ_{ui}，σ_{uw}——分别为内筒、外筒和钢带绕层的屈服与极限强度；

n——容器屈服强度设计安全系数，通常取≥1.4～1.6，本例取 1.6；

N——容器极限强度设计安全系数，通常取≥2.5～3.0，本例取 2.5。

此外，当贮罐内压并未升起时，即便由内筒承担（其相互扣合的绕层的一半亦可承担筒罐上部的轴向重量作用）筒形贮罐的重量所引起的最大轴向压缩应力仅约为：

$$\sigma_P = Q_{cy}/F_{inner\ shell} = 2672000\ /\ (\pi \times 1700.16 \times 1.6) = 312.7 \ kg/cm^2$$

表明该高大筒形贮罐内筒因贮罐重量而引起的轴向附加压缩应力很小，工程上完全允许和十分可靠。

总之，本文上述超大型钢带交错缠绕压力贮罐的环向和轴向工程设计强度均优良可靠，并在设计内压工作条件下具有特殊的"抑爆抗爆"和 安全可靠的"可监控"等"多功能复合壳"特性。

六、制造成本降低可 30％～40％ 的基本原因分析

和大型单层厚壁压力贮罐相比，大型钢带交错缠绕筒形压力贮罐的制造成本将可降低 30％～40％，其主要原因如下：

（1）6×50 mm 窄薄截面钢带的轧制，由于轧机得到极大缩小和简化；材料成分相同的正常供应情况下其成本将比超大型单层球形压力贮罐要求既宽又长厚达 100 mm 的原材料成本降低 40％；

（2）将要求既宽又长厚达 80 mm 或更厚的钢板模型压制成大型球瓣并切出必要的焊接坡口，其成本和压制较薄的筒形绕带贮罐两端双层半球端盖球瓣

与只需缠绕而无需其他额外成形要求的窄薄截面钢带的成本提高约 40%；

（3）现场组装和焊接内径 17 m、厚约 16 mm、总高约 100 m 的筒形贮罐的通常筒形内筒及在其内筒外部用简单装备和工具缠绕 8 层钢带，其高度虽较高，然其组装、焊接、检测、打磨与局部热处理及缠绕钢带等过程则相对反而得到较大简化，因而和在贮罐使用现场组装、焊接、检测、打磨与整体热处理内径 34 m、厚 80 mm 甚至更厚的超大型单层厚壁压力球罐相比，通常其生产周期将可缩短约 50% 左右，制造成本将可降低 30% 以上；

（4）钢带交错缠绕筒形压力贮罐的焊接、检测等工作量将相对可减少约 70%，能耗也将可节减约 70%；

（5）筒型压力贮罐的占地面积相对于相同容积球型压力贮罐可降低约 70%；由此所节减的经费投入将足可补偿筒形贮罐组件需较高塔吊起吊及其钢带缠绕需附设简单装置的经费需要，尤其当其在城区或附近地区建造使用时。

七、三种超大型压力贮罐制造成本的粗略对比估算

（1）钢带交错缠绕筒形并带两端半球封盖大型压力贮罐的制造成本：

$$Q_{cyU} \times 2.2\, C_{sr} + Q_{cysph} \times 3.0\, C_{sp}$$
$$= 2476 \times 2.2 \times 600 + 286 \times 3.0 \times 650$$
$$= 3268320 + 557700 = 3826020 = 3.83 \quad （百万美元）$$

式中：

Q_{cyU}——钢带交错缠绕承压筒壳的重量；

Q_{cysph}——两端双层半球封盖的重量；

C_{sr}——钢带与较薄钢板（正常供应状态下的）综合价格 $\approx$ 600 美元；

C_{sp}——16 mm 厚钢板（正常供应状态下的）价格 $\approx$ 650 美元；

2.2——较薄内筒和钢带交错缠绕复合筒体相对于原材料成本（偏于保守考虑）的倍数；

3.0——较薄钢板制成双层半球封盖相对于原材料成本（偏于保守考虑）。

（2）压制球瓣现场组焊超大型球形压力贮罐的制造成本：

$$Q_{sph} \times 2.6 C_{sp} = 2288 \times 2.6 \times 1000 = 5948800 = 6.0 \quad （百万美元）$$

式中：Q_{sph}——球形贮罐的重量（2288 吨）；

C_{sr}——80 mm 厚钢板价格 $\approx$ 1000（美元）；

2.6——考虑厚钢板球瓣压制成型和现场组装、焊接、检测与热处理等特

殊困难,其制造成本相对于原材料成本的倍数偏于低估取为 原材料成本的 2.6 倍(低于绕带筒体制造球形封头时的 3.0 倍)。

(3) 特厚(80 mm)钢板弯卷焊接厚筒大型压力贮罐(两端半球封盖厚 40 mm)的制造成本:

$$Q_{cy} \times 2.4\, C_{sp} + Q_{cysph} \times 3.0 \times C_{sp}$$

$$= 2476 \times 2.4 \times 1000 + 286 \times 3 \times 700$$

$$= 5942400 + 600600 = 6543000 = 6.54 \quad (百万美元)$$

式中:

$Q_{cySin\text{-}L}$——单层厚筒大型压力贮罐的重量 (2476 吨);

$Q_{cysphSin\text{-}L}$——两端部单层球盖(厚 40 mm)的重量 (286 吨);

C_{sr}——80 mm 厚钢板的价格 ≈ 1000 美元;

C_{sp}——40 mm 厚钢板的价格 ≈ 700 美元;

3.0——单层半球封盖的制造成本相对于厚 40 mm 钢板原材料成本的倍数,考虑其制造相对不算难,偏安全取与绕带贮罐球形封头的制造基本相同的 3.0 倍;

2.4——单层厚筒大型压力贮罐的制造成本相对于厚超 80mm 钢板原材料成本的倍数,考虑其制造技术相当困难,偏安全考虑取为 2.4倍。

(通常其制造成本比相同容积球形压力球罐的制造成本当然更高。这就是国际上大型压力贮罐为何多采用球形结构壳壁构造技术的基本重要原因)。

显然,该超大型钢带交错缠绕中低压力贮罐的制造成本最低,约为 3.83 百万美元,若再加上抗氢等介质腐蚀报警与在线安全状态自动监控系统,其制造成本也将不超过 4 百万美元;和单层厚筒壳壁两端带半球封盖的贮罐的制造成本相比可降低约 41%;和单层厚壁球型压力贮罐的制造成本相比可降低约 36%。后两种大型单层厚壁压力贮罐,不仅需要约 80 mm 轧制、弯卷或球瓣热压困难的特殊厚钢板,厚壳的组装、焊接、检测、加工及热处理等制造技术相当困难,成本高昂,而且难以实现在线腐蚀与安全状态计算机集中自动报警监控管理。

八、钢带交错缠绕筒形压力贮罐的发展优势

通过上述超大型和小型压力贮罐的基本结构和强度设计分析对比,具"多

功能复合壳"特性的钢带交错缠绕筒形压力贮罐相对于单层球型压力贮罐,尤其各种大型压力贮罐,明显具有以下主要突出优点:

(1)绕带筒形压力贮罐的工程强度,包括其环向、轴向静压强度,和断裂与疲劳强度及刚度等都足够安全可靠;

(2)绕带筒罐壳壁为多层结构,任何缺陷和裂纹均能被壳壁结构自然分散,通常都很小很少;

(3)钢带绕层及外层具有非常有效的自然"抑爆抗爆"作用,在设计内压条件下贮罐"只漏不爆";

(4)贮罐因腐蚀发生介质泄漏,其外保护壳能自动收集泄漏介质,可避免各种二次灾难性后果;

(5)贮罐在线安全状态可实施经济、可靠的计算机集中自动报警监控,其在役安全检测和维护成本将可降低50%以上,这对单层球罐和筒罐都很难;

(6)贮罐制造过程的焊接、检测及热处理等工作量可减免约70%;因而能耗亦可降低约70%;

(7)绕带多层筒形贮罐的占地面积可缩小约70%,尤其对城市能源供应站的建造十分有利;

(8)绕带筒形贮罐的制造成本将可比球型贮罐降低30%以上;

(9)绕带筒罐的内外用材可按需设计改变,必要时内筒或外层可用适当的不锈钢制造,最外保护层也可采用玻璃纤维材料;

(10)绕带筒罐可在工厂车间(卧式)及工地现场(立式)制造;各种材料,各种大小、长短和高、中、低压压力贮罐均适用,且根本改变了它们的安全保障特性。

显然,这种钢带交错缠绕筒形压力贮罐,将以其特有的突出的安全和经济特性,相比国际上现有安全性和经济性均并不理想的著名球型压力贮罐,在世界未来的工程应用中应更具科学发展的优势。

A Basic Engineering Design Example of Extra-Large Lower Pressure Steel Ribbon cross-helically Wound Storage Tank

(It is with Internal Capacity of 20000m³ and Safety on-line Automatic Monitoring Device)

(Comparison results are the same basically even if design parameters and prices of all usedmaterials changing others)

Large and extra-large storage tanks are very useful and important for storage various liquid or gaseous chemical media under lower internal pressure in the world. A unique kind of large and extra-large capacity and lower internal pressure storage tanks manufactured by single U grooved steel ribbon cross-helically wound technology invented by the author has been introduced in this paper. This kind of U steel ribbon cross-helically wound unique storage tank is with an important special "Multiple Functional Composite Shell" Natures, so having serial outstanding advantages for future development in the world.

A special extra-large storage tank example made by single U grooved steel ribbon cross-helically wound with internal design pressure of 2 MPa and internal capacity of 20000m³ have been designed and compared basically. Its main results have been introduced in this paper. It is shown mainly that, the fabrication cost and safeguard cost of the U steel ribbon cross-helically wound storage tank is the lowest, will be reduced over $30\% \sim 50\%$ compared to the normal single layer large spherical or cylindrical storage tanks, and its shell is burst resistance, and the safety on-line automatic monitoring would be realized economically and reliably etc.

Obviously, the unique U grooved steel ribbon cross-helically wound lower internal pressure storage tank technology with "Multiple Functional Composite Shell" special Natures will be used widely and reasonably for instead of various large or extra-large capacity single layer spherical or cylindrical storage tanks in the world in future.

1. Basic Design and Structural Parameters of the extra-large storage tank with internal design pressure of 2 MPa and internal capacity of 20000 m³:

Internal design pressure （design $T \leqslant 100$ ℃, operating media is no corrosive nature）：

Internal design pressure （design $T \leqslant 100$ ℃, operating media is no corrosive nature）：

$$P = 2 \text{ MPa}$$

Internal diameter of Spherical tank： $d_{\text{isph.}} = 34$ m

（Internal capacity： $C_{\text{sph}} = \pi d_{\text{isph}}^3 / 6 = 20579.6 \text{ m}^3 \geqslant 20000 \text{ m}^3$）；

Internal diameter of U steel ribbon cross-helically wound storage tank：

$$d_{\text{icy}} = 17 \text{ m}$$

$$C_{\text{cy}} = (\pi d_{\text{icy}}^2 / 4) \times L_i + \pi d_{\text{icy}}^3 / 6 = 17591 + 2572.5 = 200163 \text{ m}^3 \geqslant 20000 \text{ m}^3）$$

（Including the internal capacity of a ribbon wound cylinder with $d_{\text{icy}} = 17$ m and $L_i = 77.5$m and two end hemispherical covers）

Allowed design strength or stressmade by a proper higher strength vessel steel, such as a higher strength pressure vessel steel -14MnMoVg：

When $t \approx 80$mm and $T \leqslant 100$ ℃ for extra-large spherical storage tankmade by large spherical pieces at site：

$\sigma_y \geqslant 420$ MPa, $\sigma_b \geqslant 560$ MPa, taken design factor $N \geqslant 2.5$,

$$[\sigma]_{\text{sph}} = 560/2.5 = 224 \text{ MPa}$$

When $t \approx 20$mm and $T \leqslant 100$ ℃ for double layered two end hemispherical covers：

$\sigma_y \geqslant 470$ MPa, $\sigma_b \geqslant 600$ MPa, $[\sigma]_{\text{cyrw}} = 600/2.5 = 240$ MPa

When $t \approx 6 \sim 8$mm and $T \leqslant 100$ ℃ for cylindrical ribbon wound shell at site：

$\sigma_y \geqslant 490$MPa, $\sigma_b \geqslant 630$MPa, $[\sigma]_{\text{cyrw}} = 630/2.5 = 252$ MPa

★ （In fact, the actual strength of thin steel plates with thickness of $8 \sim 10$mm, especially for narrow and thin steel ribbons with section of 6×50 mm is at least 15% higher normally than that of thick steel plates with thickness of 80mm or more using for extra-large spherical storage tank）

2. Basic Thickness and Weight of Spherical Pressure Storage Tank and Steel Ribbon Wound Composite Cylindrical Storage Tank with Two End Hemispherical Covers:

The thickness of large spherical shell:

$$t_{sph} = Pd_{isph} / \{4 [\sigma]\phi_{sph} - P\} + C_{add}$$
$$= 2 \times 3400 / (4 \times 224 \times 1 - 2) + 0.4$$
$$= 7.6 + 0.4 = 8 \text{ cm} = 80 \text{ mm}$$

The weight of large spherical tank:

$$Q_{sph} = 4 \pi R^2 t_{sph} \gamma$$
$$= 4 \times 3.1416 \times 17.08^2 \times 0.08 \times 7.8$$
$$= 2288 \text{ ton}$$

Meanwhile:

The thickness of two end hemispherical double layered covers of ribbon wound cylindrical tank:

$$t_{cysph} = Pd_{icysph} / \{4 [\sigma]\phi_{sph} - P\} + C_{add}$$
$$= 2 \times 1700 / (4 \times 240 \times 1 - 2) + 0.4$$
$$= 3.55 + 0.4 \text{ cm} = 4. \text{ cm} < 20 + 20 \text{ mm}$$

The weight of two end hemispherical double layered covers:

$$Q_{cyendsph} = 4 \pi R^2 t_{cysph} \gamma$$
$$= 4 \times 3.1416 \times 8.54^2 \times 0.04 \times 7.8$$
$$= 286 \text{ ton}$$

From: $Q_{cyendsph} / Q_{sph} = 286 / 2288 = 0.125 \leqslant 12.5 \%$

This is shown that the two end hemispherical covers of the ribbon wound cylindrical tank, its internal diameter was changed from 34m to 17m, its spherical shell thickness was also changed from 80mm to 40mm, its weight has changed from 2288 ton to 286 ton, is only 12.5% of that of the spherical tank with internal of 34m and shell thickness of 80mm. Based on the fabrication cost is relation with the weight of the spherical tank usually, so its manufacture cost is also only about 12.5% of that of the spherical tank. This is a big change in fabrication technology!

3. Basic Thickness and Weight of Steel Ribbon Wound Extra-large Cylindrical Lower Pressure Storage Tank with Internal Diameter of 17m and length of 77.5m:

Design thickness of cylindrical composite shell:

$$t_{cy} = Pd_i / \{2[\sigma]\phi_{cy} - P\} + C$$
$$= 2 \times 1700 / (2 \times 252 \times 1 - 2) + 0.4$$
$$= 6.8 + 0.4 = 7.2 \text{ cm} = 72 \leqslant 76 \text{ mm}$$
$$= t_i + t_{wU}$$
$$= (2 \times 8) + [4 \times (t_r + t_n)]$$
$$= (2 \times 8) + 4 \times (6 + 9) = 16 + 60 = 76 \text{ mm}$$

The proportion of the thin inner shell to whole shell thickness:

$t_i / t_{cy} = 16 / 76 = 0.21 = 21\%$. This is reasonable.

The weight of cylindrical composite shell of the extra-large pressure tank:

$$Q_{cyU} = 2 \pi R_a t_{cyreal} L \gamma$$
$$= 2 \times 3.1416 \times 8.576 \times 0.076 \times 77.5 \times 7.8$$
$$= 2476 \text{ ton}$$

Whole weight of the steel ribbon wound composite cylindrical tank:

$$Q_{cytotal} = Q_{cyU} + Q_{cysph}$$
$$= 286 + 2476 = 2762 \text{ ton}$$

The weight difference of the two kinds of tank:

$$Q_{add} = Q_{sph} - Q_{cytotal}$$
$$= 2288 - 2762 = -474 \text{ ton}$$

The actual raw material weight difference needed for the two kinds of tank based on the consideration of utilizing efficiency of raw material used during manufacturing process:

$$Q_{realadd} = Q_{sph} / U_{coesph} - (Q_{cyU} / U_{coecyribbon} + Q_{cysph} / U_{coesph})$$
$$= 2288 / 0.7 - (2476 / 0.95 + 286/0.7)$$
$$= 3268.6 - (2606 + 408.6) = 3268.6 - 3014.6$$
$$= 254 \text{ ton}$$

It shows that the raw material formanufacture of the steel ribbon wound storage tank has been reduced at least 254 ton compared to the original thicker spherical storage tank.

It is also shown that the weight difference for these two sorts with internal capacity of 20000m³ is —474 ton，however，the special thicker and expensive raw material with thickness of 80mm（steel plates）will be reduced over 254 ton，which is about 250000 US dollars.

Where：Q_{cyU}——the weight of cylindrical ribbon wound composite shell（2762 ton）

Q_{cysph}——the weight of two end hemispherical covers（286 ton）

Q_{sph}——the weight of special thick single layer spherical tank（2288 ton）

$U_{coecyribbon}$——thematerial average utilized efficiency of normal cylindrical and steel ribbon cross-helically wound shell，it is over 0.95 usually；

U_{coesph}——thematerial real utilized efficiency including the special thick single layer spherical tank and two end hemispherical covers，it is about 0.7 usually.

4. Basic Strength Examination of the U Grooved Steel Ribbon cross-helically Wound Extra-Large Storage Tank：

Yield internal pressure：

$$P_y = \sigma_y \ln (r_o / r_i)$$
$$= 480 \ln (8.576 / 8.5)$$
$$= 4.36 \text{ MPa}$$
$$\geqslant 1.6 \, P = 3.2 \text{ MPa}$$

Ultimate or Burst internal pressure：

$$P_b = \sigma_b \ln (r_o / r_i)$$
$$= 630 \ln (8.576 / 8.5)$$
$$= 5.6 \text{ MPa} \geqslant 2.5p = 5 \text{ MPa；}$$

The above calculation amounts based on the Special strength theory are the lowest one in theory，and the real strength amounts of pressure vessels or storage tanks usually are higher than these calculation amounts. Now，they all have met the requirements of normal engineering design of pressure vessels and storage tanks based upon the design safety factor of 2.5. It shows that the design strength of the ribbon wound composite tank in circumferential direction is excellent and reliable.

The examination of axial strength of the ribbon wound composite tank:

$$\sigma_{aU} = P\,r_i^2 / \left[(r_j^2 - r_i^2) + (r_o^2 - r_j^2)\,\eta + (r_o^2 - r_j^2)\,\zeta \right] \leqslant [\,\sigma\,]_{a\min}.$$

$$= 2 \times 850^2 / \left[(851.6^2 - 850^2) + (857.6^2 - 851.6^2)\,0.4 \right.$$

$$\left. + (857.6^2 - 851.6^2)\,0.175 \right]$$

$$= 1445000/8619.3 = 167.65\text{MPa} \leqslant [\sigma]_{\text{innershellallowed}} = 240\ \text{MPa}.$$

(Even if without the friction reinforcing effect, the $\sigma_{aU}{'}_1 = 211.8\text{MPa} < 240$ MPa);

It is shown that the axial stress of this example of steel ribbon wound composite tank with internal capacity of 20000m^3 and internal design pressure of 2MPa is so lower than that of allowed stress or strength of the composite tank, namely: $167.65 / 240 = 0.7$, that means it is just be used about 70% of the material in axial direction of tank or vessel. Even if without the friction effect between layers, namely: $\sigma_{aU}{'}_1 = 211.8\text{MPa} < 240\text{MPa}$, $211.8/240 = 0.88$, that means it is also just used about 88% of the strength of material in axial direction. Meanwhile, the strength or bearing effect of thin inner shell and steel ribbon cross-helically wound layers each pair interlocked each other for subjecting internal design pressure in axial direction is independent each other, which is also a real "filament bindmodel" for subjecting the internal pressure of tank or vessel. So, the axial strength of this ribbon wound cylindrical composite tank is also very excellent and reliable.

Where:

σ_{aU}——The axial stress of Single U grooved steel ribbon cross-helically wound tanks;

η——$= t_r/(t_r + t_n) = 6/(6+9) = 0.4$

——(Interlocked coefficient, it enforces the axial direction of vessel by interlocked each pairs of steel ribbon wound layers; each pair just has one can subjected or transfer the action of the axial force, so it is just $t_r/(t_r + t_n)$, no use $2\,t_r/(t_r + t_n)$; t_r, t_n-real and name thickness of a certain hot rolled single U grooved steel ribbons respectively, Here $t_r = 6$mm and $t_n = 9$mm);

ζ——$= 0.5\,f = 0.5 \times 0.35 \sim 0.4 = 0.175 \sim 0.2$

——（Friction enforcing coefficient in axial direction of vessel by the static friction action between each two steel ribbon wound interlocked pairs；

So，the front of friction coefficient f need by 0. 5，and the f just taken 0. 35～0. 4 as a very safe consideration including the contact status and the certain change of its f，such as with the certain water or certain oil etc. ，while the real f between hot rolled steel plates or steel ribbons is bigger than 0. 6 by many real measurement tests，including the inter-layers natures and hot shrink-fitted-welded high pressure vessel testsmade in China and Japan. Here has just taken 0. 175 in calculation）

So，the engineering strength design example in the circumferential and axial direction above super high pressure hydrogen storage tank is very excellent and reliable with the great special natures of burst arrested and resisted under design or operating internal pressure and so on. These are the "Multiple Functional Composite Shell" Natures.

5. Basic Structural Method (Figure 1)

An extra-large cylindrical U grooved steel ribbon cross-helically wound lower internal pressure storage tank with internal diameter of 17 m and internal tangent length of 77. 5 m has made by using a double or multi-layered structural inner shell with thickness about 21% of total composite shell thickness and its two ends are connected respectively to double layered hemi-spherical covers which is formed or composite welded by a special proper steel frame model on the grand and using certain proper internal higher pressure expansive handling forming technology，and then the single U grooved steel ribbons cross-helically wound interlocked each pair（Total is 4 pair or 8 layers）onto the cylindrical inner shell under normal room temperature with a rather lower pretension using a simpler steel ribbon winding equipment in vertical state of inner shell at using site supported vertically by normal steel structural base and on a large proper designed concrete base. Pass certain test examination for the ribbon wound tank which is decided by relative National Code. This unique extra-large storage tank can be used a special system for safety (and anti-corrosion of hydrogen etc. media if it is needed) on-line automatic monitoring detecting system in economically and reliably for more safety in operating process. The total highness of the cylindrical tank is about 100 m. The proportion of $L_{cy}/d_{cy} = 77.5 / 17 \leqslant 4.6$ and $L/ d_{cy} = 100/17 = 5.88 < 10$. This proportion of the length to diameter of the tank or vessel installed vertically is less than 10, this is normal completely and very safety in engineering practice. As a basic engineering design comparative example, the general single layer structural extra-large spherical storage tank with thickness of 80 mm and with internal diameter of 34 m, its total highness is about 40 m, and is also supported by certain general steel structural columns base and on a large

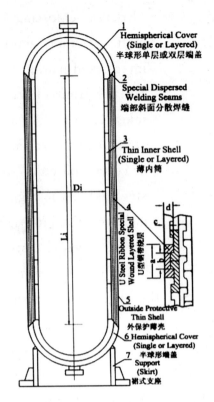

Figure 1   Structural Principle of Flat Steel Ribbon Special Wound Large Low Pressure Storage Tanks

图 1   U 型绕带中,低压压力储罐结构原理

concrete base, which is very difficult for using the safety (and anti-corrosion of hydrogen etc. media if it is needed) on-line automatic monitoring detecting system in economically and reliably.

6. The basic reasons for the manufacture cost of the U ribbon wound tank with composite shell can be reduced over 30% compared to general single layer large spherical storage tank

The manufacture cost of this unique large single U grooved steel ribbon wound storage tank shall with composite shell be reduced over 30% compared to that of general thick single layer storage tanks due to the following reasons mainly:

1) Cost of raw material will be reduced over 40%, because the steel ribbons with narrow and thin section of $(4 \sim 6) \times (20 \sim 32)$ mm are very easy for hot

rolling and handling, its rolling equipment are very small. Its hot rolling cost will be reduced over 40% compared to the special thick steel plates with thickness over 80 mm;

2) The working cost for forming of the larger spherical pieces with thickness over 80 mm with internal diameter of 34 m including their spherical press and cut forming of the spherical petal pieces will be reduced over 30% ~ 50% usually compared to the cost for forming of the two end thinner and smaller spherical petal pieces with thickness of 20 (or total 40) mm which weight amount is only about 12.5% of the original large spherical tank;

3) The welding and inspection cost of the steel ribbon wound composite cylindrical tank or vessel will be reduced over 70% ~ 80% (which is without any special deep weld seams in whole body of tank or vessel) compared to other sorts of tank, such as for connection of larger cylindrical or spherical petal pieces with thickness over 80 mm using welded seams in circumferential and longitudinal direction; So, the electric energy will be reduced over 70% ~ 80%;

4) The utilized efficiency of the narrow and thin section steel ribbons can be increased over 25% compared to that of the spherical or cylindrical thick-walled tank;

5) The machining and heat treatment cost, including the winding of ribbons and two end hemispherical covers for construction of a steel ribbon cross-helically wound onto a thin inner shell composite cylindrical tanks or vessels with two end hemispherical covers will be reduced over 20% ~ 40% usually compared to the larger thicker spherical tanks or vessels, especially compared to the larger thicker single layer cylindrical tanks or vessels formed by thick steel plate rolled-welded or thick cylindrical segments forged-welded technology.

6) The production efficiency of the ribbon wound tank or vessel will increase over 2 times compared to general single layer spherical storage tank and the production period of this unique steel ribbon wound cylindrical composite tank is the shortest or will be reduced 80%.

7. Basic Fabrication Cost Estimation Comparison

1) Fabrication cost estimation of steel ribbon wound composite tank with two end hemispherical double layered covers:

$$Q_{cyU} \times 2.2\ C_{sr} + Q_{cysph} \times 3.0\ C_{sp} = 2476 \times 2.2 \times 600 + 286 \times 3.0 \times 650$$
$$= 3268320 + 557700 = 3826020 = 3.83 \text{million USdollas}$$

Where:

Q_{cyU}——The weight of ribbon wound cylindrical shell;

Q_{cysph}——The weight of two end hemispherical covers;

C_{sr}——The basic compound price or cost of thin steel plates and ribbons supplied under normal condition, ≈ 600 USd;

C_{sp}——The basic cost or price of thinner steel plates with 20mm thickness, ≈ 650 Usd;

2.2——The times for the fabrication cost of ribbon wound composite shell compared to its compound cost of raw material formore safety;

3.0——The times for the fabrication of double layered hemispherical covers compared to its compound cost of raw material formore safety.

2) Fabrication cost estimation of special extra-large spherical storage tank

$$Q_{sph} \times 2.6 C_{sp} = 2288 \times 2.6 \times 1000 = 5948800 \approx 6.0 \text{million USd}$$

Where:

C_{sr}——The basic price or cost of thick steel plates, thickness of 80mm, 1000 USd;

2.6——The times for the extra-large thick spherical tank with thickness of 80mm and internal diameter of 34m compared to its basic cost of raw material in a consideration for the special difficulty of the press of spherical petal pieces, installation, weld, inspection and heat treatment etc. Take it 2.6 times.

(3) Fabrication cost estimation of single layer or multi-layer cylindrical tank with two end hemispherical double layered covers

$$Q_{cy} \times 2.4\ C_{sp} + Q_{cysph} \times 3.0 \times C_{sp} = 2476 \times 2.4 \times 1000 + 286 \times 3 \times 700$$
$$= 5942400 + 600600 = 6543000 = 6.54 \text{ million USd}$$

Where:

Q_{cy}——The weight of single ormulti-layer general cylindrical shell,

2476 ton;

Q_{cysph}——The weight of two single layer general hemispherical covers, 286 ton;

C_{sr}——The basic price of thinner steel plates with thickness of 40mm＝700 USd;

C_{sp}——The basic price of thick steel plates with thickness over 76mm＝1000 Usd;

2. 4——The times for the single layer ormulti-layer cylindrical shell with thickness over 76mm compared to its basic cost of raw material in a consideration for the special difficult of the rolling of thick cylindrical steel plates, weld, installation, inspection, machining and heat treatment etc. Taken it just is 2. 4 times.

Obviously, the fabrication cost of steel ribbon cross-helically wound extra-large lower pressure storage tank is the lowest, only about 3. 83 million US dollars (if added the special system of the anti-corrosion for hydrogen and safety on-line automatic monitoring device, its fabrication cost is also not exceeded 4. 0 million US dollars) Compared to the general extra-large thick-walled single layer or multi-layer cylindrical storage tank with two end hemispherical covers, the cost will be reduced over 41%; Compared to the spherical thick-walled extra-large storage tank, the cost will be reduced over 36%; Even added the safety on-line automatic monitoring system, the cost will be in 4 million US dollars, the manufacture cost of the unique steel ribbon wound extra-large storage tank will also be reduced over 33%. And the extra-large single layer spherical storage tank is very difficult for safety on-line automatic monitoring and alarm in economically and reliably.

8. Main Characteristics

Compared to the existing other structural technologies of pressure tank or vessel, such as the general single layer or multi-layer cylindrical or spherical structural technology, the unique flat or symmetrical single U grooved steel ribbon cross-helically wound composite pressured vessels or/and storage tanks have a series outstanding development advantages as follows mainly:

1) Engineering strength in circumferential and axial direction, including its

fatigue strength and fracture natures of the steel ribbon wound composite shell are reasonable and reliable;

2) Manufacture of the composite shell is very reasonable, the cost of raw material is the lowest, and its quality is the most excellent, almost have not special difficult for manufacture of various industrial size of vessels or tanks, including the internal capacity of $2 \sim 20000$ m^3 and the internal pressure of 0.2 ~ 200 MPa;

3) Defects or cracks hided in the composite shell of the pressure tank or vessel can be dispersed naturally and much smaller by layered shell (without any deep welded seams in whole body of tank or vessel);

4) Sudden fracture burst induced by various cracks propagated seriously hided in shell can be arrested and resisted by outside layer or steel ribbon cross-helically wound layers (including thin inner shell and steel ribbon cross-helically wound layers) effectively and reliably. This tank will only leak, not burst at worst under design internal pressure condition. That is very important, especially for using of large and extra-large pressure vessels or tanks, especially used in city;

5) The leaked media of tank via inside thinner shell can be collected and guided handling properly by the layered composite shell, so the serious burned, explosion, as well toxic accidents induced by the leaked media, like hydrogen and others, would be avoided reasonably and economically;

6) Safety on-line automatic monitoring technique attached on the double layered inner shell or/and the most outside layer can be realized reliably and economically, and that safety state can be repeated examined easily (The safety state of pressured tanks or vessels in whole process system can be controlled automatically by a computer with a proper control system, including the guiding system for leaked media);

7) The structural material of this composite tank can be changed easily based on the special application requirement;

8) The concrete structure of the composite shell can be designed and changed easily, such as for a guiding and detecting system of the permeated hydrogen for avoiding serious problem induced by the hydrogen under elevated

temperature and high pressure;

9) Weld, inspection, machining and heat treatment amount can be reduced over 70% usually and the electric energy during manufacturing process can be reduced over 70%;

10) The land area occurred by this unique cylindrical ribbon wound storage tank can be reduced over 70% compared to that of the general large spherical storage tanks. That is also very important, especially for using of tanks in oil stations in city;

11) The fabrication cost can be reduced over 30%, the production efficiency can be increased over 2 times, the production period can be reduced over 80% and the maintain cost during service can be reduced over 50% usually, as well its using life would be in the longest;

12) The operating process using the various steel ribbon wound composite pressure tanks or vessels can be keep temporarily, if certain steel ribbon wound composite vessel or tank has leaked suddenly. Obviously, it is also important for keeping the normal state for large scale production process.

9. Brief Conclusion

From the above analysis and calculation of the steel ribbon wound composite extra-large pressure vessels and storage tanks with internal design pressure, such 0.2~200 MPa and its internal capacity, such as 2~20000 m^3, not only its manufacture cost will be reduced over 30% and maintenance cost in service can be reduced over 50%, but also its burst resistant or arresting nature and safety on-line automatic alarm and monitoring technique realized reliably and economically, all have appeared a very outstanding development advantage compared to that of the existing other sorts of pressure vessels or storage tanks, such as the single layer thick-walled spherical extra-large or high pressure storage tanks, single layer or multi-layer cylindrical high pressure tank mentioned as above.

So, this unique structural technology of steel ribbon cross-helically wound composite pressure vessels or storage tanks shall a reform technology for instead of the existing other various large and extra-large cylindrical or spherical lower or high pressure vessels and storage tanks widely used in the world.

第八篇　四种重要类型多功能复合壳压力容器创新技术"创造性思维"过程举例简介

这里,以作者师生多年来先后提出具多功能复合壳优异特性的四种重要类型压力容器工程创新科技,即:1. 新型薄内筒钢带交错缠绕大型高压厚壁容器装备;2. 新型双层壳壁螺旋或直缝焊管大型油气长输管道;3. 新型双层壳壁快速包扎焊接中、低压压力容器设备和 4. 新型较薄内筒对称单 U 槽钢带交错缠绕超大型中、低压压力贮罐设备等项目(已含 10 余项中国发明和专门科技)的"创造性思维",来简要介绍这些在国际上相当重要的工程科技领域中面对所存在的相当严重的工程科技问题进行根本变革的"创造性思维"的基本过程,以供审查参考。

一、新型薄内筒钢带交错缠绕大型高压厚壁容器装备

1. 深入了解科技的发展背景与现状

高压合成氨、合成尿素、合成甲醇、汽车和航空燃料石油加氢装置、物品超临界萃取等处理设备、核反应堆压力壳及航天工程液氢液氧火箭发动机地面试验装置等等,都需要一大批承受高压、高温或低温与强腐蚀或强辐射作用的各种高压容器设备。这些高压容器通常都是重型装备,其内径可达 5 m、长度达40 m、壁厚达 400 mm、重量超千吨。百余年来人类创造了多种结构型式与设计制造技术,包括筒节铸造焊接、筒节锻造焊接、筒节厚板弯卷焊接、多层筒节薄板包扎焊接、多层筒节薄板螺旋包扎、多层筒节中厚板热套焊接、多层筒节薄板卷绕焊接、厚内筒扁平钢丝或钢带冷态多层缠绕、薄内筒复杂型槽钢带热态单向多层缠绕、轴向框架薄内筒多层冷态绕丝、薄内筒宽薄钢板多层螺旋缠绕等等,其中,重型筒节锻造焊接和筒节厚板弯卷焊接乃是当今世界广泛用于大型

高压热壁石油加氢装置和大型高压核反应堆压力壳等特别贵重工程装备的主要制造技术。各种结构型式高压容器与锅炉设备的大型制造厂家,虽并不多,然也可见于国内外一些大、中城市与港口码头就近。

2. 明确存在的重大问题与本质原因

制造困难,工效低下,成本高昂,壳壁内可能存在严重制造或腐蚀、疲劳裂纹等缺陷,使用过程中潜在随时可能在设计工况压力下发生壳壁突然断裂爆破的严重危险,而容器设备的在线安全状态自动报警监控技术却又难以实施等,是当今世界设计制造各种高压容器工程装备中所客观存在难以避免的主要问题。究其原因主要是现有高压厚壁压力容器的构造技术并不科学合理,在构造科技上存在"本质"性的严重缺憾。其关键就是当代这些重大承压容器装备的壳壁采用了"单层锻造"或"厚板弯卷"单层厚筒壳壁,即便采用了多层或缠绕等"多层化"的构筑厚筒壳壁的技术,然又被筒节间的"深厚焊缝"或"层间单向扣合缠绕"或"轴向承力框架"等不合理的构造技术所破坏。因而这就要求:1)需要大型厚重锻造筒节、特厚钢板、复杂型槽钢带等特殊的原材料;2)需要昂贵的锻造用超万吨级特大型锻造水压机、特厚钢板弯卷机、大型热处理设备、筒节或全长筒壁的大型机械加工机床、特大型宽薄钢板缠绕装置等特殊制造装备;3)制造过程所采用的重型筒节锻件的锻造、厚钢板高温弯卷、厚筒节间深厚焊缝的焊接与无损检测、大型筒节或筒体内外表面的机械加工、大型厚壁筒体深厚焊缝的焊后热处理等都相当困难或工序繁多反复;4)大厚壳壁和深厚焊缝可能隐藏严重制造与腐蚀、疲劳裂纹等缺陷,或因钢带单向缠绕必会引起内筒受扭和绕层脱扣爆破的危险;5)大厚壳壁和深厚焊缝,缺乏"层间止裂"和"抑爆抗爆"功能,裂纹严重扩展可能引发壳壁突然断裂爆破;6)单层厚壁和带深厚焊缝或静不定受力的筒壳结构无法实施比现有"多通道声发射监控技术"更为安全可靠的新型在线全面安全状态自动监控报警技术等。

3. 反复推敲解决问题的全新科技途径

在深入掌握国际上大型高压容器相关工程科技的现状和存在问题的"本质"原因的基础上,从长远发展战略高度,梳理出其中应当保留的科学合理的和必须剔除的不科学的部分,对大量地面工程应用的钢制高压压力容器设备,得出:1)必须根本避免单层厚壁和厚焊缝与钢带单向扣合缠绕或宽板拉紧缠绕的壳壁构筑工程科技;2)必须采用制造将可得到根本简化的单层或多层组合薄内筒(薄内筒的厚度通常应仅约占容器壳壁总厚的20%左右);3)必须采用轧制简便、材质非常可靠的窄薄截面钢带作主要原材料(约占80%左右);4)必须采用钢带适当合理的预应力交错缠绕技术以静定平衡内筒承力,并优化容器壳壁应力状态;5)应积极采用简易的机械化钢带冷态缠绕装置;6)应积极采用简便可靠的直接以容器内部介质外泄渗漏引起壳壁监察层间气体压力或气体化学成分变化为监控参数的压力容器设备在线安全状态自动监控报警技术。

4. 着力寻求解决问题的核心科技

　　类似上述如此异常优越的高压厚壁容器的设计制造工程科技新途径,人类应已探索了将近百年,因为谁都知道这显然是最为科学合理的。然上述问题显然长期困扰着人类,因为其中最核心的问题:容器的轴向承力强度问题并未由此得到合理解决,因为扁平钢带在圆直内筒外壁通常的连续多层缠绕,只能加强容器环向,而对容器轴向却几乎没有任何加强作用!人类很早就采用过厚内筒绕带或绕丝技术,然由于厚内筒(厚度超过高压厚壁容器总厚的50%)外壁常规缠绕多层扁平钢带或钢丝,其内筒仍然很厚,在其外壁再去缠绕钢带或钢丝,制造着实更为困难,近百年来只得转而采用诸如超万吨级大型水压机、庞大的弯卷厚达400 mm钢板的弯卷装置、大型内筒外壁扣合型槽整体大型精密机械加工机床、厚达400 mm深厚焊缝的焊接与无损检测技术及其焊后退火大型热处理设备等各种可能的显然非常困难的工程制造科技。作者从1959年24岁时开始放弃于1958年在哈尔滨锅炉厂实习时所提创的制造工效很高、成本也将很低、然单层壳壁铸造的质量在结构"本质"上却并不可靠的"大厚高压圆筒电渣连续铸钢新技术",到1964年带学生去南京化学工业公司下厂毕业实习之前,对扁平钢带能否和如何合理解决容器圆筒壳壁轴向承力问题经过约5年时间的反复思考(期间基本都感到实在无望至极!),1964年3月一种突破性的核心科技终于诞生:薄内筒扁平钢带冷态"倾角交错"缠绕技术(缠绕倾角 $\alpha = 18° - 25°$)。由于采用了钢带倾角交错缠绕,理论上容器内筒即使相当薄,其轴向也可得到充分加强,而当采用约占20%总厚的内筒并以25°左右的倾角交错缠绕扁平钢带时,其环向和轴向强度就可基本实现"平衡均等"的优化设计。后来作者和化机75届李荣协、张国成两位高工(后分别为成都市压力容器制造厂总工程师和省化工设计院副院长)在毕业设计环节中一起又提出了另一种工程实施效果将更加优化、每层只需缠绕一根钢带,更适于制造超大型高压容器和超大型低压压力贮罐新的核心科技专门技术(后作者作了进一步优化处理,请参见我们的相关专利和所作的"新型绕带式大型氢气超高压贮罐设备"对比设计分析一文):薄内筒每两层对称单U槽钢带冷态相互扣合交错缠绕新技术。并均可引出诸多重大自主创新科技,如:采用在相对具有较大厚度(如相对容器装备总厚200~300 mm时具有22~

40 mm)的抗高温失稳第一层刚性内筒内壁堆焊约 10 mm 厚的耐腐蚀层或抗辐射层的组合薄内筒(这种薄内筒的总厚仅约 40~60 mm,仍然约为容器装备壳壁总厚的 20%左右,可根本解决内壁堆焊层氢剥离和长期辐照材质变脆等采用厚重壳壁的诸多国际性重大难题),即可构成各种非常安全可靠的"新型绕带式高压热壁石油加氢装置"和"核反应堆压力壳"等特殊高压容器装备。如采用适当比例内部堆焊耐腐蚀或抗辐射堆焊层的抗高温失稳第一层刚性内筒的组合薄内筒,和交错缠绕更为窄薄的扁平钢带或 U 槽钢带,并带有可靠的在线安全状态自动报警监控系统的"新型钢带交错缠绕小型核堆压力壳",将可对航母和大型潜艇等要求非常安全可靠的"小型核动力装置"的设计、制造工程科技开辟新的发展局面。

5. 认真核实所得思路结果的先进性

从理论分析和大量试验结果,以及 7500 多台新型绕带高压容器设备先后长期工程实际应用的效果都表明:新的"薄内筒钢带交错缠绕技术"将开创未来各种(包括大、中、小型等)高压厚壁容器装备设计与制造工程科技的新格局。尽管由于高压容器是一种潜在相当危险的工程应用装备,其创新科技的推广应用当然需非常慎重,在国内外又都有非常强大的传统经验与观念的特殊阻力,然我们从本文上述创新科技所具有的 10 项非常优异的"多功能复合壳"特性(包含现有其他技术所无法相比的非常显著降低制造成本(达 50%)、能耗(达 80%),材质可靠,缺陷少且小,应力状态优化,自然分散缺陷,止裂抗爆,亦可开孔接管,可实现简单可靠的在线安全状态自动报警监控,在役定期安全无损检测简便经济等)和这种新科技经美国机械工程师协会同行专家严格评审终于能以免于在美国再作任何核实试验的极其优惠的条件顺利列入美国锅炉压力容器 ASME BPV 规范的经历来看,都可表明以上评估,从未来长远发展看应是必然的。当然这还与容器装备的客观需求"机遇"有很大关系。而且即便一个国家或一个工厂企业已经拥有现有上述重型锻造、弯卷等各种重大制造装备,并也可以供应特厚钢板和特大筒型锻件等特殊原材料,然其重型锻造、弯卷等制造过程的诸多困难特性,和单层厚筒壳壁缺乏"止裂抗爆"等宝贵的功能特性,并可能突然发生断裂爆破诸多"本质"上的缺点,都无法由此而从根本上得到改变! 这也就是作者始终坚持上述"根本变革"观念的一个重要原因。

二、新型机械化连续化快速成型双层薄壁中、低压容器设备

1. 深入了解科技的发展背景与现状

各种中、低压压力容器设备在热能电厂、核能电厂、化工、石油、食品、制药、轻工、啤酒、制氧、城市煤气、运输槽车、大型船舰,以及其他诸多科技、军工和过程生产工程领域得到广泛应用。所有这些大批各种中、低压压力容器设备,规格大小和用材也各不相同。然有一点则是共同的,那就是现有各种中、低压压力容器的壳壁都是单层结构,就是用各种不同厚度的钢板弯卷焊接制成的。这大批被广泛应用的中、低压容器设备中,有如下几种不同情况:1)设备生产价值重大或为某一生产企业的关键设备;2)内部介质有毒、易燃易爆,容器设备本身危险性大;3)一旦发生断裂破坏事故,引发各种破坏后果严重;4)定期停产安全检测对连续性生产过程损失严重;5)容器设备内部甚至外部进行定期安全无损检测困难;6)容器设备本身使用条件或环境条件恶劣,如腐蚀、辐射严重,或内压或温度为疲劳工况,容易使容器引发各种破坏性事故等。

2. 明确存在的重大问题与本质原因

国内外各种中低压压力容器设备,由于原始制造缺陷,内部、外部介质的化学腐蚀和应力腐蚀,以及使用过程的材质变脆和疲劳作用等原因,在使用过程中发生各种裂纹严重扩展引发断裂爆破等破坏事故的情况,确曾发生,且至今仍然严重威胁着在其应用周围的人类的生存环境。究其"本质"原因,就是因为这些厚度较薄(厚度通常约为 2～40 mm 之间,视容器内径大小、内压与壁温高低,及材料强度与设计要求而定)的容器设备都是单层壳壁,都是由通常的较薄钢板直接弯卷焊接而成。这在制造上的确显得相当简单,然却对其安全可靠使用带来了"本质"上的缺憾:隐蔽在壳壁中的裂纹等各种很难避免的缺陷不能被"自然分散",又缺乏"止裂抗爆"功能,不能实施全面的简单可靠的"在线安全状态自动报警监控",一旦发生裂纹严重扩展,就将引发突然断裂破坏事故,甚至往往引发灾难性的燃烧、爆炸、中毒等更为严重的后果。这种事例国内外不少。人类为防止发生这类灾难性事故发生,从严格设计、选材,严格焊接与检验等诸多制造工序,到严格使用保养和定期停产严格在役安全检测要求等,至今还在继续不断为此付出相当高昂的代价,然一旦疏忽仍然可能还会有损失惨重的不

测事故发生。

3. 反复推敲解决问题的科技途径

实际上从本人 1956 年到南京永利宁厂实习接触各种压力容器设备开始,改革压力容器上述这些不良状况的意识就已产生。经过无数次思想意识上的"自我交锋"之后,特别是较为深入了解了断裂力学和疲劳破坏相关科技现状以后,总感由于影响因素太多,压力容器设备的断裂、疲劳分析的可靠性往往显得不足,于是实施"双层化"壳壁的变革就逐渐占了上风。特别是对处于上述使用价值重大等六种情况下的中、低压压力容器设备(为避免有时相当严重的压力容器设备主要因各种裂纹扩展而引发破坏事故,并实现简便可靠的在线安全状态自动监控报警,对重要的各种中、低压压力容器设备,实施合理的"双层化"变革也是值得的。所以,从长远发展战略考虑,应坚持"双层化"壳壁的变革。

4. 着力寻求解决问题的核心科技

要将通常的中、低压压力容器设备改变为双层壳壁结构,如仍采用工效不高的一般常规制造技术,其效果当然不好,工效低下,成本将大幅提高。经反复对比思考,感到如采用双层螺旋焊管或直缝焊管或快速包扎焊接的机械化连续化制造的技术,先将造好的具原有容器设备壳壁厚度一半的内层并作好必要的质量无损检测后,即以此作为芯筒,再应用机械化、连续化螺旋焊管或直缝焊管或快速包扎焊接的技术加上另一半厚度的外层制成双层壳壁的承压容器设备(必要时也可以采用适当的非金属材料作内层或外层,或双层皆为非金属材料)。这些"双层化"(仅二层!)壳壁的机械化、连续化的制造技术是完全可以实现的。这将可改变国际上中、低压压力容器设备制造技术的现状,使其生产工效与制造成本基本能和现有技术持平,甚至由于可能采用较廉价的用材改变对外层的原有较特别的用材,还可能使用材较为特殊的容器设备的制造成本略有降低,而其安全可靠性则显然发生了根本改变。这里特别应该强调,如连多数重要的中、低压压力容器设备都"双层化"了,不仅每台容器设备的安全可靠性发生了根本改变,而且整个连续生产过程企业的极大部分较为重要的压力容器设备都将可实施"在线安全状态计算机集中自动报警监控",由此亦更将带来显著的直接技术经济效益和环境安全社会效益,这显然是当代大批连续性工业生产过程装备安全监控保障科技的一个重大进步。

5. 认真核实所得思路结果的合理性

以上核心科技和应用效果,从理论分析和实践经验来看,都有足够的根据,而其安全状态在线监控技术方面经工程试验已获得证实。而"双层化"提高安全可靠性的效果,经基本可靠性分析可知,其失效概率将低于极低的 $1\times10^{-8}1/$(台容器·年),且"多层化"壳壁"层间止裂"、"抑爆抗爆"也已经充分实践验证。

三、新型螺旋或直缝焊管双层壳壁大型特殊油、气长输管道

1. 深入了解科技的发展背景与现状

长输管道是当今时代极为合理有效的一种运输设施,为数以亿吨、亿立方米计的各种油、气(包括原油、天然气,及城市供水、供汽管网等)长途乃至短途输送提供了简捷经济的先进科技,尤其数千公里长的跨省、跨国、跨洲的超大规模油、气长输,则更是其他传统常规运输方式所根本无法比拟。所以长输管道已成为当今时代人类社会文明发展不可或缺的一种先进科技。其实,即使应用于如热电和核电及石油化工等大型生产过程工厂企业内部设备与设备之间的联接管道,及现代城市地下供水、供气管网,其大小往往也有相当规模,虽则长度通常并不很长,然其结构合理性和使用安全可靠性,以及能否作出全线在线安全状态自动报警监控又该是何等重要!

2. 明确存在的重大问题与本质原因

上述的这些长输乃至短输管道,和各种压力容器设备一样,在内部压力和长期在有一定腐蚀性介质的共同作用下,都难以避免发生腐蚀、疲劳等裂纹扩展而引发燃烧、爆炸及中毒等严重后果。由于这些管道都是单层壳壁结构,不论是无缝的厚管或薄管,还是螺旋或直缝弯棍成型的有缝焊管,管道本身都缺乏"止裂抗爆"功能,更不会发出任何"安全报警"信息,即使采用了各种相当高昂的"环境风险"及"结构可靠性"等安全评估技术,并加强定期巡回的各种安全无损检测,国内外这类严重破坏事故仍然不少,往往一次破坏的损失就十分惨重。有时管道破裂油品泄漏数以万吨计即便不在荒漠地带也往往无人及时知晓,甚至造成严重环境污染。有时甚至发生人为钻孔等破坏进行偷油,即使很严重,然发生在哪儿?往往也无从得知。至于大型过程工厂企业联接重大装备之间的重要管道,也往往由于各种腐蚀与疲劳等原因而导致管道发生断裂破坏的,也难免可能发生。究其原因,根本就在于这些管道都是单层壳壁结构,缺乏"止裂抗爆"功能,更不会发出任何"安全报警"信息,尽管为确保"安全"付出了相当高昂的安全检测等代价,往往仍然"防不胜防"。

3. 反复推敲解决问题的科技途经

经多年观察思考和反复对比分析,我们得出应采用"双层化"(或"多层化"),使大型管道具有"止裂抗爆"功能,使管道由"死"变"活",全长具有自动报警的"灵性"。即当某处(某段)管壳发生某种较为严重的裂纹开裂而发生渗漏或泄漏,甚或被人为破坏而发生严重喷漏时能通过简单可靠的全长在线安全状态监控系统发出报警监控信息,进而能对管道、尤其大型长输管道实施定期计划巡回安全检测,以根本减轻重要管道、尤其大型长输管道发生严重破坏所带来的重大生命财产损失和长期使用期间定期安全检测所需付出的高昂代价。

4. 着力寻求解决问题的核心科技

经对大型长输管道(通常管道内径可达 1 m 左右,壳壁厚度可达 10 mm 以上),从根本构造原理出发,反复思考如何方能科学合理地构成"双层化"(或"多层化")的大型管道。大家知道,尤其要将大型管道的壳壁改革为"双层化"(或"多层化"),如若仍然采用常规制造技术,不仅技术上很困难,而且必将在相当程度上造成制造成本提高的不合理后果。然而如采用一种壳壁总厚度相同而结构上却为两层半厚的"双层"螺旋焊管或直缝焊管技术,即以经严格质检合格的由约一半厚度的钢板所制成的螺旋焊管或直缝焊管作内层芯管,再在其外面螺旋卷辊焊接或直缝卷辊焊接加上约另一半厚度的螺旋焊管或直缝焊管组成"双层"管节壳壁,情况就可能发生重大变化:管道总厚未变,单位长度管道重量不变,承压强度和原有设计相同,焊接量也基本不变,因仅为"双层化",制造技术并不困难,其制造工作量虽有某些增加,但因每层钢板厚度减半,螺旋卷辊或直缝卷辊时所需作功理论上仅为原所要求的 25%,这就将可使其弯卷成型得到一定程度的改善,而且更重要的是"双层化"后却带来了管道变成"抑爆抗爆",且变"活"了,获得了可自动报警监控的"灵性",可实现简便可靠的在线安全状态自动报警监控和显著降低在役定期安全检测的维护经费等所带来的经济效益,显然这将大大超过因分为两层成型制造、工序略有增加所带来的一定负面经济影响,总体上仍将带来相当显著的技术经济效益(除因可实施简便可靠的在线安全状态自动报警监控将可避免发生突然断裂爆破等破坏事故之外,其在线定期安全检测原本所需的相当可观的安全维护经费就将可降低 50% 以上)。显然这将是未来大型长输管道工程的一个重大科技进步。对较厚壳壁的短途管道,采用适当微型截面的单 U 槽钢带交错缠绕略带柔性的"多层化"管段将不失为一种值得一试的革新方案,同样也具有"多功能复合壳"的诸多优良特性。(必要时也可采用非金属材料作"双层化"管道或容器的材料)。

5. 认真核实所得思路结果的合理性

和"双层化"中、低压压力容器设备一样,以上核心科技和应用效果,从理论分析和实践经验来看,都有足够的根据,而其安全状态在线监控技术方面经工程试验已获得证实。而"双层化"提高安全可靠性的效果,经基本可靠性分析可知,其失效概率也将低于极低的 $1×10^{-8}$ 1/(台容器·年),且"多层化"壳壁"层间止裂"、"抑爆抗爆"也已经多层壳壁结构特性充分实践验证。

四、新型较薄内筒钢带交错缠绕超大型
中、低压贮罐装备

1. 深入了解科技的发展背景与现状

各种石油化工大型生产过程,以及宇航工程、城市燃气供应和海洋开发研究等工程领域中,都需要一批数量可观的中、低压压力贮罐设备,以贮存各种所需的气态或液态物质。如内部容积约为 400 m³ 或更大的液化石油气压力贮罐、600 m³ 或更大的液氢、液氧深冷压力贮罐、2000 m³ 或更大的氧气压力贮罐、8000 m³ 的液氨压力贮罐,和 20000 m³ 或更大的乙烯压力贮罐等。其设计内压范围通常为:0.3~3 MPa,壳壁温度变化范围通常为:-253℃-+100℃,壳壁厚度通常在 20 mm 至 100 mm 范围内变化;在压力相同的情况下,容积越大,内压越高,壳壁厚度越厚。

2. 明确存在的重大问题与本质原因

当代以上这些压力贮罐主要为单层球形壳壁结构,因为理论上通常其重量可比相同容积的筒形压力贮罐减轻约 30%。因而其用材较省(然其既长又宽的特殊板材利用率低于 70%),造价通常可能仅略有降低。然其制造却仍然非常困难,在使用现场大型基础上由吊机将一块一块已由大型模具压制成型价格很高的球瓣钢板组装焊接成球,在此过程中其环带与整球拼装、校形成球、内外壁面挑根焊接与无损检测、角变形矫正成球、焊后整球大型热处理、再次内外壁面无损检测,及整球竣工超压强度试验等都很困难,工期长,制造成本依然极为高昂;特别由于球形壳壁组焊结构影响安全使用的因素较多,内压升起后球瓣原有角变形和球壳整体趋球变形及众多的壳壁贯穿性焊缝的存在等引起的附加应力使壳壁应力状态变得比通常筒形壳壁更为复杂,因而其使用安全可靠性相对于其他压力容器设备显然较为低下;且其在役定期停产内外壁安全无损检测更因球形壳壁而往往十分困难;其在线安全状态至今并无可靠的自动报警监控技术;万一发生裂纹开裂而泄漏即便不发生断裂爆破也将可能引发燃烧、中毒及二次爆炸等严重后果。国内外各种球形压力贮罐因壳壁裂纹扩展引发断裂爆破并造成严重后果的不少。究其原因主要就因为现有这些压力贮罐均为裂纹较易扩展断裂的单层壳壁,不具备"止裂抗爆"功能,难以实施在线安全状态自动报警监控,且更为贮藏易燃、易爆,甚至有毒介质的球形结构。尽管国内外现有各种大型和超大型压力贮罐设备由于为安全使用付出了高昂的代价,然上述这些所存在的设计制造和安全保障工程科技的严重现状,谁都无法否认,且至今都没能给出科学彻底的解脱方案。

3. 反复推敲解决问题的科技途径

经多年反复思考和对压力贮罐单层壳壁因腐蚀与疲劳等裂缝严重扩展引发断裂、疲劳破坏等严重后果的密切关注,对解决当代压力贮罐的上述诸多严重问题形成了如下几点重要思路(和上述其他自主创新科技项目一样,都在给自己出难题!):(1)实施壳壁"多层化"的筒形贮罐总体设计方案,以彻底简化尤其是大型和超大型压力贮罐的工程设计、制造技术;(2)采用较薄内筒和较小直径双层球形端盖,在使用工地现场对直立安装于裙式基座上已通过各种必要的质量检测合格的较薄内筒,实施冷态交错缠绕截面大小适当的钢带;(3)以内部介质发生渗漏或泄漏引起壳壁监控层间气体的化学成分与压力状态发生变化为监控的主要参数,对内筒、绕层和两端端盖实施包括自动收集内层向外泄漏的介质和内筒壳壁安全状态等在内的简单可靠的在线安全状态自动报警监控技术。

4. 着力寻求解决问题的核心科技

综合各种因素,经反复思考得出如下用以根本解决各种压力贮罐,尤其大型和超大型压力贮罐设备上述严重问题的核心科技:"筒形壳壁薄内筒'多层化'现场钢带冷态交错缠绕"。即在使用工地现场裙式加强基础上,直立安装或由一块一块优质钢板拼装焊接而成两端带双层球形封头底盖的单层或双层组合薄内筒(厚度约占贮罐总厚 20%~30%),对其作各种规范要求的局部热处理和严格质量检测合格后,在其外壁应用小型钢带拉紧工具立式冷态每两层交错缠绕(通常只需为数较少的绕层)较小窄薄截面的对称单 U 槽钢带(对小型贮罐也可采用小截面扁平钢带);只对每层钢带两端作焊接、打磨、无损检测和局部热处理,经相应质量检查通过后,再在内筒外壁面包扎或将钢带向内绕成安装在线安全状态监控保护装置的薄壳层等。

5．认真核实所得思路结果的科学合理性(冷静平和心态)

（1）对筒形贮罐筒壳实施薄内筒交错缠绕扁平或单 U 槽钢带，这在理论和实践上应为已有科技，在国内外已有我们的和其他国家相应的成功应用实践经验；（2）将两端封头底盖改为双层结构设计，因贮罐由球形变为筒形其内直径已大为缩小，通常至少可缩小一半以上，如从 34 m 变为 17 m(或 16m)，此时该两端双层封头底盖的总重量仅约占原球形贮罐总重量的 10％～13％左右，其力学强度和工程制造技术都不成问题，这亦是已有技术，即使采用双层化结构，其制造成本对整台球形或筒形贮罐所占影响比例也相当小(小于 12％左右)；（3）因壳壁"多层化"，每层厚度大大减薄，其成型、组焊、检测及热处理(可采用局部热处理)都得到相当简化，焊接量和能源消耗也都显著减少；（4）工地现场在内筒(即便对容积达 20000 m³ 的超大型压力贮罐，内径 17 m，总高也不高于 100 m，长径比小于 6，工程上适当，即使再高些也可允许)外壁立式缠绕较小截面的单 U 槽钢带，也可以实现，每层全长上下只连续冷态缠绕一根钢带(中间可以接长)，钢带截面较小，又有现成的钢带每圈边缘和钢带上的 U 槽做导引，预拉紧力不大，绕带工效很高；（5）对这种"多层化"贮罐实施简单可靠(这非常重要！)的在线安全状态计算机集中自动报警监控技术，将为压力容器和贮罐设备的安全保障科技开辟新天地，且已有工程试验的成功经验；（6）筒形贮罐的占地面积比球形贮罐可减少约 70％，通常有可观的经济意义，这也将至少可抵消因"变革"而难免带来的一些不利情况，特别如对繁华都市在加气站中所应用的超高压氢气贮罐等设备。

总之，这一"变革"，不仅可根本改变当今时代各种压力贮罐的使用安全可靠性，"止裂抗爆"，可实现简单可靠的在线安全状态计算机集中全面自动报警监控，而且其材料利用率和制造工效显著提高，能耗显著节减，制造成本也将可降低约 30％，并可大大简化和减少(不少于 50％左右)在役定期停产安全无损检测所带来的严重经济损失，这在我们的"超大型(容积 20000 m³)压力(设计内压 2 MPa)贮罐的工程设计对比分析"和"400 m³ 小型压力贮罐的设计对比分析"中都作了相当详尽的对比举例分析说明。

作者感到，搞科技发明，并最终要能获得成功，除了要有能够进行创造性思维的"智慧"，或即具有必要的善于多向与深邃的思维能力和判断能力，以及相应必要的科技基础知识之外，还必须要有相应的工作与生活实践经验的积累和勤于思考与不懈坚持的精神，以及如同"天意"般的机遇。这些真"一个都不能少",而且后者往往可能更为重要。没有相应必要的工作与生活实践经验的积累和"天意"般的机遇,再大的科学家通常都不可能在与其几乎毫不相干的科技领域一下子就有重大的"创造发明"。而当其具有善于多向与深邃的思维能力和判断能力,又有相应的工作与生活实践经验的积累和"天意"般的机遇,往往一个原来并不怎么起眼的人物"外行又成了内行",很可能一经努力就打开了一个"新局面"。所以,搞科技发明,并要获得成功,真好似"可遇而不可求"。但说到底,其中,必要的善于多向与深邃的思维能力和判断能力,以及相应必要的科技基础知识与勤于思考坚持不懈的钻研精神,总是最重要的。否则,知识丰富,"机遇天赐",可能的科技成就几乎就摆在面前,然对科技创新方面却似并不起多大"作用",不起"反应",这样往往就可能这个那个都"擦肩而过"、"一事无成"。作者在不少方面的情况也都不例外。

这里必须说,作者的创造性思维都还仅限于钢制压力容器技术范畴,且还基本属于对传统技术锦上添花的创新。虽已发生了脱胎换骨的根本性变革,但还并非"非你莫属"的完全彻底的突破!所以,在中国虽已得到相当规模的推广应用,尽管由于多方面原因通常这确实非常不易,然至今客观上还是未能强有力撼动现有传统技术。没办法,这可能就是发明创造的艰难困苦和奥妙莫测吧?!

第九篇　四种重要类型多功能复合壳钢制压力容器创新技术

（致美国机械工程师协会总部专家领导的科技报告）

一、引　言

在上世纪百年间的世界文明进步发展中,当代国际上最具权威的美国机械工程师协会 ASME BPV Code 所主导的国际著名压力容器设备的壳壁构造工程技术作出了巨大贡献! 其中"单层钢板卷焊或球瓣组焊"、"厚钢板筒节弯卷焊接"、"厚重筒节锻造焊接"、"多层带贯穿焊缝或众多板间纵向与环向焊缝组焊"等技术制造的各种压力容器装备被广泛应用于化工、炼油、制药和核站与宇航工程等诸多物质生产与科技领域。

然而,这种以"单层壳壁"、"大厚截面"、"带贯穿焊缝尤其深厚焊缝"等为主要特征的传统技术并不完全具备科学合理的使用安全可靠性和制造经济性。也可以说确实存在一些令人值得思考的诸多不足问题。主要有:

（1）单层壳壁缺乏自然分散缺陷和止裂抗爆的安全"属性",总是潜在可能引发突然断裂爆破的严重危险;

（2）带有贯穿性焊缝的各种筒形或球形容器设备,不论直径大小和壳壁厚薄,都难以实施经济、可靠的在线安全状态全面自动报警监控和保护;

（3）单层厚筒壳壁由弯卷特厚钢板或厚重筒节锻件制成,必须采用特重大型弯卷或锻压装备,以及多种大型切削加工机床与热处理设备等相当困难的制造技术;

（4）单层壳壁所需的各种贯穿性焊缝,尤其是深厚纵向、环向焊缝,即便采用窄间隙技术,也离不开各种要求相当高的焊接、检测技术。即便可以"一次成型",也不如强韧兼备的"窄薄截面"钢材易于加工处理。

为科学合理地实现制造经济性和使用安全可靠性,钢制压力容器的壳壁构造工程的科技是否科学是最关键的"本质"因素。经四十多年工程实践表明,中国的一种"多功能复合壳"压力容器,采用壳壁构造工程优化创新科技,为解决上述诸多严重问题从构造技术本质上提供了变革方案,使各种重要类型压力容器的壳壁具备简化制造、止裂抗爆、监控保护等诸多重要特性。这必将为世界各种钢制重要压力容器工程装备产业的未来发展,开创一个科学合理的全新局面!

二、钢制压力容器设备壳壁构造工程技术的根本创新

钢制压力容器设备构成密闭空间的壳壁,是承受介质压力强度作用的最基本的构造单元。容器壳壁的静压、疲劳、蠕变等强度不足,发生破裂,压力容器设备便将发生爆破等灾难性事故。显然,赋予壳壁科学合理的构造技术,便从本质上决定了压力容器设备的壳壁具有何等的功能特性。其中起承受介质压力作用的强度功能,始终是压力容器设备壳壁必须具备的最基本的功能。对于只需满足强度功能要求的壳壁,通常的带贯穿焊缝的单层壳壁便可实现。因而直至当今国际上无论容器壳壁厚、薄要求如何,通常总是采用带贯穿焊缝的"单层壳壁"。其厚度,取决于包围空间大小、介质压力高低、温度与腐蚀特性以及所用材质性能等诸多因素。对于钢制"多瓣球罐"或"多节筒形与半球形端盖"等构成的球形或筒形等组合容器的壳壁,其厚度通常都在 $2 \sim 400$ mm 之间变化。各种在 $0.1 \sim 100$ MPa 或更高压力条件下贮存液态与气态物质的压力贮罐、化工反应设备、热壁石油加氢反应装置、核堆压力壳、液氢液氧火箭试验低温高压容器,以及油、气长输管道等地面应用的大批压力容器设备便是典型的钢制压力容器工程装备。

长期以来,国际上钢制压力容器设备主要是参照美国机械工程师协会锅炉压力容器规范(ASME BPV Code)进行设计,制造和运行使用。从人们的主流意识理念,到压力容器的设计规范,不论容器大小、长短、厚薄,对其壳壁应起的功能作用,至今似都基本仍停留在主要就是满足容器壳壁压力、温度和腐蚀性作用条件下最基本的强度功能。反映在主要的壳壁构造科技上,从沿袭人类最初的只满足最基本的强度要求的整体铸造和整体锻造技术开始,先后发明了较为先进的著名的钢板弯卷、冲压或筒节铸钢锻造成筒加工,乃至较薄钢板包扎、热套及薄内筒复杂型槽钢带热态缠绕等技术,但是"单层壳壁"和"贯穿焊缝"几乎始终是当今国际压力容器设备壳壁构造的最基本也是最主要的技术特征。即便像德国先后发明了很有变革意义的整体包扎和复杂型槽绕带厚壁容器,其

壳壁虽似具有优异的安全特性,然却因仍陷于单一的强度功能理念,采用了众多"板间焊缝"或"型槽扣合单向缠绕"等不良的构造技术,并没有从根本上科学解决存在的安全可靠性和制造经济性问题。

百年来,国际压力容器设备和长输管道的大量制造和应用实践已充分表明,这种仅以满足强度设计和使用要求的壳壁,不仅需要特厚钢板或大型筒节锻件等特殊原材料,导致焊接制造与在役检测困难,成本高昂,而且"单层壳壁"或"贯穿焊缝"始终存在各种裂缝失稳扩展而随时可能引发整体突然断裂及化学爆炸等严重危险。同时,由于很难实施经济可靠的在线安全状态自动监控报警,各种安全灾难事故往往就可能发生。

显然,科学合理地构造压力容器设备和大型管道的壳壁,是从根本上变革压力容器设备的安全使用可靠性和制造技术经济性的关键。在满足强度与刚度规范设计功能要求的前提条件下,科学合理地复合构造各种重要容器设备的壳壁,使其本质上就具有"原材料低廉优质"、"焊缝少且不贯穿"、"简化焊接、机械加工、热处理"、"制造高效"、"成本显著降低"、"缺陷自然分散"、"止裂抗爆"、"经济可靠的在线安全状态计算机自动监控报警",以及"在役定期停产安全检测维护简易可靠,成本显著降低"等优异功能特性。这种压力容器设备创新的"壳",我们便称其为"多功能复合壳"。

这在当代压力容器设备工程科技上,显然是开创战略性全新局面的一个重大挑战。自 1964 年以来,浙江大学化工过程机械研究所以本文作者和现所长郑津洋教授为首的一批博士、硕士和本科生等师生们通过多年潜心研究,四种重要类型"多功能复合壳"压力容器壳壁构造工程创新科技已经诞生,并成功进行了工业规模的试验和工程产品的制造。创新技术已在中国推广使用。其技术核心就是采用"较薄钢板和窄薄截面钢带"为压力容器壳壁主要构造材料,以"薄内筒和扁平钢带倾角交错或对称单 U 槽钢带每两层相互扣合交错冷态缠绕",以及"多层(包括双层)、少焊、少机械加工"和"双层螺旋焊管"等创新理念构造压力容器设备的壳壁:

(1) 以较薄钢板,尤其窄薄截面钢带为壳壁主要构成材料,并通过"多层、少焊、少机械加工"的"多层化",可从根本上简化制造技术装备和复杂的制造工艺过程;

(2) 隐藏在多层、少焊容器壳壁的各种裂纹等缺陷,都不可能超出较薄或窄薄截面的边界,缺陷尺寸总是最小、缺陷数量总是最少,且通常不易漏检;

(3) 多层层间具有最为有效的"层间止裂"、"抑爆抗爆"特性(因为前一层壳壁裂纹部位背后的下一层壳壁上,其裂纹当量尺寸 a＝0,按当代任何断裂疲劳与可靠性理论分析,在操作内压作用条件下,其当地有限的作用应力 σ 或应变 ε,绝不可能如同在"单层大厚截面壳壁"或"贯穿焊缝"内因腐蚀、疲劳等原因引发裂纹严重扩展而止裂),可避免发生裂纹贯穿壳壁或焊缝而突然断裂破坏的严重后果。

　　(4)具有多层、少焊的容器壳壁实现了真正的"多层化",理论上其失效概率最低,使用的安全可靠性最高。因为其各层各自"独立",通常不会因其中某层壳壁发生严重裂纹扩展或脆化而导致整体断裂破坏的严重后果。从容器壳壁的断裂失效概率可靠性理论来分析,单层厚重筒节锻焊式核反应堆压力壳,经过非常严格的设计与制造,在理论上其失效概率可达极低量级[1×10^{-7}1/(容器台•年)]。然而,如将重要中、低压容器设备的单层壳壁,改变为合理的"双层复合壳壁"结构,其内外两层的承压能力依然都保持与原单层壳壁的相同。如果不计其层间"止裂抗爆"效果,就按通常单层壳壁断裂失效概率至少可低达[1×10^{-4}1/(容器台•年)]计,其同时发生断裂失效的概率为其内外两层失效概率的乘积,而其大小是两者的指数相加,即至少为:[1×10^{-8}1/(容器台•年)]。如采用薄内筒多层绕带壳壁结构,其整体断裂失效概率在理论上将至少可低达[10^{-10}1/(容器台•年)]。这说明较薄单层壳壁改变为双层壳壁,发生断裂失效的概率核堆压力壳的断裂失效的概率更低！表明:实际上比单层壳壁结构更为结实可靠的"多功能复合壳"的构造工程创新科技,应是各种广大地面工程领域钢制压力容器设备 21 世纪未来长远科学发展的新方向！

　　(5)在外一层壳壁或绕层壳壁有效的"止裂抗爆"条件下,无论是高压容器、大型压力贮罐、长输管道,还是量大面广相当重要的中、低压压力容器设备的"多层化"壳壁,都可实施简便可靠的在线安全状态计算机自动监控报警,创造了"单层化"壳壁难以实现的壳壁构造条件。

三、四种重要类型多功能复合壳钢制压力容器装备

　　浙大化工过程机械研究所以作者师生为首的一批师生,多年来在德国的"较薄内筒双面复杂型槽钢带单向缠绕"等国际上高压厚壁容器先驱工程科技的基础上,研创并成功初步推广应用如下四种重要类型"多功能复合壳"压力容器工程装备:

　　(1)薄内筒扁平钢带倾角交错缠绕高压与超高压容器装备和薄内筒对称单

U槽钢带每两层扣合交错缠绕大型超大型高压与超高压容器装备

➤ 原理示图1： 扁平绕带，主要用以设计、制造各种大、中、小型高压与超高压容器装备

➤ 原理示图2： 单U槽扣合交错缠绕钢带，主要更适用于设计、制造大型和超大型高压与超高压容器装备，其制造工效更高，效果更好。

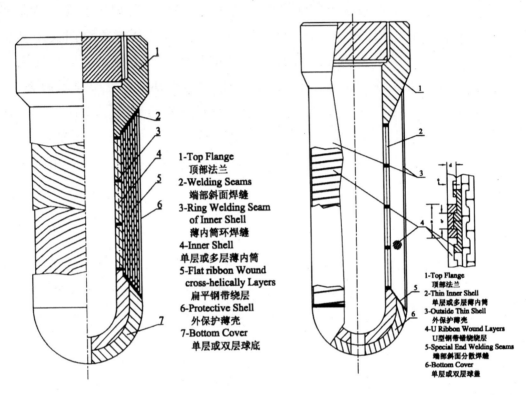

Figure 1 Structural Principle of Flat Steel Ribbon cross-helical Wound High Pressure Vessels

图1 扁平钢带倾角错绕高压容器结构原理

Figure 2 Structural Principle of U Grooved Steel Ptibon cross-helical Wound High Presure Vessels

图2 新型薄内筒U型钢带交错缠绕高压容器结构原理

（2）双层壳壁中、低压重要应用承压容器与贮罐设备

➤ 原理示图3：适用于各种重要中、低压和微型高压容器设备，及各种双层化锅炉和废热锅炉筒壳等的制造，特别适用于中、大型贵重和通常难以检测而破坏后果往往又较为严重的各种中、低压容器与贮罐设备，包括固定和移动的压力槽罐设备

（3）双层螺旋（或直缝）焊管壳壁各种大、中、小型油、气长输管道

➤ 原理示图3：适用于制造各种包括水下小、中、大型油、气输送管道，尤其

大型长输油、气地面管道工程产品

（4）单 U 槽钢带交错缠绕中、低压大型和超大型承压贮罐装置

➤ 原理示图 4：可用以取代目前国际上使用状态相对不够安全可靠而开罐定期安全检测又相当困难的各种中、小类型，尤其大型和超大型单层结构球形及筒形压力贮罐的技术，其内部容积可达 20000 m^3 左右。

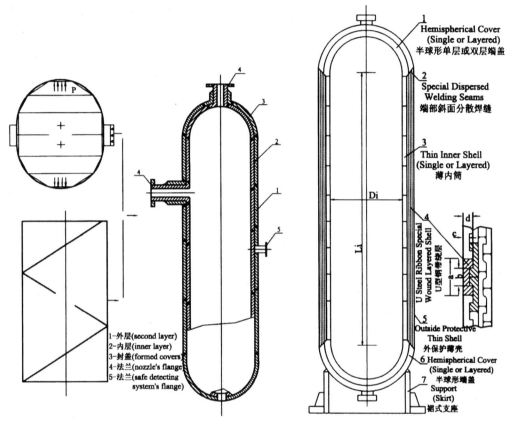

Figure 3　Structural Principle of Total Double Layered Cylindrical Low Pressure Vessels

图 3　双层结构中、低压压力容器设备结构原理

Figure 4　Structural Principle of U Steel Ribbon Special Wound Large Low Pres～Storage Tanks

图 4　U 型绕带中、低压压力储罐结构原理

显然，其所涉及的应用范围和领域将非常宽广。适用于各种氨合成塔，煤加氢液化装置，高压尿素合成塔，高压热壁石油加氢装置，中低压液氨、乙烯等超大型压力贮罐，宇航工程火箭地面试验全不锈钢深冷高压液氢、液氧贮罐装置，以及各种陆地与海洋大中小型油、气长输管道等。通常其内径变化范围为 200～4000 mm（压力贮罐为 1～20 m）、长度为 1～100 m、壳壁厚度为 4～400

mm、重量可达 1000 吨或更重。其"多功能复合壳"壳壁也同样可以开孔接管。它们将可为世界的石油炼制、重型化工、核反应堆、能源电站及油气长输等能源、石油、化工、轻工制药,以及海洋开发等工业生产和宇航工程等科技的发展开创新局面。

四、钢制压力容器设备多功能复合壳壳壁的优异特性

经过中国 40 多年试验研究和工程应用实践表明,四种重要类型应用范围宽阔的"多功能复合壳"压力容器创新科技的"壳壁"具有如下多种优异功能特性:

1. 容器具有优化、合理、可靠的承压强度、刚度和壳壁结构应力状态

容器壳壁必备的最基本功能是壳体结构具有合理的应力分布和足够的静压、疲劳、蠕变等各种强度要求来安全可靠地承受内压、高温、深冷、腐蚀、辐射作用。与锻焊或厚板弯卷焊接的单层厚壳相比,薄内筒钢带交错缠绕和全双层复合壳壁不但具有足够的静压强度、动压强度、疲劳强度、温差应力、径向与轴向刚度,以及其高温蠕变强度,而且其壳壁应力分布平衡、合理,内筒无扭剪力作用。(参见附表)

表 1 新型绕带式高压容器有代表性的极限承载破坏试验压力与理论计算值的比较(均为理想的环向破坏)

试验容器内径(mm)	设计压力(mm)	容器壁厚(mm)	材料与综合强度(MPa)	爆破压力(MPa)				试验爆破压力	爆破方式与误差
				修正中径公式 $P_b=\dfrac{2(S_c+0.9S_w)\cdot(\sigma_s)}{D_1+(S_r+0.9S_w)}$	最大能量理论 $P_b=\dfrac{K^2-1}{\sqrt{3}K^2}\cdot\sigma_c$	Faubcl 式 $P_e=\dfrac{2}{\sqrt{3}}\sigma_r(2\cdot\dfrac{\sigma_r}{\sigma_b})\times\ln k$	本发明者公式 $P_b=\dfrac{r_t^3-r_1^2}{\sqrt{3}r_t^2}\sigma_{ub}+\dfrac{2}{\sqrt{3}}\sigma_{ub}\cdot\cos^2\alpha\times\ln\dfrac{\tau_\theta}{r_t}$		
Ø500	31.4	$S_c=13$ $S_w=56$ $S=75$ $\alpha=30°$	20g A₁F $(\sigma_r)=235.3$ $(\sigma_b)=397.1$	95.5 $(\sigma_s)=397.1$	92.7 $(\sigma_s)=397.1$	98 $(\sigma_r)=235.3$ $(\sigma_b)=397.1$	95 $\sigma_{ab}=422$	95.6	环向 0.6%
Ø1000	29.4	$S_c=28$ $S_w=80$ $S=108$ $\alpha=30°$	16Mn $(\sigma_r)=304$ $(\sigma_b)=496.2$	90.2 $\sigma_r=304$ $(\sigma_b)=496.2$	87.8 $(\sigma_b)=496.2$	94.5 $\sigma_r=304$ $\sigma_b=496.2$	90 $\sigma_{nb}=\sigma_{ub}=496.2$	90.2	环向 0.22%
Ø500 (开孔)	35.3	$S_c=16$ $S_w=48$ $S=64$ $a_b=30°$	20g 16Mn $(\sigma_r)=308.8$ $(\sigma_b)=519.7$	109.8 $(\sigma_b)=519.7$	109.8 $(\sigma_b)=519.7$	113.7 $\sigma_r=308.8$ $\sigma_b=519.7$	109.8 $\sigma_{nb}=422$ $\sigma_{ub}=519.7$	111.8	环向 1.8%

2. 容器采用简单的原材料，质量最优，成本低廉

制作容器的主要原材料是轧制最为简易的窄薄截面热轧扁平或对称单 U 槽钢带和较薄钢板，其原始内在质量优良，缺陷极少而且很小，其抗拉强度、塑性变形和断裂韧性等性能指标均最优。化学成分相同的较高强度压力容器用钢，其钢带的机械强度可比锻钢、尤其特厚钢板提高约 $15\% \sim 20\%$ 左右；因轧机装置微小，热轧再加冷轧修正的钢带的轧制成本仅约为材质相同的较厚钢板的 $50\% \sim 60\%$，仅约为大型厚重锻造筒节的 $30\% \sim 40\%$。

3. 壳壁结构能够自然地分散任何材质缺陷，"层间止裂"，"抑爆抗爆"

各种原始制造缺陷和萌生的腐蚀与疲劳等裂纹，均能被双层或钢带交错缠绕多层复合壳壁结构"自然分散"，"层间止裂"。复合壳壁在承受内压作用下内层发生严重裂纹扩展时，外层部分能对内层部分起到自我"抑爆抗爆"作用。在设计或略超设计内压条件下，只要及时导引处理外泄介质及其层间压力，其最坏的破坏方式自然发生根本变化："只漏不爆"，从而可根本避免单层壳壁（不论厚薄）容器，在通常的设计内压条件下，因裂纹扩展而引发整体突然断裂破坏的那种严重后果。

4. 容器内部介质万一发生泄漏，能被壳壁结构本身自动收集和导引处理，能避免因介质外泄而引发各种燃烧、爆炸、中毒等灾害性事故

压力容器设备可能在使用过程中因腐蚀、疲劳及韧性脆化等原因发生突然断裂破坏，继而导致内部介质严重泄漏的事故。其壳壁结构在本质上应具有自动收集泄漏介质的功能。全双层壳壁结构和钢带交错缠绕容器筒身带有的外保护薄壳，与内筒沟成封闭的空间。一旦内层壳壁破裂，外泄的介质就可以通过层间的特殊检漏系统被简单有效地收集和安全地导引处理。在"抑爆抗爆"前提条件下，"自动收集"的功能可防范因内部介质外泄而引发的各种燃烧、爆炸、中毒、辐射等严重后果。

5. 容器壳壁即使发生裂缝扩展泄漏，亦能"暂时维持"原有的操作状态

对大型化工或能源生产和油气长输过程，甚至对小型车用燃料贮存气瓶系

统,容器设备因内部介质发生外泄而引发突然紧急停车停用,将带来相当严重的后果。一个非常简单的设计就是把具有多层复合、抑爆抗爆、自动收集和及时导引特征的容器或贮罐设备通过管道系统联接起来,安全地收集泄漏的介质。这样,容器或贮罐设备便可继续暂时保持原有的工作过程。其功效当然十分有益。

6. 可对各种生产系统的主要压力容器设备或各种油、气长输管道全线,实现经济可靠的全面在线安全状态远程计算机集中自动报警监控

在上述"止裂抗爆"和"全面自动收集"的前提条件下,利用简单而又可靠适当的管路组件与微型抽气装置和介质化学成分及压力变化传感器等元件,可以

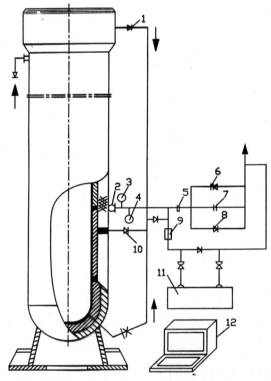

1. electromagnetic valve 2. φ50mm nozzle 3. low pressure capsule 4. low pressure manometer
5. bursting pressure relief value 6. whole opened safety value 7. bursting pressure relief valve
8. electromagnetic valve 9. chemical compositions monitoring device 10. electromagnetic valve
of corrosion-leakage inspecting system 11. miniature air pump 12. mini-monitroring device

Figure 5　Whole Reliable Safe on-line Automatic Monitoring Device of Double Layered or Steel Ribbon Cross-helical Wournd Pressure Vessels

(双层壳壁或钢带错绕压力容器全面简便可靠的在线安全状态自动监控装置)

➤ 原理示图 5:一种对压力容器设备壳壁整体覆盖实施安全状态自动报警监控的新技术

(内径 1000 mm 工程规模绕带容器试验已获成功)

及时检出多层壳壁层间某一特定检测封闭系统循环气体的任何化学成分或系统压力的超标变化。通过当代远程通信技术,可同时对多台容器或管道全长做出最简单经济可靠和全面有效的自动监控检测和报警,并自动对内筒外泄的介质做出安全的导引处理。其安全状态还可随时重复检测验证。容器复合壳壁这种"可监控"传感功能将可一改国际压力容器与贮罐设备和大型管道,甚至城市地下供水、供气主要管道安全保障技术的现有传统格局,实现计算机集中报警监控。工程实验已经证明,其成本只约为多通道声发射监控装置的5%左右。这种好像能对各种压力容器与贮罐设备或各种重要长输管道壳壁赋予"灵性",并可实施"自动监控"的技术,具有全面、有效、简单、经济的成效,这应是压力容器设备安全保障技术的一个根本性变革。

7. 可按工程实际需求,方便地改变容器设备内外壁(及必要时的复合间层)的材质,诸如内壁堆焊防腐及添加某种特殊材料等

全双层结构和钢带交错缠绕的压力容器、压力贮罐和大型管道,除了内壁以衬里或堆焊耐腐蚀层以外,其复合壳壁内外层及层间构造材料都可根据需求灵活改变,达到强度和材质的复合功能,包括使用其他各种特殊材料。

8. 容器设备壳壁构造能适应容器设备各种特殊应用需求,如开孔接管、在壳壁内加设加热或冷却的特殊壳壁结构等

全双层和钢带交错缠绕壳壁压力容器、贮罐设备和大型管道的复合壳体壁,可像其他单层或多层容器壳壁一样开孔接管,即需要在绕层开孔接管部位约2倍于接管内直径范围进行适当加焊。也可按某种特殊应用发展需要,在内壁、外壁和层间设置壳体直接冷却或加热系统,以及耐腐蚀、抗失稳和耐辐射等结构和功能。例如,对于通常约22~40 mm厚的第一层抗失稳单层内筒,可在内壁上堆焊约10mm厚特殊材料作较厚的组合薄内筒,然后在其外壁组焊带有层间检漏系统盲层,经质检合格后,再交错缠绕扁平或单U槽钢带绕层,制成特殊钢带交错缠绕壳壁压力容器。可应用于大型高压热壁石油加氢装置,以及大型高压核堆压力壳等特殊昂贵的承压设备,都可具有足够的高温刚度,并具有优异的安全可靠性和经济合理性。

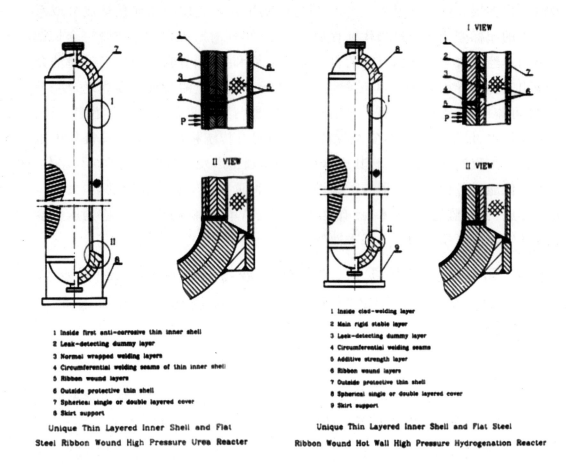

图 6　大型组合薄内筒绕带式高压尿素合成塔和高温高压石油加氢反应精炼装置结构原理示图

9. 不论厚薄,壳壁成型技术较为简易,尤其是在焊接操作、无损检测与机械加工及焊后热处理等方面。其工作总量大量减少,生产周期缩短,制造工效提高,制造成本大幅降低

钢制压力容器设备所需的大量焊接和整体大型精密机械加工,整体焊后热处理与特殊焊接的质量检验,是形成制造缺陷和显著增加制造成本的主要因素。从压力容器壳壁结构本质上自然地减少焊缝和整体大型精密机械加工,尤其是纵向与环向深厚贯穿焊缝,重型弯卷和重型厚筒锻焊,将带来减少或避免制造缺陷和成倍提高制造工效,显著节能与降低制造成本的突出效果。由薄内筒钢带交错缠绕制成的各种复合多层结构大型高压容器、大型和超大型压力贮

罐,其钢带绕层全长没有焊缝,更没有深厚贯穿焊缝,只有两端极易焊接、检测与打磨处理的斜面分散焊缝,不需大型整体机械加工与热处理。与当今应用最广的"厚板弯卷焊接容器"相比,其制造过程的焊接、无损检验、机械加工与整体热处理等的工作量可减少约 80％,制造周期可缩短约 50％,焊接与热处理能耗可降低约 80％,制造总成本可降低约 30％～50％。容器越长、越大、越厚,效果越好。请见作者 1987 年和英国格拉斯哥核站压力容器装备 BABCOCK 跨国设计制造工程公司共同所作著名的对比表(表 1)。

表 1　"厚钣卷焊"和"钢带错绕"技术的对比

厚板卷焊式压力容器	主要比较项目	倾角错绕扁平钢带压力容器
厚钢板(轧制困难、价格贵、废品率高),50～300mm	厚筒体原材料	薄钢板和扁平钢带、轧制容易,通常成本可降低 20％～25％
大型卷板机、大型加工机床、大型处理炉、大型电焊及高能透视设备等	主要制造设备	除需装备一台简易绕带大型装置外(费用仅为一台大型卷板机的 1/10),其他均只需中、小型设备(起重亦可用小型龙门架或平板托车)
弯卷 50～300mm 厚壁筒 1 节	卷板效率	可相应卷 14～50mm 薄壁筒 5 节,且可增大筒节长度
焊接一条 50～300mm 厚壁板缝	纵缝焊接效率	可相应焊接 14～50mm 薄壁缝 5～10 条,可节省焊接电耗 80％
焊接一条 50～300mm 厚壁环缝	环链焊接效率	可相应焊接 14～50mm 薄环缝 5～10 条,可节省焊接电耗 80％
用大型机床加工一个筒节两端的环焊缝坡口	机械加工效率	相应完成内筒外壁焊波全部打磨工作,效率提高 5 倍
完成厚筒节一条纵缝与一条环缝探伤	无损深伤效率	平均可相应完成薄筒的纵缝与环缝深伤 5 条(一条厚环缝需多次探险伤,否则,发现缺陷修补十分困难)
最终需经整体热处理	热处理效率	绕带容器无需整体热处理,可节省能耗 80％
制造一台单层厚板容器	总的生产效率	可相应制造二台相同大小的绕带容器(绕带效率高,绕制一台容器只需 100～200 小时)
单层厚壁,无防止突然脆断的自保护能力	安全性	多层绕带、有优异的防脆断自保护能力,具"抗爆"安全特性,能实现可靠的在线安全保护与监视
内壁可堆焊,筒体可并孔接管	其他特点	薄内筒内壁也可堆焊,绕层筒体也可开孔接管
以 100％计	生产成本	50％～70％,也可降低制造成本 30％～50％

10. 制作条件不受限制,不需求各种特殊重型制造装备与吊装重型厂房,制作技术非常容易推广使用

大型和超大型绕带压力贮罐的制造几乎没有规模大小和特别困难的装备条件的限制,可以方便地在使用现场进行内筒壳壁的组焊与检测、局部热处理和钢带绕层的现场缠绕。所采用的卧式钢带交错缠绕装置在中国已有 40 年成功制造的应用经验。容器钢带缠绕和装卸移运,可以通过在大型钢带缠绕装置地面铺设地轨和采用液压支承托架、简易移运龙门起吊架与其他小型工具等来完成。其通常相对要轻、小得多的端部法兰和封头底盖及较薄、较轻的筒节与钢带卷盘等,起吊移运十分方便,只需通常的中、小型桥式起重机和一般能避风挡雨的大型厂房就已足够。不需要建造重型厂房和配置大型桥式起重机。大型、简易、科学先进的钢带交错缠绕装置也已有新的工程设计,可用于制造内径达 3.6 m、长度达 40 m、壁厚可达 400 mm 的"多功能复合壳"压力容器。大型高压容器装备,往往采用铁路运输方式运至使用现场,然后再作平地移运或起吊安装。也可以在使用现场安装大型卧式绕带装置完成其组合薄内筒和钢带缠绕工作。即使对超大型压力贮罐设备,也可以在装备使用现场围绕完成制造检测的立式薄内筒,利用简单的钢带拉紧测力机构进行 U 槽钢带的交错缠绕。显然,既简便,又高效。

示图 7　一台正在绕制中的内压 32MPa、内径 1000mm、内长 20m 绕带高压容器,在一台可冷态绕制
内直径达 2 m、长度达 30 m、总壁厚达 200 m 容器的简易中型绕带装置上进行制造,必要时
可在装置导轨上加放承重滚轮托架和简易移运龙门起吊架等,即可避免重型厂房的需要。

　　上述四种类型具"多功能复合壳"特性的多层复合压力容器、压力贮罐和大型管道,覆盖宽广的应用领域,其制造技术和装备简单可行,并且不受容器规模大小的限制,与需要重型弯卷或特大筒节锻压装备的单层容器制造技术(通常都不可能在使用现场进行制造)相比,真有天壤之别! 单层厚筒壳壁容器的移运过程和大型压力球罐设备现场的组焊过程,足可用来完成现场绕带装备的制造。

五、当代国际钢制重要压力容器壳壁构造
工程技术的现状

　　压力容器设备"多功能复合壳"特性的创新理念,即上述 10 项压力容器壳壁的"优异功能"特性,应是检验国际上现有各种压力容器及管道壳壁构造工程技术是否"优化"与"科学"的"试金石"。如对当前国际上应用于制造重要压力容器的"厚重筒节锻焊"和"厚板弯卷焊接",以及"包扎"、"热套"和"复杂型槽绕带"等多层式的构造技术,进行分析对比,除了承压功能及内壁堆焊与筒壁开孔接管技术之外,几乎多不能满足上述压力容器壳壁所可能具备的 10 项"优异功能"特性中多项非常重要的特性要求,而且其科学合理的程度并不令人满意。这些技术除了占有传统的理念和法规与使用经验等方面的优势外,从材质优化、节能省材、减少焊接、避免重型制造装备、显著提高工效、缩短制造周期、分散缺陷、止裂抗爆和在线安全状态自动报警监控等长远发展的战略观点来分析,似不具备长远科学的充分发展优势! 这里让我们客观地作如下简单考察:

1. 各种单层厚壁(薄壁)或多层带深厚焊缝压力容器

　　不论容器壳壁厚薄,人类最原始的压力容器壳壁构造理念都用铸、锻技术及略后发展的钢板,通过缝间焊接"一次成型"构成其相应的筒形或球形壳体。时至今日,"钢板卷焊"、"筒节锻焊"和"厚板卷焊"或带"贯穿焊缝"联接的"一次成型"构造技术理念仍然占据主导世界各种大型贵重高压容器和超大型球型压力贮罐等装备的设计、制造技术及其相应的法规。即便采用多层壳壁,例如"包扎"、"热套"式压力容器,其筒节间也离不开深厚贯穿性焊缝,或众多层板板间纵向与环向焊缝。包括设计制造得非常"完美"的大型"厚板弯卷焊接"的高压热壁石油加氢反应器和大型"厚重筒节锻焊"的核反应堆压力壳等装置在内,这种压力容器壳壁的构造技术就存在:

（1）厚板等特殊原材料昂贵且质量不易保证

需要采用轧制困难、质量往往难以确保的 80～400 mm 特厚钢板；或者重达 300 吨或更重的大型电碴重熔重型钢锭；或者双面均有复杂型槽的特型钢带等特殊昂贵的原材料，且质量不易保证。

（2）特大型厚板弯卷机制作设备昂贵复杂

需轧棍直径达 1.3 m 或更大的可弯卷厚达 80～400 mm 的特大型厚板弯卷机，万吨级以上超大型重型钢锭锻压水（油）压机；以及重达 300 吨以上重型电炉炼钢与钢锭铸锭设备和直径达 4 m、长度达 40～100 m 的容器壳壁整体精密机械加工机床等昂贵的容器制造成型装备。

（3）纵向、环向深厚焊缝焊接困难，工效低下

容器壳壁有厚达 80～400 mm 复杂困难的纵向、环向深厚焊缝及其特殊的焊接、检测与焊后整体热处理；或有繁多的多层包扎（套合）、焊接、检测、层间贴合打磨处理与环向多个筒节间的深厚焊缝；或有层间非常精确因而内筒需整体精密机械加工的外层钢带绕层只可单向缠绕的扣合型槽；或需特别外加超万吨级特大型轴向承力绕丝框架；或有由水压机特殊压制切割成形的单层特宽又厚的球形瓣片钢板相当困难的现场组焊，制造工效低下，生产成本高昂等。

"厚钢板弯卷焊接"制造大型高压容器装备是国际上公认制造工效最高的一种技术，然其为了厚钢板切割、加热、弯卷与多个厚筒节纵向环向焊缝坡口的加工、多次预热、多次焊接、多次无损检验、焊后热处理及最终质量检测等，不说其每道工序本身的困难工艺技术要求与大量工时消耗，仅其每道工序间构件重物在车间内外天车上来回起重移运的辅助工时的总和，已足可用来完成新型绕带式高压容器在薄内筒外部交错缠绕全部钢带绕层了。显然，其制造工效和新型绕带结构必将有数倍之差。

（4）薄板，尤其厚板弯卷、组焊等制造过程易形成裂纹等缺陷

国际上现有上述单层厚壁或带有深或浅贯穿性焊缝的各种容器设备或管道，以及组焊往往相当困难的大型球形压力贮罐设备，其焊接与热处理裂纹等缺陷往往不可避免，又可能漏检，厚度越大，越可能漏检，而在役停产无损检测时往往都很困难，特别像广泛应用的各种球形贮罐定期开罐检查更困难，其困难耗时和带来停产严重经济损失的情况尤为突出。

（5）薄板、厚板壳壁自身都不能"止裂抗爆"

现有上述各种压力容器设备与大型管道，包括核反应堆压力壳及其锅炉等压力容器装备，总体上不仅制造困难，成本高昂，而且在役使用期间壳壁上所存

在的各种原始制造或萌生裂纹因缺乏"止裂抗爆"等重要安全保障功能,随着使用时间的推移,尤其各种处于三向应力状态的单层厚壁或带有深厚焊缝的壳壁将易于显著降低材料的断裂韧性,材质可能变脆,因而随时都潜在可能发生突然整体断裂爆破的严重危险!各种压力容器设备在以往的发展历史进程中因在单层壳壁或带有贯穿性焊缝上发生各种腐蚀泄漏和裂纹扩展而带来突然断裂破坏,已给人民生命财产造成巨大损失带来了不少严重惨痛事故。

(6)薄板、厚板壳壁都难以实现简便经济可靠的在线安全状态自动监控报警技术

现有各种单层、多层及钢带单向缠绕容器,包括大量中低压容器与贮罐设备,以及各种大型和超大型球形压力贮罐与大型输送管道等壳壁不仅都缺乏"止裂抗爆"和"全面自动收集泄漏介质",更缺乏实现经济可靠的在线安全状态计算机集中自动监控的功能。近年来国际压力容器工程科技,在制造技术和安全使用性能方面也有不小提高和改善,然为了"确保"安全使用,从按规范设计、选材、弯卷、焊接、检测等制造过程及其在役使用的长期多次停产检测等方面,人类至今仍需为此付出能源和经济上的各种高昂代价!

2. 三层层间不加工热套(厚重筒节环向深厚焊缝)容器

这是在原有传统的层间精密加工热套技术基础上创新的一种厚筒壳壁构造技术。为既可为避免特厚钢板原材料与其极为困难的热态弯卷技术,又不致使热套层数过多而给热套技术带来困难,通常其热套层数为3~4层,如容器总厚要求为200 mm,热套4层,每层钢板厚为50 mm。然实践证明其:1)焊接总量丝毫未减,且仍有多层筒壳间困难的深厚环焊缝;2)筒节层间内外表面虽不作精密机械加工,然其弯卷、焊缝及其不可避免的弯卷、焊接变形等修磨工作量往往很大,工时消耗往往很多,且多层筒节的热套过程控制往往也绝非易事;3)因各筒节的热套层间的套合过盈量不易控制,筒体的热套预应力差异较大,必须在大型热处理炉中作整体热套应力消除退火热处理;4)在内外层之间的第2及第3层的焊缝质量,在容器的在役使用期间很难实施无损检测,将会带来"质量困惑"问题。同样,不说其各工序本身的工艺技术和大量的工时消耗,其各层钢板和套合筒节在繁复的制造过程中,在天车上来回起吊移运的辅助时间的总和,也足以用来完成相同规格新型绕带高压容器装备外层全部钢带的交错缠绕。因为,其制造工效和新型钢带交错缠绕技术相比,显然也必将有数倍之差。

3. 整体包扎焊接高压容器

一种采用液压夹钳或钢丝拉紧的逐层包扎、焊接的"整体包扎高压容器",其环缝虽被错开,没有深厚焊缝,但却有大量层板间纵向与环向焊缝,焊接总量丝毫未减(每层的包扎钢板视容器直径大小不同就需要 2～4 块),且有多层板间焊缝宽度大小要求很高,层间贴合紧密度要求也较难达到;因采用较薄或较厚的钢板作原材料,其众多的各层钢板的划线、切割、弯卷(须按每张钢板实际包扎尺寸弯卷切割)、夹钳排孔和焊接坡口加工,及包扎、焊接、打磨、检验,乃至焊前预热和焊后热处理等工序繁多,工效低下(扣除相对应的内筒部分的制造过程外,其约占 80％总厚的外部包扎过程大量的划线、切割、包扎、焊接、检验、打磨等工序工作和辅助工时将至少可完成 3 台新型绕带容器全部绕层的交错缠绕,尤其对对称单 U 槽钢带绕带容器的缠绕),成本必然仍然相对高昂;多层较薄然众多或较厚然略少的纵向与环向焊缝又有较大可能形成裂纹等缺陷(因通常多不作或不能作焊接预热和焊后热处理,这已在工程实践中得到证实,内部板间焊缝发生裂纹的可能性还相当严重);尤其定期停产开罐安全检查也会因有较厚的内外层之间的多层"间层"而往往带来难以检测确定的"质量困惑"。

4. 德国复杂型槽绕带高压容器

一种只能单向缠绕的"复杂型槽绕带高压容器",确是一项"胆识过人"令人"感叹"的发明创造!然因其内筒需进行整体大型螺旋型槽精密机械加工,制造必然困难,而沿此内筒螺旋型槽只能单向扣合缠绕的复杂 U 槽钢带绕层又会势必迫使内筒始终处于一种危险的扭剪作用状态,内压越高,扭剪作用越大,其扣合绕层可能因此而"脱扣",故其内筒轴向强度是薄弱环节,爆破试验总是轴向整体断裂,潜在轴向突然断裂爆破的危险。

5. 薄内筒宽薄螺旋绕板高压容器

因每层缠绕钢板太宽(400～2500 mm),薄内筒宽薄螺旋绕板高压容器的层间往往难以紧密贴合,尤其各层两端因钢板太宽,斜边太长,端部很难缠绕,更难以贴紧,这必然影响使用安全性,而且对大型厚壁容器势必要有异常庞大昂贵的重达 800 吨的螺旋绕板装置才能绕制(相同规格的大型钢带缠绕装置,其整机重量仅约 100 吨左右)。显然,其安全可靠性和制造科学合理性的实际效果当然并不理想。

综上所述,当代国际压力容器壳壁构造工程科技主要可概括为如下图所示:

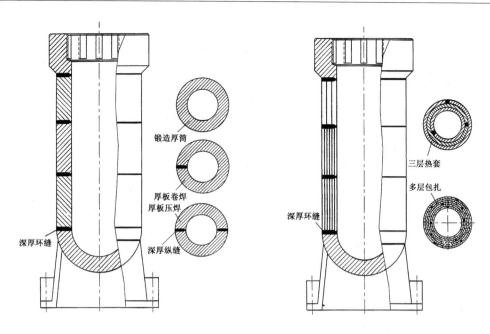

▶ 示图 8：单层"厚板弯卷焊接""厚筒锻焊"和"多层包扎"及"热套"式容器

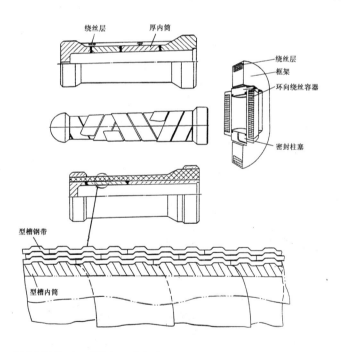

▶ 示图 9："厚内筒绕丝"、"轴向承力框架"、"螺旋绕板"以及"复杂型槽绕带"式容器

以下是压力容器设备两种功能特性截然不同的壳壁构造技术示图与说明：

A. 以作者为首创导的"多层化"逐层"复合""焊缝分散"的"多功能复合壳"壳壁构造工程科技主要可概括为如下图所示：

A1. 20～400 mm 薄内筒扁平或单 U 槽钢带交错缠绕壳壁，制造简化，工效

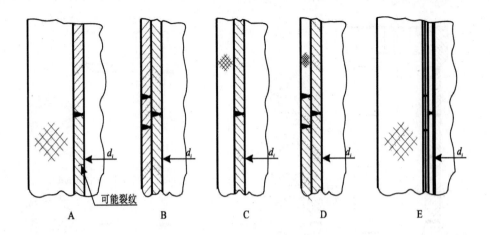

最高,成本最低(减低可达 50％以上);

A2. 2～40 mm 双层螺旋或直缝焊管或钢板包扎容器设备和长输管道,工效和成本基本相同,壳壁"层间止裂抗爆";

A3. 较薄内筒单 U 槽钢带交错缠绕大型超大型压力贮罐壳壁,成型简化,成本降低 30％以上,"层间止裂";

A4. 所有绕带壳壁和双层壳壁,"抑爆抗爆",有"灵性",可自动收集泄漏介质和实现简便可靠的在线安全状态自动报警监控,显著降低在役停产安全检测维护成本(降低 50％以上);

A5. 较厚第一层组合薄内筒钢带交错缠绕壳壁,具有抗高温失稳、耐腐蚀、抗辐射和自动监控报警等特性。

B. 由 ASME BPV Code 规范主导的单层薄壁和厚壁带贯穿性焊缝的"单层化壳":

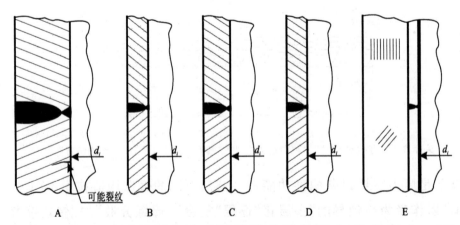

B1. 40～400 mm 厚钢板弯卷或厚筒锻造异常困难,装备庞大,工效低,成本高昂,易形成裂纹等各种缺陷;

198

B2．2～40 mm 单层带贯穿焊缝等容器设备和管道易因腐蚀等扩展裂穿而引发燃烧爆炸中毒等各种灾难事故；

B3．裂纹在单层（薄或厚）壳壁和焊缝材质变脆部位的扩展可能"势如破竹"引发突然"断裂爆破"；

B4．所有单层（薄或厚）壳壁和焊缝部位，在役定期停产安全检测和在线安全状态自动报警监控困难，安全维护成本高昂，尤其大型球形压力贮罐设备；

B5．多层薄板整体包扎（焊缝太多）或复杂型槽钢带单向缠绕（内筒始终受扭）壳壁严重破坏了"多层化"，最终还仍如"单层化"。

六、多功能复合壳新型压力容器技术应用现状与主要成就

1．7500 多台新型绕带式高压容器成功安全推广应用

1965 年以来我国已安全成功推广应用各种中、小型新型绕带式高压容器 7500 多台。实践证明，构造厚筒壳壁的材料利用率最高，成本最低；钢板弯卷、焊接、检测、机械加工和热处理等减少约 80%，能耗节省约 80%；生产周期缩短约 50%。1994 年统计已创超 10 亿元制造直接纯利润经济效益。在役使用具有"层间止裂、抑爆抗爆"优异安全的性能，尽管我国的中小化工生产也曾有一段管理相当混乱的年代，至今从未发生一起灾难性破坏和人身伤亡事故。

2．新型扁平钢带交错缠绕容器已列入中华人民共和国压力容器设计规范 GB150 国标

新型绕带式高压容器已以"钢带错绕筒体"为名正式列入了中华人民共和国国家标准钢制压力容器国标 GB150-2011（详见 GB150.3 附录 B-2011）。本附录适用于设计、制造内直径等于大于 500 mm 的"钢带错绕筒体"的各种高压压力容器装备。同时，新型绕带式高压容器后又以"固定式高压贮氢钢带错绕式容器"为名，正式列入了中华人民共和国国家标准，详见 2011-05-12 发布的中华人民共和国国家标准（GB/T 26466—2011）。该标准适用于设计压力大于或等于 10 MPa 且小于 100 MPa；设计温度大于或等于 -40 ℃ 且小于或等于 80 ℃；内直径大于或等于 300 mm 且小于或等于 1500 mm，设计压力（MPa）与内直径（mm）的乘积不大于 75000。至今新型绕带式压力容器已在我国发展制造和在

诸多工厂企业安全应用。

3. 1997 年已列入国际上最具权威的美国机械工程师协会锅炉压力容器规范

以免于在美国再作任何核实试验的极其优惠的条件，以规范编号 2229# 和 2269#，被批准列入国际上最具权威的美国机械工程师协会锅炉压力容器规范 ASME BPV Code Section Ⅷ Division 1&2，允许在国际上推广制造内径达 3.6 m、壳壁上允许相应开孔接管的各种高压大型贵重的这种钢带交错缠绕式压力容器装备（其强度设计则应按中国国标 GB150 中"钢带错绕筒体"附录的相关规定）。这些应已显示在未来长远的国际压力容器与大型长输管道工程产业中"多功能复合壳"压力容器工程创新科技确具有相当突出的科学发展优势！

4. 1995 年中国机械工业出版社出版发行了作者为首的科技专著《新型绕带式压力容器》（朱国辉、郑津洋 著）（后被评为机械工业部科技进步二等奖）

该专著出版时的"序"摘录如下：

浙江大学朱国辉教授等发明的扁平钢带倾角错绕式压力容器已广泛地用作氨合成塔、铜液吸收塔和水压机蓄能器等压力容器。这种新型绕带式压力容器的制工艺和国际上先进的厚板卷焊技术相比，可提高工效一倍，节省焊接和热处理能耗 80%，减少钢材消耗 20%，降低制造成本 30%～50%，在推广应用中产生了显著的社会效益和数以亿元计的巨大经济效益，并已发展成为包括高压密封装置和压力容器泄漏检测及在线安全状态监控等 10 余项专利技术的"中国绕带式压力容器技术"，得到了国内外许多同行专家的热情支持和密切关注。

5. 1990 年作者为首在英国机械工程师协会刊物上发表的一篇"应用中国的绕带技术制造压力容器"（Pressure Vessel Manufacture Using Chinese Ribbon cross-helically Winding Technology）获英国机械工程师协会以创始人命名的 Ludwig Mond 优秀论文（含奖金）大奖；作者 1997 年以大型钢带交错自动缠绕装置已获美国发明专利 5676330

作者 1997 年以大型钢带交错自动缠绕装置已获美国发明专利 5676330

美国发明专利 5676330 号封页如下：

US005676330A

United States Patent [19]

Zhu

[11] **Patent Number:** 5,676,330

[45] **Date of Patent:** Oct. 14, 1997

[54] **WINDING APPARATUS AND METHOD FOR CONSTRUCTING STEEL RIBBON WOUND LAYERED PRESSURE VESSELS**

[75] Inventor: Guo Hui Zhu, Miami, Fla.

[73] Assignee: International Pressure Vessel, Inc., Miami, Fla.

[21] Appl. No.: 562,261

[22] Filed: Nov. 22, 1995

[30] **Foreign Application Priority Data**

Nov. 27, 1994 [CN] China 207228

[51] Int. Cl.⁶ B21D 51/24
[52] U.S. Cl. 242/444; 242/447.1; 242/447.3; 242/448.1; 29/429; 220/588
[58] Field of Search 242/438, 447, 242/447.1, 448.1, 448, 436, 444; 220/588; 29/429

[56] **References Cited**

U.S. PATENT DOCUMENTS

2,011,463	8/1935	Vianini	252/444
2,326,176	8/1943	Schierenbeck	220/3
2,371,107	3/1945	Mapes	242/436
2,405,446	8/1946	Perrault	242/11
2,657,866	11/1953	Lungstrom	242/11
2,822,825	2/1958	Enderlein et al.	138/64
2,822,989	2/1958	Hubbard et al.	242/438
3,174,388	3/1965	Gaubatz	242/444
3,221,401	12/1965	Scott et al.	242/436
3,483,054	12/1969	Bastone	242/444
3,504,820	4/1970	Barthel	220/588
4,010,864	3/1977	Pimshtein et al.	220/3
4,010,906	3/1977	Kaminsky et al.	242/444
4,058,278	11/1977	Denoor et al.	242/7.22
4,160,312	7/1979	Nyssen	29/429
4,262,771	4/1981	West	242/7.22
4,429,654	2/1984	Smith, Sr.	114/65
4,809,918	3/1989	Lapp	242/7.22
4,856,720	8/1989	Deregibus	242/7.02
5,046,558	9/1991	Koster	166/243
5,346,149	9/1994	Cobb	242/7.22

Primary Examiner—Katherine Matecki
Attorney, Agent, or Firm—Oltman, Flynn & Kubler

[57] **ABSTRACT**

An apparatus for winding steel ribbon around a vessel inner shell having forward and rearward ends to construct a pressure vessel includes a vessel support and rotation mechanism, a vessel elevation adjusting mechanism, tracks for supporting and guiding the vessel support and rotation mechanism, a carriage having rail track engaging mechanism for traveling along the track on at least one side of the vessel inner shell, and a ribbon pulling mechanism mounted on the carriage for delivering the ribbon to the vessel inner shell under ribbon tensile loading to pre-stress the vessel. The apparatus preferably additionally includes a locking mechanism for locking the vessel support and rotation mechanism to the track, after the vessel support and rotation mechanism is positioned at forward and rearward ends of a given vessel inner shell. The vessel support and rotation mechanism preferably includes several vessel support roller sets in the form of annular members rotatably mounted on tracks. A method for winding steel ribbon around a vessel inner shell using the above described apparatus, includes the steps of mounting the vessel inner shell on the vessel support and rotation mechanism, securing an end of the ribbon to the vessel inner shell, rotating the vessel inner shell, delivering the ribbon from the ribbon pulling mechanism to the vessel inner shell for winding around the inner shell, and advancing the ribbon pulling mechanism along the track on the carriage to wind the ribbon along the inner shell in a helical path.

17 Claims, 2 Drawing Sheets

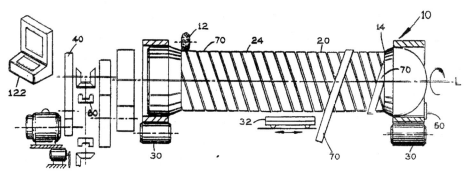

图 21　钢带缠绕装置与方法——美国专利封页

6. 1982年全国科学(奖励)大会被列入"奖励项目选编"(摘录)

奖励项目"新型薄内筒扁平钢带倾角错绕式高压容器的设计"

浙江大学朱国辉等发明的"新型薄内筒扁平钢带倾角错绕式高压容器",是为在厚度仅占容器总厚约20%的圆直薄内筒外面,在简易钢带缠绕装置上冷态"倾角交错缠绕"占容器总厚其余约80%的轧制简便的扁平钢带绕层,其每层钢带绕层仅需将其两端与容器的封头、底盖斜面相焊而成的一种新型高压容器。可用以制造内径达3 m、内压达100 MPa、总壁厚达300 mm、长度达30 m或更大的各种高压容器。和当今世界石油、化工和核反应堆等大型贵重高压容器设备制造中广泛应用具有纵向与环向深厚焊缝的"厚钢板卷焊"、"筒节锻焊",以及"多层包扎"、"多层热套"和德国的热态缠绕的"复杂型槽绕带"等现有技术相比,可减少大型困难的焊接、质量检验、机械加工和热处理等工作量约80%,节省焊接与热处理能耗约80%,节省钢材约20%,提高制造工效约一倍,降低制造成本约30%~50%或更大。容器越大、越厚、越长,效果越显著。而且,该新型绕带高压容器,具有钢带缠绕的"预应力"作用,和特殊的"抗爆"等安全特性,使用安全可靠。值得推广应用。

七、重要结语

综上所述,作者师生先后为首发明了四种重要类型应用范围相当宽阔的"多功能复合壳"压力容器工程装备创新技术,即:

(1) 薄内筒"钢带交错缠绕"大型和超大型特殊贵重高压容器装备;

(2) 圆直内筒钢带交错缠绕中、低压大型和超大型贵重承压贮罐装备;

(3) 双层壳壁或微型钢带交错缠绕地面或海洋水下大型油、气长输管道;

(4) 双层螺旋焊接壳壁中、低压重要、关键、贵重承压容器与贮罐设备。

这些具"多功能复合壳"优异特性的压力容器创新工程科技,在制造科学经济性、使用安全可靠性和在线安全状态"可监控报警"特性等壳壁构造的"本质"方面,都具有突出的发展优势。主要有:

(1) 对厚壁高压容器设备,其制造工效约可提高一倍,制造成本约可降低30%~50%(及以上),焊接与热处理及其能耗节减约80%;

(2) 双层壳壁,尤其绕带复合壳壁,缺陷自然分散,自然"抑爆抗爆";

（3）均可实现在线介质泄漏全面收集处理和在线安全状态计算机监控报警技术；

（4）新型容器装备和大型长输管道在役长期安全维护成本都将可降低50％以上等。

这些无疑都将对各种高压、高温、耐腐蚀、抗辐射、抗爆炸等大型贵重装备和中、低压超大型承压贮罐装备与大型油气长输管道，以及量大面广的中、低压重要承压设备等，在制造经济性和使用安全性两方面，带来战略性的重大变革。因而这对世界未来的石油、化工、核站、热能电站、大型长输管线与特殊轻工制药等工业生产和宇航工程、海洋开发，以及特殊安全防爆技术的承压装备等的长远发展，都具有重大技术经济和安全环保的战略意义。

所以，在人类进入世界科学技术已经相当发达的21世纪，从国际压力容器工程科技长远科学发展的战略高度出发，依据已有约40年初步工程实践证明确较为科学先进的"多功能复合壳"新型压力容器壳壁构造工程创新技术，包括正如上述的新型钢带缠绕装置专利技术（该专利权益已失，其中并无作者的经济利益），和中国国家标准GB150〔GB150.3附录B-2011和GB150（GB/T 26466—2011）与美国ASME BPV Code Section Ⅷ Division 2（Code Case 2269#）等相关标准规范来共同逐步改变过去近百年来主要由ASME BPV Code所主导的国际著名但还存在相当欠缺的压力容器装备工程科技，即现有"单层钢板卷焊或球瓣组焊"、"厚钢板筒节弯卷焊接"、"厚重筒节锻造焊接"、"多层带贯穿焊缝或众多板间纵向与环向焊缝组焊"，以及"单层螺旋焊管长输管道"等传统的"单层化"壳壁构造技术，是否应该是时候了?!

作者热诚欢迎国内外相关权威专家与科技人士，对本文"创导"的"多功能复合壳"特性的创新理念，和相关四种重要类型"多功能复合壳"钢制压力容器创新科技，与未来国际钢制压力容器工程科技的长远科学发展战略，以及对国际现有重要压力容器设计制造技术的基本评价，提出质疑，共作分析探讨。

第十篇　主要参考文献资料

（供阅者需要查考时用，相当于相应的论文集）

[1] 浙江大学 朱国辉等. 新型薄内筒扁平绕带式高压容器的设计. 中国国家技术发明三等奖, 中国科学技术委员会, 1981, 1, (列入全国科学奖励大会优秀项目选编, 1982)

[2] 朱国辉, 郑津洋, 新型绕带式压力容器. 北京: 中国机械工业出版社, 1995, 2 (获中国优秀科技图书二等奖和国家机械部科技进步二等奖, 1998);

[3] 钢带错绕筒体. 中国压力容器设计规范国家标准 GB150-2011, 规范性附录, 附录 B, GB150.3-2011.

[4] 固定式高压储氢用钢带错绕式容器. 中华人民共和国国家压力容器设计规范国家标准 GB150, GB/T 26466-2011;

[5] ASME BPV Code, Section Ⅷ, Division 1 & 2, Code Case 2229# (Approval Date: August 12, 1996) & Case 2269# (Approval Date: December 8, 1997), "Design of Layered Vessels Using Flat Ribbon Wound Cylindrical Shells", America Society of Mechanical Engineers, New York (《钢带错绕式压力容器》, 以编号 2229 和 2269 分别于 1996 和 1997 年, 先后经六个层次, 数百位美国同行专家二年时间评审, 无一人投票反对, 终于以免于在美再作任何核实试验的极其优惠条件, 被批准列入国际上最具权威的美国机械工程师协会锅炉压力容器设计规范标准第Ⅷ篇第 1 和第 2 分篇)

[6] 朱国辉, 徐铭泽等. 薄内筒单 U 型钢带扣合错绕压力容器. 中国专利, 专利号: ZL 99 2 51031.7; 1999, 10

[7] 朱国辉, 徐铭泽等. 双层大型输送管道. 中国专利, 专利号: ZL 01 2 53291.6, 2001;

[8] 朱国辉, 郑传祥等. 全双层中、低压压力容器. 中国专利, 专利号: ZL 95 2 23014.3;

[9] 朱国辉等. 新型钢带缠绕大型压力贮罐. 中国发明专利, 专利号: 85

100291,1985

[10] 朱国辉等.新型压力容器在线安全状态全面自动监控装置.中国发明专利,专利号:86 108606,1986

[11] 朱国辉,王乐勤等.新型小顶盖大型快开高压密封装置.中国发明专利,专利号：85 100290,1985

[12] 朱国辉,郑津洋等.薄内筒钢带缠绕式耐腐蚀特殊高压容器,中国专利,专利号 86 210510,1986

[13] 朱国辉,郑传祥等.大型绕带式锅炉汽包.中国专利,1994

[14] Inventor：Guohui Zhu,"Winding Apparatus and Method for Constructing Steel Ribbon Wound Layered Pressure Vessels",United States Patent,Patent Number：5676330,Date：Oct. 14,1997（发明者:朱国辉,大型绕带压力容器的钢带钢带装置和绕带技术新方法.美国专利,专利号：5676330。发布日期:10,14,1997）

[15] 朱国辉,郑津洋.中国开创的抗爆钢复合材料压力容器技术.中国工程院院刊《中国工程科学》,Vol. 2,No. 6,2000

[16] 朱国辉,郑津洋等.钢复合材料压力容器工程技术(国际压力容器技术未来发展分析),中国工程院院刊《中国工程科学》,Vol. 3,No. 7,2001

[17] 吴红梅,朱国辉,郑津洋等,"组合薄内筒绕带式热壁石油加氢反应器工程应用分析",石油化工设备,No. 6,1995

[18] 朱国辉等.高压大型薄内筒绕带式热壁石油加氢反应器及其在线安全状态自动监控技术.中日石油化工国际科技交流会议,1992

[19] GuohuiZhu, Hongmei Wu, Jinyang Zheng, "Engineering Design Specification Proposal of Flat Steel Ribbon Wound High Pressure Vessels", PVP-Vol. 265, Design Analysis, ASME Conference 1993

[20] Guohui Zhu (Zhejiang University,China) and Manesh Shah (Blue Link International, USA), "Steel Composite Structural Pressure Vessel Technology：Future Development Analysis of Worldwide Important Pressure Vessel Technology", Process Safety Progress, AIChE (InterScience),P65～71,Vol. 23,No. 1,March 2004

[21] Manesh Shah, Guohui Zhu, "Burst Resistant Ribbon Wound Pressure Vessels for Ammonia Plants", Process Safety Progress, AIChE, Vol. 17,1998

[22] 朱国辉等.薄内筒绕带式高压尿素合成塔的工程设计.压力容器，(CPVT)，Vol. 7，No. 2 1994

[23] 朱国辉，陈志平，郑津洋等.大型液氢液氧火箭发动机研制用绕带式高压贮罐装置的工程研究与设计.压力容器，(CPVT)，Vol. 10，No. 2，1993

[24] 朱国辉，郑津洋等.钢带缠绕压力容器的结构强度和优化设计理论.化工设备设计，No. 2，1995

[25] 朱国辉，陈志平，郑传祥，蒋家羚等.钢带缠绕复合结构压力容器技术的发展分析.化工装备技术，No. 1，2000

[26] 郑津洋，朱国辉等.逆流式氨冷凝分离塔筒体强度设计.化工装备技术，No. 1，1994

[27] 钱季平，朱国辉，蒋家羚等.绕带式压力容器的可靠性分析.机械强度，No. 3，1990

[28] 朱国辉，陈启松，郑津洋，白忠喜等.承压筒体裂纹的止裂抑爆方法及装置.中国发明专利，专利号：ZL 93 1 02823.X

[29] 朱国辉，王乐勤，王春泉等.对内径 450 mm、长度 6 m、设计内压 15 MPa，使用 8 年后发现严重原始制造裂纹拟报废的绕带式高压容器所进行的40700 次内部液压疲劳试验和内筒轴向挖切严重人工裂纹断裂爆破破坏试验与其特殊的"抑爆抗爆"安全可靠性分析.石油化工设备，No. 1，p1～7，1983

[30] Ruilin Zhu and Guohui Zhu，"Potential Developments of Pressure Vessel Technology by Using Thin Inner Shell and Steel Ribbon cross-helically Winding Techniques"，International Journal of Pressure Vessel and Piping，65 (1996)1-5

[31] Guohui Zhu etc. "Tanks and Pressure Vessels，Layered Vessels" (Mainly introduced Unique China Ribbon Wound Cross-helically Large High Pressure Vessels，Extra-large Pressure Storage Tanks and Large petroleum-natural gas Transport Double Layered Pipes Technologies)，Kirk-Othmer Encyclopedia，Inter Science，Wiley，January 18. 2008(主要介绍中国新型钢带交错缠绕式高压容器，超大型压力贮罐，双层壳壁中、低压压力容器设备和大型油、气长输管道等创新技术，由美国 Wiley Interscience 著名百科全书书商出版发行，1，18，2008)

[32] 朱国辉，徐铭泽等.天然气等超临界压力 LNG 深冷液化气体贮运罐装置.

中国专利,专利号:ZL 99 2 45967.2 ；1999,10

［33］朱国辉,徐铭泽等.新型车用压缩天然气高压气瓶(双层结构),中国专利,专利号：ZL 99 2 51262。X ;1999,10

［34］Guohui Zhu etc.："Pressure Vessel Manufacture Using the Chinese Ribbon Winding Technique". Proceeding of the Institute of Mechanical Engineers，UK，1989，203(20)(1990 年获英国机械工程师协会以其创始人 Ludwig Mond 命名的含相当奖金的优秀论文大奖)

［35］"新型绕带压力容器(内压 13.4 MPa、内径 1000 m、内长约 20 m 铜液吸收塔与甲醇高压合成塔)在线安全状态计算机自动报警监控技术"工程试验鉴定证书",浙大化机所和巨化集团公司合成氨厂合作完成,浙江省石化厅主持专家科技鉴定,1993,12,24;"压力容器抑爆监控技术研究"子专题研究成果鉴定证书,浙大化机研究所(和大连理工大学化机所的防爆膜技术共为一个子专题的两个部分)完成,劳动部科技中心办主持专家鉴定(由汪子云教授级高工主持),1995,11,大连

［36］全国"新型绕带压力容器工程科技发展与行业设计制造技术标准研讨会"会议纪要,浙江大学(化机所)主持召集,1994,5,杭州

［37］"新型内径 1000 mm、内压 13。4 MPa 薄内筒扁平绕带式高压铜液塔科技成果鉴定证书",由巨化工司机械厂(浙大化机所协作)完成,化工部主持专家鉴定,1992,11,(后该厂设计制造了内压达 32 MPa、内径 1000 mm 的绕带式高压氨合成塔等一批产品,产生显著技术经济效益,并获化工部颁科技进步一等奖)。

［38］郑津洋,陈志平等编著.特殊压力容器(书中详细介绍了"新型钢带错绕式压力容器")北京:化学工业出版社,1997;

［39］郑津洋等编著.化工压力容器设备设计.(详细介绍了"新型绕带式压力容器的结构和强度设计分析")全国高等学校化工机械专业通用教材.北京:化工出版社,2002

我这一生

（作者与本创新科技活动多方面相关的传略）

引

　　一个在浙大化工机械即过程装备与控制工程学科研究所任教 40 余年的退休老人，从福建上杭汀江河畔大山沟里出来的一个农民的儿子，成长为在我国著名高等学府一个全国性百余所高校同学科专业中最早、唯一的现代"重点学科"从事我国高层次科技人才培养并作出了一些重要科技创新的专家教授，一生多少还算有点传奇色彩：既有一些令人羡慕别出心裁的科技**创新思维**，也有一些令人称颂经济效益相当显著的**科技成就**，更曾为国家建设发展事业培育了一批光彩照人、正日趋成熟的化工机械**芬芳桃李**，并拥有一个和谐幸福的美满家庭。在本职工作之外为**"值得一提"**的 10 余项科技创新和社会活动，似也是多少有点创造性思维的人生成功事例。借此，作者将在浙大平凡任教 40 余年并与本创新科技活动多方面相关的"我这一生"，谨略作基本回顾和概要整理，以期使我这饱含酸甜苦辣的人生奋斗历程，将对相关后人，带来某些前车之鉴的启发警示意义。

作者 1987 年 52 岁赴英国留学和 1993 年赴美国讲学时护照用照

1990 年国家教委和国家科委联合授予"全国高等学校先进科技工作者"称号

作 者 简 介

　　1935年初(农历12月12日)生于福建上杭;1953年夏毕业于福建上杭一中;1954年底加入中国共产党,1955年夏毕业于浙大机械工程系机械设计与制造学科大专班,并以优异成绩留校化工机械学科任教;1956—1958年北京石油学院进修,并先后赴南京化工公司与哈尔滨锅炉厂等大厂实习深造;1962年冬破格晋升讲师;1980年秋晋升副教授;1981年初以"新型薄内筒扁平钢带倾角错绕高压容器的设计"为名获国家技术发明三等奖;1982年赴京参加全国科学奖励大会;1985年底晋升教授;1987年秋赴英国利物浦大学机械工程系留学;1988年化工部授于为我国化肥工业发展作出突出贡献荣誉;1990年底经国务院学位委员会评审聘为浙大化工过程装备学科博士生导师;1990年以超10亿元纯利润重大经济效益获国家教委科技进步一等奖(新型绕带容器1965年底即研制成功,通过国家鉴定准予投入批量制造,先后在10个厂家安全成功推广制造各种新型绕带高压容器7500多台,创当时数以亿元计的重大技术经济效益,后未再申请转化为相应国家级科技进步奖);1993年夏赴美参加美国ASME锅炉压力容器年会;1994—1997年期间多次赴美讲学,将我国首创的"新型绕带式压力容器",作为美国以外的第三个国家,即继日本和德国之后来自中国的第一项重大机械工程科技成果,以免于在美再作任何核实试验的极其优惠条件,破天荒地以2269#编号成功通过审批列入国际上最具权威的美国ASME BPV锅炉压力容器规范,允许在国际上推广制造内径达3.6 m、可在绕层壳壁上开孔接管的各种大型、高压、高温、耐腐蚀等高昂贵重的压力容器工程装备;1995年和1999年在当时校党政领导的热情支持下,两次申请中国工程院院士增补,均进入第三轮投票,但仍由于种种原因均未能获2/3多数票通过;1998年《新型绕带式压力容器》科技专著获机械部科技进步二等奖;1996年因常需赴美参加评审会议而提前退休。多次赴美,后主要在杭州浙大安度晚年。一生在浙大任教40余年,为国家培养了相当一批本科生、硕士生、博士生及博士后等高层次科技人才;曾发表中、英文科技论文百篇,和郑津洋教授合作出版获奖创新科技专著一本;以我为首帮助工厂企业破解了包括"年产52万吨尿素高压合成塔120 mm厚球形封头底盖压制开裂"等多项科技难题;曾获国家技术发明和科技进步与贡献荣誉等重要奖项;累计为国家创超百亿元重大(直接与间接)技术经济效益;1990年被国家科委和国家教委联合授予"全国高等学校先进科技工作者"称号;终生享受国务院政府特殊津贴待遇;退休后和郑津洋教授等继续扩大开创了四种重要类型应用范围宽阔的"多功能复合壳"压力容器工程装备创新技术,出版又一创新科技专著。

目　录

1. 诞生于福建上杭县临城一个山清水秀的美丽山村

1935 年初（春节前），我出生于福建上杭县城近郊汀江河（家乡人俗称"大河"）东岸一个依山傍水、山清水秀的美丽山村，离县城约 10 公里。这个村子围着几个小山头主要分上、下两拨，共有住家约 300 户，全都姓朱，多少年前是同一个祖宗，是从中原地区迁徙过来的朱姓"客家"人，在我儿时的鼎盛年代全村男女老少估计超过 1500 人。我们的村子说起来都是辈分高低不同的堂室宗亲。村子西边弯流而过的汀江，是闽西、粤东交界地区的一条母亲河，发源于长汀北部境内，向南流经紫金山（金矿）脚下，再流经上杭县城，进入广东峰市、大布与梅江汇合，直奔潮州、汕头入海，弯弯曲曲全长超过 2000 公里。当年船体硕大、载重量不下百吨的木船几乎全年可以通行航运。所以，河中经常有一拨一拨的用竹篙撑和纤绳拉的商船经过，因而儿时的我和小伙伴们也经常可以在河边听到和模仿船工们拉着牵绳力争上游时那种齐声呼嗬、声音高亢的美妙的"号子"。

我出生时，据说有一只大鸟飞到了我们家的房顶上，鸣叫声音蛮洪亮的，父亲就按祖上辈分给我取名为"朱维鹏"。因为我们家那一代或几代祖上属小房一脉，所以我们家这一脉的传宗接代的发展速度就比别的大房慢了不少。所以按我"维"字的辈分，我一出生，村子里的一些中、老年宗亲还得叫我小"叔公"呢！不久父母又按家乡习俗，再给我取了个"乳名"，叫"连生"。但我自己从儿时就读于县城西街"城西小学"时，出于儿时的那么一点朦胧的爱国热诚，就将自己的"学名"改成了一直沿用至今的名字："朱国辉"，为国增辉。

村子边涛涛流淌的那条汀江真美，常年清澈见底，是我们孩子们玩耍游泳的好去处，依仗着她我 12 岁左右时就成了一个游泳好手，约 300 米宽的江面也可以"自由"加"狗爬"式往返横渡。更重要的是她不仅锻炼了我的体质，更陶冶了儿时的我那种沉着坚持、顽强拼搏的品格。

我们的村子名叫"坝头堁"，就是因汀江河东岸靠我们村子这边有一块相当大有点白蒙蒙一望无际感觉的沙坝而得名。这块沙坝因经常会被大水淹没冲洗，过后会非常洁净，是我们小孩子们去河里游泳，同时也是大家玩弄嬉戏、胡闹翻滚的大沙垫，我就在这块大沙垫上学会了一些非常低级的翻筋斗等运动。

上杭县城，四面崇山峻岭环抱（实际上也包括我的家乡的水浦和玉女"霸头堁"等环城近郊小山村镇在内），远看这些崇山峻岭，长年都是郁郁葱葱，给人以相当神秘温馨的色彩和感觉。就在这群山环抱的汀江河畔当时就有一块相当宽阔的山间平原，上杭县城就在这块平坦的土地上依汀江江岸累巨石而建，非常雄伟，在军事上真是一个著名的易守难攻的县城，历来就有"铜赣州、铁上杭"之称。上杭县曾经是毛泽东主席和朱德总司令领导中国工农红军闹革命时期的"红色摇篮"的根据地之一，"古田会议"的旧址就在离我们那汀江河边的家乡不远的连绵不断的山岭之间，曾有多少家乡的英雄儿女为了广大劳苦大众的解放跟着毛主席和朱总司令闹革命争解放，奉献了自己的宝贵一生。所以上杭县也是新中国成立后拥有红军出身的将军众多的一个著名的"将军之县"！

2. 成长于一个勤俭、殷实、和谐的农民家庭

作为一个农民的儿子,童年幸福地成长于一个勤俭、殷实与和谐的山村家庭。祖上给我们家传下来还算有十几亩山间田地,也有一座不算小的多家由同一祖先传承的堂亲们合住的老房,后来父亲在就近小山根边一口有相当大水面的池塘坎上又造了一座有上下厅的砖瓦房,取名叫"松云别墅",这在当时当地真算得上是一个很有气派的风景点。门口那片水深适中、每年都得由村民投标确定归谁养鱼的池塘更成了我儿时弟兄几个及其他小伙伴们的天然"泳池"。我有时在水塘里憋足气一个猛子扎下去潜游到几十米开外,再冒出头来,运气不好可能会钻到一堆半悬在水面上的牛粪里去,而运气好时可能摸上一条大鲫鱼来!

位于一个大池塘坎上面朝太阳升起方向的"松云别墅"

据说我家祖上很穷,直到我祖父与他哥哥兄弟两人已是 30 来岁的青年时,因为祖上没有留下什么田地房产,都讨不起老婆还只得一起挤住一间破房子里,经常衣衫褴褛,吃了上顿没下顿,不时还得到邻居或邻近村子讨些饭来度日,当然也就不会有什么文化。但他们为人都勤劳诚恳老实,从未做过什么坏事,如遇有其他不知情的讨饭人到他们门前讨饭,即使他们自己的剩米剩饭很少也会不顾明天如何就去分些给别人,从不会赶人家空着碗就走。所以,远近乡里都知道"坝头埂"有这么两个穷苦诚恳的年轻好人!因而也有不少人有什么造房子和农忙"双抢"等急事时就会叫他们两兄弟去打工,实际上就是在帮助他们。据说有一天他们终于"时来运转"。他们兄弟帮工吃完晚饭回家的路上,微风袭人,皓月当空,他们来到一个小山岗上时,突然看见有一只大白兔在路边吃草,有人来了也不害怕还是在吃,两兄弟就轻轻地向前走去想抓住它,这时这只大兔

儿才不紧不慢地往山冈上跑去,兄弟俩就慢慢地跟在后面追,一直追到一个不大的由石头累起的石坎边时就看见大白兔往一个不大的孔洞里钻了进去,跑到跟前用手去抓捞,好一会什么也捞不着。两兄弟不甘心,决定由哥哥赶回家去拿锄头和口袋,以便把洞挖开,并等着兔子跑出来用口袋去套装,弟弟则守住洞口以免兔子跑掉。不久哥哥返回来了,两人就一个挖一个拿着口袋随时准备装抓兔子。挖了好一会时间已经挖得满深了,那只兔子还是不见踪影。突然锄头碰到了什么发出特别的响声,两人继续挖,开定睛一看却是一只相当大的白瓷坛子,仔细打量外观后认定不是通常装死者的尸骨罐子,搬出来打开一看,兄弟两人顿时喜极抱头相泣,原来看见的是一坛子金银珠宝! 他们相信这是那坛财宝变了兔神引他们来挖取的,这是上天对他们的眷顾,两人立时下跪叩头感谢天地! 然后就用那只口袋把那坛财宝装了乘夜抬回了家。兄弟俩很团结,陆续买了十来亩田地和盖了那座带上下厅堂的一座相当大的房屋,哥哥挑了上厅,弟弟就在下厅住了下来,随后两兄弟又相继讨了老婆生儿育女,好像就真是天赐的! 从此我们家的祖上就"绝处逢生、由穷变富",并由我父亲和我的四位姑姑及大伯公的儿女们加以传承和发扬,后来便有我们后代子孙们现在的一切! 这也完全符合人类千百年来传承发展的一种自然规律!

我父亲名叫朱梦发,是"梦"字辈的,可算是村中元老辈的一辈了,字松云,中等身材,据说儿时只读过二年私塾,但却似乎无字不识,无理不通,还写得一手好字,经常替人写对联或公函及信件之类,从不嫖赌,也不大喝酒,是远近闻名的一位热心诚恳的秀才。父亲农闲时在家也会指点我们兄弟读书写字,他自己也会看些"三国演义"之类的小说,也会给我们讲些小故事,待我们兄弟既严格又和蔼,尤其我有时还会爬到他老人家头上去玩呢! 当然,如果我们有谁不听他的话,或者老是记不住那个什么字,严厉时他也会吹胡子、瞪眼睛的,但这种情况很少发生,因为通常他的心情都蛮好,对我们总是有说有笑,不会板着脸孔。我的父亲是一位品格高尚、令人尊敬,曾与人合股做过小生意的那种山村农民。

母亲是当时乡里一位著名中医的第八个儿女,所以就叫陈八姑,五官端庄,身材中等,和父亲十分般配,夫妻恩爱,真是"天生一对"。她虽然不识字没有文化,但因少年时在我外公身边耳濡目染,就略懂了一些基本的中医知识和药理。她平时为人简朴诚恳,颇有思想见识,经常会给我们兄弟讲些诸如:小孩吃饭九分饱,晚上不喝盐水、不吃姜,大便要干净、小便莫留"根",口要多喝水、牙要勤"沾"洗、头要多晃动、身要多运动、体要多扭弯、手要多摆动、腿要多下蹲、脚要多走路、跳跃,多吃猪肝和猪龙骨,但不多吃大肥肉(她老人家不时为我们弄些番薯叶子炒猪肝给我们吃了"明目",还为我们兄弟年少时经常买条猪龙骨给我们斩碎炒酥吃,既好吃又补钙),等等,这些使我后来一生都养成了比较好"动"习惯的实用的养生"指南"。她老人家当时还不时会免费给人看一些小毛小病。我曾亲眼目睹过母亲给一个年轻人治过一种可能是刚发不久的"白内障",用一根梅花针在火焰上烧了一下就在他的一只耳朵背后挑断了一根特别的神经,出了点血,再在创口上加了颗盐作消毒,年轻人就回去了,据说不久那个人的"白内障"就消失了。所以母亲也是远近村庄受人尊敬的一个著名中医的女儿。

父母双亲身体力行,言传身教,我们兄弟几个从小就受到了热爱劳动、力求上进、热诚待人、尊敬师长、爱护小孩、帮助弱者、勤俭节约、不贪财色、不欺他人等纯朴农民优良品质的熏陶滋润。那时我们年岁较大些时,兄弟三人在农忙时都会跟着父母参加包括犁田、耙田、割稻、打稻、插秧等各种基本"双抢"劳动,近两百斤重的一担稻谷我在 17 岁左右时也能和兄长一样挑起来走相当一段路了,村里父老乡亲都看在眼里喜在心里,对我们兄弟多会投来相当赞许的目光。我们的双亲俩老虽然为了我们这个家和培育我们兄弟几个成材,耗费心力、操劳不已,但都活到了上世纪 80 年代末期九十多岁时才安详满足地离开了我们,算得上都是长寿有福之人。我 1987 年在英国留学期间,年逾九旬的父亲还给我来过一封长信,字迹和文字都还相当清晰流畅,真令我惊讶。现俩老的坟墓就一起安葬在我二哥第三个儿子叫"向阳"家的一座新房对面相距不远的一个小山坡上,中间只隔了一块水田就可以清晰看见,如果两边有谁讲话相互都可能听得见,我想双亲俩老也将会听得到我和二哥与侄儿们通长途电话时相互祝福的声音,也将会为他们在家乡上杭和北京、杭州,以及已经在美国定居的子孙后代们今天所拥有的都还算相当健康、安定、繁荣、兴旺的日子而含笑九泉!

我父母共生育了 6 个儿女:

最大的是女儿,叫朱彩姑,就是我大姐。她比我大 10 岁,我印象中长得还满不错的。可想而知,我的 Baby 年代大多是在我大姐的背上渡过的,我真非常感激她。可我后来才知道我的好姐姐在 1961 年家乡闹饥荒时就过世了,令人遗憾痛心,好在她已经留下了儿孙后代。

第二是大哥,朱永华,中等身材,比我大七岁,五官端正,长得和我较为相像,是一副老实人的脸孔。因家境困难不时停学,他从上杭一中毕业考取厦门大学后又归并到南京水利电力学院,1954 年于水利工程学科大专毕业,后在水电部北京水电设计院工作,工作表现出色,较快升了高级工程师,并享受水利电力部部级劳动模范待遇。据说大哥九岁时就与比他大三岁叫罗宝莲的童养媳大嫂睡在一房结婚了,后来他(她)们还生了一双儿女,分别叫朱冠彬和朱太秀。我的这位大嫂虽然不识字,但为人却精明能干,脑筋转的比许多认得字的男人还快,力气也大,样样农活都难不倒她,是我们家不可或缺的一个主要劳力,是我们家后来代替我大哥的一个顶梁柱,也是远近闻名的一位"铁娘子"。后来大哥因她户口进不了北京而于 1959 年和大嫂离了婚。但她和大哥离婚后,并未再改嫁而和我父母一起仍旧是我们家乡一家的主要一员。现在上杭家乡还有大哥与原配大嫂的女儿朱太秀与孙女儿朱路萌、路芳、路芬姐妹等多家,而在北京也有大哥和再婚大嫂陈秀贤生育的儿女朱奇志、奇颖等多名亲人,我和他们都还经常有电话及经济上的一些来往联系。托党和政府的福,他(她)们生活得都还不错。

第三是二哥,朱国勋,也是中等身材,比我大三岁。但可能是因为他还小而该上学的时候家境比较困难,他几乎和我同时而只比我上了高一年级的小学读书。后在家乡做了新中国成立后的一名小学老师。1952年冬即通过自由恋爱和现在的二嫂林永兰结了婚。他(她)们相依相伴生活了一辈子,先后生育了朱冠明、红星、向阳等儿女四人,现已儿孙满堂。几个儿女都很有出息,或做小学校长或做生意为包工老板或开店,在家乡都造起了不小的房屋,而且第三代孙儿已有大学毕业的,还有考上了国家公务员的,全家可谓生活得无忧无虑。我为他(她)们一家美满感到欣慰!

第四就是本人,然按男丁排行就算是老三了。人们都说我最像我母亲了。我儿时大约三岁前后是多灾多难,"不好养"。比较严重的事就有两件:其一是不知什么时候在我的右脸孔上长出来一个相当大的"疖子"。那时正值农忙,父母也顾不上我生了什么,大姐每天又要忙于给在十几里外忙着"双抢"的父母等人做饭送饭也顾不上我,不几天就长得更大还化脓了。大姐送饭去了,我一个小孩就坐在家门口的角落里哭着直叫痛,据说当时还发着高烧,头、滚烫、滚烫!这时父母他们却还在远处"双抢"呢!再拖下去对我这个只有三岁大小的小孩也不能说没有可能因感染而发的什么突发性的生命危险。据说就在这时不知从什么地方来了一位老太,看到我的这种情势,就拿了块打破了的碗片,尖尖的,很锋利,用手擦了擦,再洗了洗,就趁我睡着时将围着我的那块肿得相当大、流着脓水的"疖子"周围的苍蝇赶跑后,就突然将那块破碗片一下刺了上去!我当时痛得顿时大叫大哭起来,然同时那疖子里的脓血便直泻而出,几乎满脸庞都是鲜血与脓水。这位老太再按着我的头用破布擦了擦,事后也没有做消毒等什么处理。那天父母他们很晚才回来,父母都感到非常忧心,母亲抱起我伤心地痛哭不已,抱紧了安慰我说:"感谢那个路过的婆婆给你通开了,这下应该就会好了!"好在第二天我的那块脸庞就消肿了,皮也开始连结起来了,到现在我的右脸庞下部还留下了一个隐约可见的"疮疤",我自己仔细看还有点像个"丑八怪"呢!但我至今还是非常感激那位老太,是她及时解救了我,否则我这条小命会如何也不好说。其二是我在家里天井边玩耍时一不小心就一个人跌下去碰到天井底部所铺石板的尖角上了,顿时鲜血直流不省人事连哭都哭不出来了。据说当时脑部鲜血可能流了有一大碗那么多,真把爸妈给吓坏了。因为离县城有20里路,又要翻山越岭,送县城也可能无济于事就只好听天由命不送了,大家以为可能过不了那一晚。然到半夜时分我却奇迹般地叫喊起一直守在我身旁的爸妈来了,没过几天调养我又能下地玩了,但至今我的头部前右上角还留下了一个长合了的"口子"呢,好在似乎这一跌对我的后来并没有多少影响。所以,我的生命从一开始也可以说就是捡回来的!后来随着我渐渐长大慢慢懂事,也就开始知道保护自己比较顺了,但到今天我为有我的今天就感到已经很满足了!不过,这可能也与我家乡"古石岩"神庙"女娲"娘娘的"天佑"有关。因打从我那次跌破了头之后,母亲就感到我总是"不安稳、不好养",于是就在春夏之交农闲时的一天,那天天气还好,母亲就一早背起了我到离我们家约有三十里远处要爬好几座山(来回得走60里山路!)到一个有奇峰怪石、古木参天的别有洞天的古石岩神庙里,对着女娲娘娘神像诚心烧香跪拜,口中念念有词,当时我当然不知道母亲这是在做什么,只知道母亲总是在说什么"连生"与什么"儿子"之类的话。后来我略为长大懂事了,母亲才告知我当时她曾把我送给这位受天下百姓敬仰的女娲娘娘做儿子,请女娲娘娘一定保佑我健康成长的事。看来女娲娘娘当时是答应了我母亲非常虔诚的请求把我收为受她老人家天佑的一个佑子了,所以后来我在人生的道路上就一路闯来真的还算是较为顺利一些了。那时我虽大概只有3岁多点年纪,虽然不知道女娲娘娘究竟是谁,然这件母亲背着我去求神的感天动地的事我至今似还有记忆。因为我曾有过两位母亲的爱抚和保佑,所以我一直就对这两位"母亲"怀着一种懵懵恫恫说不清楚的"情感",这也是我多年来埋藏在心中值得纪念和引为慰藉的一个秘密。我记得在我高中毕业后考完高考的暑假期间,我和另一位叫钟文选的同学下乡去作"镇反"运动宣传路过奇峰怪石林立、古木参天的"古石岩"神庙时(其中有个叫"铁墩石"的石峰,笔直耸立,高达百米,撼人心魄!),我曾按母亲的吩咐进去向我的神母女娲娘娘神像烧香跪拜告别。可惜那时我虽然知道我一定能考上大学,但我还不知我已经考取了浙江大学,所以就还没有说明我会到哪里去,否则她老"神"家也会为我考取了浙江大学,会来到风景如画、是白蛇与许仙结缘的美妙天堂杭州而感到高兴。说起来母亲就是有点偏心,我们家除了我之外,其他没有人被母亲这么辛苦来回背了60多里山路送到女娲娘娘神像面前去送给她老神家做她的儿子或女儿的。在我心里,我小时候母亲是非常关怀爱护我的,这就是一个明证。每每想到有关往事,我心里就有一种无限思念我母亲的感觉,我的母亲真是我伟大的慈母!

　　儿时我和我两个哥哥一起的相处应该说是相当好的,相互间、尤其我和大哥之间从没有怎么打过架,在我们村子和邻近村庄里的人们多说我们是他们家孩子们的榜样。我们既是兄弟,又是家庭生活中的好伙伴。两个哥哥他们分别比我大7岁和3岁,他们尤其是大哥对我而言更是我学习的榜样和良师益友。当我还是小儿童时按家乡的习俗,大的总要背小的,所以他们都得用一种绑带把我背在他们的背上才能出去玩。我大了些的时候他们在家里由父亲指导读书、写字时我肯定就围在他们的旁边跟着他们呀呀呀呀地叫或抢过笔来也学着去写点什么甚至乱涂一通,然这样我也就会慢慢地懂得一些读书、写字的门道。再后来,他们尤其是大哥就会教我读和教我写,并带着我去上学堂了。如果有谁要欺侮我,那他们肯定是不会答应的,甚至还会帮我打、教我打。后来,我们在大哥的带领下,兄弟三人不仅同吃饭、同学习、同劳动,而且也还同游戏、同战斗。记得有一年夏秋之交,我去放牛时发现在离家不远的山坡上有一个像磨盘大小的蜂蛹基本都还未成蜂的一个马蜂窝,回来和两位哥哥一说,我们就决定冒着被大马蜂叮咬的危险要去割下这只大蜂窝来。当时主要由大哥安排考虑,先由他自己用棉袄等物把头、身体和手脚都包起来,到现场后用一头捆扎了足够的布与草再浇上些菜油并点着"火把"的长竹竿冲上去烧蜂窝把蜂赶走,这时我和二哥也都全副武装分别拿着镰刀和布袋冲上去,二哥去将整个蜂窝套住而我则用镰刀快速将蜂窝与一株小树相联的蒂头割下,其中任何一步都不得出错,否则就会以失败告终,说不定我们还会被大马蜂蜇个半死呢！我们一切准备妥善后即投入了战斗,一切如我们所愿,大获全胜。那时狂蜂飞舞,火把熊熊,蒂头割下,布袋扎紧,拔腿全跑,满袋而归。把蜂蛹剥出炒了后足足装满了一个特大号的汤碗,全家人真的好好享用了一回富含健身养料的美食。正因为有两位哥哥的带领和帮助,七八岁以后的我这个"老三头"就开始在村子里和我年岁相当的一群孩子中崭露头角了,读书、写字、跑啦、跳啦、游啦等等,似乎样样都会比别人高一着,至于爬树那更是像只猴子,很高的树也能爬上去掏鸟蛋,一根竹竿往我们家房子上一搁,三下两下就爬上了屋。然我待人一般都很有礼貌,嘴巴上像是涂了蜜,就像我现在的孙儿女朱文丽一样对长辈总是爷爷、奶奶、公公、婆婆的很会叫人。从七八岁到十四五岁期间我成了远近闻名的"坝头埇"村的一个"能文能武"的孩子王。每到假日,村里的小伙伴们就会惦记我回家没有,因为我们往往会一起爬树,一起游泳,一起"比赛",一起"打仗",一起"斗牛",一起"演讲",一起摔跤,一起呼号唱歌,一起"摸、爬、滚、打"等等,但我们从不乱来或真的相互打架斗殴。当明月高挂的晚上我们有时会在村子的小山岗上几个小孩子一起大叫或唱歌,虽然多是胡乱唱来,然我们村子和邻近村子,包括汀江河对面村子的人们听到了就会说"天使"般的"童声大合唱"又开始了！因而我们的活动基本都得到了村里宗亲们的好评,认为这样会有利于村里这些孩子们的健康成长。这就是我儿时在家乡山村所经历的那种人生最为美好的一段成长经历,其中不少我至今都还记忆犹新。

第五是小妹,朱福金,比我小四岁,据说因为生肖八字与母亲有冲突,出生四天后就送给汀江对岸的"坝尾村"一家农户做了童养媳。妹夫只比我小一岁,名叫郑喜庆,是我后来求学时可以帮得到的一个好友,后来他做了家乡一个小型水电厂的工人。他(她)们也有儿女多人,尤其三个儿子在家乡当地都算得上很有出息,现他们生活得也都相当幸福。

第六是小弟,朱永标,比我小八岁,为人非常老实忠厚,现在也已超七十之老人了,当年因和我们三个哥哥年岁相差大了些,所以虽然儿时我很喜欢他,不许村里有人欺侮他,但却连我实际上都照顾不到他了,因而他的学习就有些困难,初中没毕业就回家务农了,后来父亲帮助他和一个非常善良的哑巴农民结了婚,生了两个儿子,然生活得比较拮据,现应是受到国家在农村对困难农民的照顾之列,我也经常会给予适当的经济帮助。

因为我们家父母平时都为人热情诚恳、乐于助人,又都自己直接参加农业生产劳动,没有雇工剥削,家境虽相对较为富裕,还能供兄弟三人同时上学,"土改"时我们家成分就被评为"富裕中农",后又按国家政策改为"中农",即和"贫、下中农"算是一条战线上的。土改时我们兄弟都积极参与了土改工作队的各项宣传活动。

2005 年作者 70 岁时与妻儿媳妇由儿子朱立驾车经高速公路从杭州直达上杭
回乡探亲时在"松云别墅"老房子门前和部分亲人的留影

2005 年我们父子两代人在祖籍老家门槛上的留影

3. 一个"上杭一中"艰辛求学全面发展的少年

我最初的"求学"是从六岁"旁听""私塾"开始的,是跟着我两个哥哥和村子里几个都比我大些的男孩子,共有六、七个人每天一起要走五里路去比我们"坝头埗"村更大些的"玉女"村读的"私塾"。这个私塾还真是个私塾,和现在电视上经常出现的我国中原广大地区和江浙一带古时候的私塾几乎完全一样。第一次去求学那天要选个"黄道吉日",一早要吃用鱼和葱做的早饭,到了学校还要经过拜师烧香跪拜孔老圣人。因为回家有我父亲的指点,所以我两个哥哥尤其是大哥通常都不会在上学时被打板子,我也大有"跟着学"的福气,听老师问其他同学什么时其实我大多是知道的,但老师开始总是很少问我,因为我当时是年龄最小的一个"跟读"。有时回到家我父亲问过两个哥哥后也会突然问我:"你懂得吗"? 这时我总是一点也不慌张,就说:我知道,你问吧! 几乎每次问我的一般都能对答如流,因为不少就是父亲刚刚才问过哥哥的,我当然不会连这点都跟不上。

那个不论寒冬酷暑几乎每天背着小书包求学的日子终于经过三年时间结束了。我九周岁那年我们兄弟就进城住校开始我们新的包含当代语文、算术、自然、音乐、体育等在内的算是现代化学校的"求学之路"。开始大哥、二哥都仍然和我进了"城西小学"读书,经入学测试,大哥读了该小学五年级,二哥读了该小学四年级,我读了该小学三年级,所以我的小学不是从一年级开始的,因为前面读了三年私塾。后来大哥又通过考试相应升入了"上杭一中"初、高中部读书,二哥也通过考试相应升入了"上杭二中"读初中,而我则通过统考相继晚二年和一年升入了和大哥一样的"上杭一中"初、高中部读书。我从小学到高中大约九年时间的求学过程,几乎每个周末,不管风吹雨打与寒冬酷暑,都得和两个哥哥或其他男孩结伴带着够吃一个星期的每人一袋米和一个装满了梅干菜或冬咸菜等食物的竹罐头与书包等物,翻过几座山岭单向行程约 20 里路,还要渡船摆渡通过村边的那条汀江。现在这里已经有官民结合修建的水泥公路了,但这在从前却是从上杭到长汀交通的必由之路的一段,其中一座较高的山有长短和坡度不一的 900 个台阶,人们就叫这座山为"九串岭",因古时候以"一百"为"一串",九百就叫"九串"了。背了米或挑了担还要爬那么高的山,着实会令人颇感气急劳累。但这也"锻炼"了少年时代的我的意志品格,正如爬山时一些前辈路人经常会对我们少年所说的:"爬高山,不怕高,莫怕慢,只怕老是偷懒坐又站,只要一步一步往前赶,再高的山头也高不过你的脚底板,越高的山头风光就会越灿烂!"后来我体会这不就是一条非常贴切的人生奋斗的哲理吗?!

我的少年时代,从小学(城西小学)到中学(上杭一中初、高中部,福建省立重点中学),总共大约九年时间,包括全县统考在内总是在班(年)级上考第一名,包括文艺、体育、文学演讲等在内似乎还有那么一点"全面发展",向来是一个班级或学校的学生干部,经常参加各种文、体及学校集会、比赛等活动。而且在学校里,我还有很多好同学、好朋友,其中多数都是班上学习和表现名列前茅的佼佼者。我们经常在一起复习功课、一起打球、一起游逛、一起备考,尤其在考试前通常他们多会围在我身旁要我回答他们认为可能会考的各种问题,看我如何回答,现在他们中大多都是著名的主任医师和专家教授等。当时由于我各方面表现都还较为出色,1950年秋在上杭一中我还只是初中三年级的学生时就由一位年轻的物理老师推介发展第一批加入了共青团,后来我也在我们班上介绍发展了几位好同学入了团。

我17岁高二时经专区运动会选拔以上杭全县两名选手之一,以"200米障碍赛"项目运动员的身份于1952年秋代表"龙岩专区"到福建省会福州参加了福建省首届运动会,虽在2m高的木墙面前我可以一跨、一翻而过,然在"福师大"等那些体育运动健将面前我当然只得名落孙山了。但17岁我就去过福州这么个大城市这个经历却给我留下了不可磨灭的印象。那时我离校前后两个月,回校经补习复习,期终一考还是班(年)级第一名。据说我高中阶段的班主任亦是语文老师赖元冲先生(后调任福建龙岩师专教授)就曾对我高中毕业时的各方面表现作了相当高度的评价。

高中阶段包括音乐、体育、历史、地理、图画、生物、英语及语文、数、理、化等全部课程百分制每门课程,我的总平均分数达96.2分。据说这是上杭一中当时历史上的最好纪录。我的考试试卷,特别是历史、地理这些要"背功"的课程,经常被老师以"标准答案"示众。可就是有时连我自己也感到不好意思,因为我的试卷往往写得密密麻麻,字亦写得不好,歪歪扭扭的,作"标准答案"真的不规范。而且,我后来自己亦感到我这样其实并不好,因为虽然看上去是"全面发展",似乎都蛮好,当时跳高通常一跃就能跳过1.5m,体育成绩基本就是满100分,包括当时流行的苏联"红军舞",我也花了不少时间去学习,有的时候也能在地上来那么一下打起"转"来,叫"扫堂腿"等,对我的身体锻炼也许会有些好处,然我却并没有什么特别的专长,在学业上也谈不上是一个有什么真正特长的学生。一个人的精力总是有限的,应该是"全面打好基础,侧重重点课程,形成强项特色"才对,没有重点,平分精力,这完全不符合学习、做事的"用兵之道"。但这已时不待我,人生塑造自我非常宝贵的高中阶段就这样已经似乎相当完美,而实际上却很可惜地一去不复返了!

总的说来,从我在上杭一中求学的少年时代开始,在上杭一中和随后的浙江大学两个母校当时优良的教育环境条件下,使我逐步形成了"志存高远,修炼身心,勤奋好学,务实创新,团结上进,潇洒人生"的精神理念,这为"我这一生"后来的创业奋斗,并取得了一些科技创新成就培育了强大的精神动力。

4. 一个大专毕业留校任教的浙大学子

1953年夏,我从上杭一中高中毕业,七月初即从上杭到漳州参加高考,经龙岩整整步行了三天后,一百多名男女少年同学像货物一样挤在三辆解放牌货车里,再经一天汽车颠簸才到达目的地,几个女同学差点没有把肠胃吐出来。其时又值蒋介石在"东山岛"搞所谓的"反攻大陆"事件,我们上杭来漳州赴考的学生经联系安排,落脚睡觉的地方只能在一家临街的较大商店里,所睡地铺与马路只隔了一层木板,马路上整夜都是急促的令人心惊肉跳的马蹄声,第三天赴考时还多感疲惫至极,我也颇感昏昏沉沉,脑子真不好用,考试就感大失水准,是我从未有过的那种相当糊涂的感觉,考分肯定不可能好到哪里去。考虑家境困难,也不想离家乡太远,又不喜欢吃馒头,和我大哥读了个南京的"大专班"一样,就曾填报杭州的浙大"普通机械设计制造"专科两年大专班,以求尽快出来有个工作,对我的家庭状况而言这也是上策。后来真的被浙大这个学科专业以大专班学生录取了,心想真要感谢浙大招生的老师,我爱这个"抉择",我一定好好学习报答国家和浙大。后据曾任福建省人事厅厅长的高中老同学说,据知当年福建省招生办,对凡自愿填报大专班的考生,不论其考试成绩高低,只要上线,都首先按其"大专"第一报考志愿高校投档,因为当时国家急需通过包括浙大、交大等在内的著名高校举办大专班来速成培养一批"自愿"的"大专"建设人才,这样对福建来说也可提高本省考生的录取率。

那时浙大新生入学都是8月底9月初,但上杭得到录取通知已是10月国庆节过后好多天了,马上办理各种手续,又步行了三天到长汀,再乘长途汽车(算是改装成的那种有座位的货车)从长汀经吉安到南昌又开了三天才到,再乘经常要停的那种慢速火车即慢车,经过一天一夜到杭州时已是10月16日,上课已经一个半月了。

一路颠簸劳累,我一个星期后都还在天旋地转。但我第二天就去学校报到上课了,上课当然是稀里糊涂,第三天就来了理论力学课程的平时测验,前面未上课的照样要考。后看到发回的考卷只有2分时,顿时想起父母,忍不住就痛哭流涕。心想过去在上杭一中总是考满分的朱国辉这下也有当头一棒的时候了。到底是大学,难读!

大学难读!但我就不相信别人能读我就读不好!再难也得攀高峰!这就是我的风格!好在期终考试各科成绩还多是5分(满分),在年级中成绩一下子就名列前茅了。

那时我们大专班教材与同专业的本科生相同,每周上课时数达38~40学时(本科生每周仅为26~28学时),每天上午6节课之外,至少还有两天下午还得上体育与实验课等,把大家都累得透不过气来,两年时间下来整个年级就由于身体不能适应等原因,120名学生减员为87名!

尽管学习非常紧张,但我总是坚持每天下午4:20以后的"课外活动"体育锻炼,这样第二学期就被推选为班级文体委员,接着更被推选为"班三角"中最主要的一角——团支书。1954年秋被评为浙大首届全校三名"三好学生"之一,并于该年底前由专业主干课程主讲教师、机械工程系(包含教工与学生的)党支部书记陈仲仪教授为介绍人加入了中国共产党(他对我在学期间的学习成长和所担任的学生班级工作都很关心,真是学生的一位良师益友!)。而且,由于当时浙大学生食堂由国家供给每月每人标准为9元钱的伙食,至少对我来说是相当的好,两年下来我的身高增长了4公分,由1.64米长到1.68米高了。1955年夏在全校毕业典礼大会上,由校领导决定点名要我代表当时全校近2000名本、专科毕业生讲了话。我在讲话中表示一定不负浙大母校所望,毕业后在各自不同的岗位上一定要为国家经济建设和科学发展事业奋斗终生！据说当时我和其他一些同学一样已被国防工业部门先期录用去北方某军工大厂了，后学校领导决定将当时全校53届大专班毕业生中10名学业表现特别优秀的人员扣留档案留校任教。后来这批大专留校任教的毕业生都成了浙大相关学科专业的党政组织和教学科研的骨干。毕业后一段时间我还参加了当时全国性的校"肃反"运动外调，几乎跑遍了祖国各地，为我校不少教职工澄清了"政历"疑点。

5. 转行"化工（过程）机械"学科再拜师学艺

毕业留校后1955年秋即经著名专家王仁东教授引导改行来到化机学科任教（当时教研室包括我在内全部在编教师仅6人），首先旁听化机（过程装备与控制工程）专业主干课程，再认真自学了一遍当时机械工程类大学高等数、理、力学等基础课程。"善于自学和向能者与实际学习"是一个人"才智能力"不断提升发展的源泉。我自感今生颇能自学必要的高等课程，连数学中有相当难度的《运筹学》，我也曾自己基本学懂了就"现炒现卖"辅导了我家亲人中从英语专业毕业没有多少"高等数学"基础的一位"女强人"，帮助她获得了浙大"金融经济"研究生班考试全班较高的82.5分。我真要借此机会感谢从小学、中学到大学我的老师们对我的教诲，其中包括高等数学课程老师周茂清教授（浙大数学系名师），机械原理与零件课程老师全永昕教授（浙大机械系名师），机械制造工程课程老师陈仲仪教授（浙大机械系名师），留校后又旁听了化机专业主干课程，包括化工原理课程老师谭天恩教授（浙大化工系名师），尤其化工机械力学基础课程恩师王仁东教授（浙大名师，解放初的二级教授）等，是他（她）们教我打下了良好的数、理、力学、机械设计与制造工程和化工过程化工单元原理科技，尤其化工过程装备等相当全面宽广的科技知识基础。当时明确我的主要教学工作就是为王仁东教授所开《化工机械制造学》课程助教。而恩师对作为他助手的学生的成长提高，更是从多方面给予了特别关注。一年后，即1956年秋冬就安排先赴南京化工公司现场自我实习；我在自行现场实习和准备带领化机53届毕业班同学下厂毕业实习的同时，并为该厂"工大"完成了生平第一次开讲的近40学时的**投影几何**（人称"头痛"几何）课程讲课。记得有一天在我讲完两节课后，一位上了年纪的老师模样的人走上前来，对我说："我是南京工学院的，你讲完了这门课程之后将由我给他们讲《机械工程制图》课程，担心你年轻，还从未讲过课，而且这门课又很难讲，就赶来在下面听了你几次课，现在知道你讲得很好，空间概念交代得很清楚，思路很清晰，你在课堂上提问同学们多能给出正确回答，我就放心了，我接下去讲他们应该有基础了，下次我就不再来听了，特来向你告别"等等；当时我对他这样真诚的一席话真感到有点不好意思，就说："我确是第一次给学生讲课，这门课我也没什么体会，就是在浙大做学生时学习了一遍，现在把我的感受拿来讲给学生上课而已，恐怕没讲好，有什么问题请提醒我，下面还有几节课我还好改正"等等；后来化工公司还给我发了生平第一笔讲课费并给浙大送来了一封表扬感谢信。在我于1957年5

月上旬完成了"南化公司"自我实习和作为学生毕业实习的一名主要带队老师带领化机首届(53届)毕业班同学毕业实习的任务后,1957年8月底又经恩师王仁东教授通过蔡伯民教授安排去北京石油学院与哈尔滨锅炉厂进修"化工机械设计"和"焊接工艺与无损检测技术"并旁听北京石油学院当时苏联专家所作"压力容器工程"讲学等。期间除对哈尔滨锅炉厂各种压力容器制造过程进行实习和焊接与无损检测进行实际操作外,还从厚钢板筒节纵向与环向深厚焊缝焊接制造过程的"电渣焊接"技术中得到启发,提出了一种高效的"电渣连续铸钢大型厚壁圆筒"新技术,得到了当时苏联专家的肯定称赞。该新技术几乎一天就能连铸一台30 m长大厚无缝的高压容器毛坯,制造工效比当时获国家科学发明大奖的立式砂型铸钢式高压容器制造技术提高几十倍!然我本人于1959年夏就感到该新技术并不完备,筒体还是不如钢带材质质量不易确保,其难免的整体加工与检测非常困难,就又开始了新的高压厚壁压力容器创新技术的探索。1958年秋从哈尔滨锅炉厂实习结束回校时,我也已完成为回校开课写好了约达50万字的《化工机械压力容器制造学》课程讲稿。1958年秋回校不久即"双肩挑"担任专业党支部书记,并随即为化机55级开出《化机制造学》专业主干课程。所编教材1962年初被全国化工机械学科专业选为通用教材出版。1962年秋一个"大专生"经学校评审报教育部批复破格晋升为讲师!这些都为我后来开出《压力容器工程》等研究生课程和科技创新奠定了坚实的科技基础和强劲的奋斗动力!

6. 发明价值重大的新型绕带式高压容器获国家技术发明奖

1964年初,即经约6年时间的艰苦思索,又经实验室试验成功,我提出了一种制造更为科学合理、制造效率很高、生产成本最低、使用非常安全可靠的"新型薄内筒扁平绕带式高压容器"新技术。1965年即30岁时我成功地同时主持南京和杭州两地新型绕带式高压容器工程规模产品大型科研试验验证,并通过当时国家级的鉴定准予投入批量生产。后列入三部联合颁布设计制造标准JB1149-80。随即该新型高压容器就在国内得到安全推广应用。当时,鉴定会上国内一批著名专家们认为,这在我国化工机械行业将是继获国家科技发明一等奖的"铸钢式高压容器"之后的又一重要科技创新成果。然而1965年春我带着研究成果和现为浙大低温工程学科教授、博导、国内外著名专家的陈国邦等四位60届学生首先去的工厂,却是大连附近的金州重型机械厂。该厂以制造多层包扎式高压容器设备和将向德国复杂型槽钢带缠绕技术方向发展以制造大型型槽绕带式高压容器著称。据说该国营大厂于1958年花费当时的5000多万元人民币向匈牙利引进了德国那种复杂型槽钢带缠绕技术的装备,主要包括一台2 m(内径)×25 m(容器全长)的电加热钢带绕带机床、一台50 m长大型搪内筒内壁加工机床、一台25 m长精密加工内筒外壁面扣合型槽的车床等装备。我和学生们的到厂和我与他们见面时的简单介绍给了该厂总工程师以极大震动。因为新型扁平绕带容器经我简单介绍就无可辩驳地表明要比德国的那种绕带容器科学先进得多。德国的那种双面都有扣合型槽的热绕钢带缠绕技术,其钢带需要复杂双面型槽结构,轧制非常困难,缠绕时需对钢带进行大功率电加热,缠绕装置和技术相当复杂,而其内筒必须经 50 m 甚至更长(如容器长度达 40 m,则需 100 m 长等)的特大型搪床精密加工内筒外壁面以供和钢带缠绕相互扣合,且其各层钢带都只能单向缠绕,将迫使内筒受到钢带绕层一种强大扭力作用并引发容器内筒轴向脱扣断裂爆破的严重危险。该型容器不仅制造困难,工效低下,成本高昂,且容器始终处于一种绕层可能发生脱扣而发生容器整体轴向断裂爆破危险状态。这些在我当时的论文中都作了分析研究。因我事前并不知该厂已于去年即 1964 年恰由这位上了年纪的老专家、总工程师为首的一批科技人员已做过这一大型研制(据说那时除花费约 5000 万元人民币进口特殊绕带设备以外,就花费 200 余万元试验科研经费),我的简介完全出乎他的意料,一时真不知该如何对待才好,所以就再不见我了。当时我真想找到该厂领导,希望能和他们合作研发新型容器。但好几天找不到这位总工,只好去找当时大连市机械局到该厂蹲点的局长即现任厂长,说:"我带了已初步试验成功的科研成果来贵厂求取合作,我想向贵厂科技人员介绍,如认为没有新意我就马上带学生卷了铺盖回浙大去,如认为确有良好发展前景,我们可以合作,为国家建设作贡献,请能给以支持"。这位原局长感到我诚恳在理,就马上叫来厂办主任,叫通知全厂科技与生产骨干和技术人员明日上午在会议室开会,请浙大老师作科技报告,请八级老工人等也参加。第二天就开了个科技报告会,参加人员近 60 名。我的分析对比使在场的科技人员和老工人感到"非常好"。经过几天时间的介绍讨论后,一致认为我们厂校应为此而合作,走出我们中国自己的发展路子来,并很快就达成了一致意见。即由工厂派有关科技领导和我一起到北京向机械工业部领导汇报,请求立即立项开展新型扁平绕带容器的产品研制工作,而向匈牙利引进的德国型槽绕带容器的产品生产工作从此暂时中止(因该型容器潜在危险)。第二天我和工厂设计科科长就一起上北京汇报并经当时北京通用机械研究所苏友泉总师的严格审察(当时要我再向通用所几十位科技人员作了专题学术报告,大家共同进行了热烈的探讨),后即立即得到了通用所这位德高望重的总工和其他领导等的热情支持,表示应大力予以推动发展。但后来产品研制任务却下到了南京第二化机厂(即由浙大、通用机械研究所和南京化机二厂合作进行内径 500 mm、内压 30 MPa 工程产品的研制),而非金州重型机械厂,因为当时考虑到了与日本的紧张关系。等待期间,我回浙大向校领导作了汇报,同时又得到全国劳模、杭州锅炉厂厂长兼总师陈有生的热情关注,他当即表示杭锅厂不再发展美国的多层包扎式高压容器而要立即搞扁平绕带了。他第二天即向浙江省科技厅汇报得到批准后即又在杭锅厂立项开展了新型绕带容器产品研制工作。所以,从 1965 年的 7 月至 1966 年 1 月的半年间,杭州和南京两地就同时紧张地开展了新型绕带容器产品的研制试验工作。期间**恩师王仁东教授给予了热情支持和指导**(后来老师对我的学术成长都曾给予热情帮助与支持,尤其对绕带式压力容器的科技发展优势方面更作了高度评价,多次在全国性会议上推介:**"新型绕带容器,层间止裂,抑爆抗爆,使用非常安全可靠,加之焊接量最少,制**

造工效最高,成本最低,适于大型化,应该是世界高压容器的发展方向"等等),化机所姚遵刚、周保堂、王春森、沈庆根、华永利、顾金初、张景铎、丁窘果等一批老师,经原党总支书记黄固同志等系领导同意都积极参加了当时两地的研制工作,而我自己则南京、杭州两地来回跑(当时的开课任务由潘德龙老师分担)。**作者借此对相关单位和参与人员、恩师与同事们谨表衷心感谢!** 那时我真忙,所以连儿子朱立的降生我也是赶着回家的,但仍感精力充沛。杭州和南京两地先后相继完成新型容器爆破试验,并先后成功召开当时国家级和化工部的科技鉴定会议,都准予投入批量生产。这就是当时的简单发展经过。那时的发展势头应该说是真好!我原本希望能在国内适当的且有共识的大型制造企业推广制造,但当时机械工业部似也不够这个权力,以致至今仍未能突破"大型化"的关。而随后到来的"文革"运动和层间不加工热套技术"热"也客观上阻碍了它的"良好的发展势头"。这是这项科技那时所错过的"最好机遇"。该新型绕带式高压容器已在我国推广应用 7500 多台,直至 2011 年,主要由郑津洋教授努力,正式以"错绕钢带筒体"为名列入了中国压力容器国家标准 GB150-2011(详见 GB150.3 附录 B-2011)介绍了其设计规范。这将可能为这项科技带来新的发展前景。

7. 多次获国家相关科技重大奖励,成功安全推广应用 7500 多台,创当时全国高校名列前茅的超 10 亿元降低制造成本重大经济效益

自 1965 年以后,我们浙大化机一批师生,在作者和黄载生、王乐勤、李桂仙、钱季平等几位老师,以及后来郑津洋教授的带领下多次到上海四方锅炉厂、杭州锅炉厂、合肥化机厂、广东佛山化机厂、青岛通用机械厂和巨化机械厂等单位,帮助解决了在新型绕

我们经常到绕带容器制造厂(右 1 为浙江巨化公司机械厂韦润时厂长)
现场检察钢带缠绕质量(1986 年)

1981年1月新型钢带错绕式高压容器获国家科委颁发国家科技发明三等奖

带式高压容器工程产品的设计制造中的各种技术问题,包括工程产品制造品质的试验鉴定等方面,均获得成功并推动实际应用,帮助厂家获得数以亿元计的重大技术经济效益(据1994年全国10个制造厂家的"全国绕带容器行业科技发展与标准化研讨会"不完全统计,全国安全成功推广应用达7000多台,创降低工程产品制造成本纯利润直接经济效益超10亿元,其中并不包括因制造过程节能降耗约80%、缩短制造生产周期近50%、缩短设备在役停产检查的时间与因内筒较薄没有深厚焊缝而降低的检测费用约50%,以及因绕带容器的推广应用所产生巨大的工农业生产发展与安全环保等方面间接的累计超百亿元的巨大社会效益,而且从未发生过任何一件恶性断裂破坏和伤害过

“新型绕带式压力容器”因推广应用取得重大经济效益获科技进步一等奖

（另有个人一等奖奖状）

任何一名生产现场工人的事故!），并在浙大和王仁东教授的积极支持下于1978年获全国科学大会奖，1981年以“新型薄内筒扁平钢带倾角错绕高压容器的设计”为名获国家科学发明三等奖（指由“浙大化工系朱国辉等”所发明“的设计”，而非整个项目的成果）。1990年又以“已创重大工程应用经济效益的科技成果”获当时国家教委科技进步奖中排名第一的“一等奖”等奖励。国家教委当时颁发给我们的这个“一等奖”奖项，按当时的做法是可以如同当时其他许多部委级科技进步奖一样再向国家科委申报（经再评审）转换成国家级科技进步奖的，但后来作者未再去联合其他获奖工厂企业，再去申报评审转换成可能的相应的国家级科技进步奖。期间，我们还先后得到原浙江省副省长兼省科委主任刘亦夫同志（1982年秋他带领我们一起赴京参加全国科学授奖大会，火车上他关心地向我了解了新型绕带容器的发明过程和未来发展前景等，他的认真提问和对发展前景的深入思考，就如同行家里手，真是一位睿智、严格又热忱的革命前辈领导!）与省科委和劳动部（通过部锅炉压力容器质量监督与技术研究中心教授级高工李学仁总师支持）国家八五科技攻关项目的多方资助，破天荒地成功开展了工程规模的“新型绕带压力容器在线安全状态自动报警监控技术”试验研究（该试验研究，尤其应力应变测试技术方面特别得到了同组叶丽娟老师的积极帮助与热情合作，借此对她的工作和贡献谨表衷心感谢之意!），更为“多功能复合壳”创新科技提供了更为完备的重要科技含金量。同时，我也于1990年冬和当时浙大的路甬祥校长等极少数校领导一起，被国家科委和国家教委联合授予"全国高等学校先进科技工作者"称号(据知当时全国高教系统总共只评出了 200 名因科技成果突出的授奖人员,其中不少后来都成了"两院"院士)。由于成绩卓著,和其他于 1990 年底前由国务院学位办评聘为博士生导师的教授一样,1992 年开始获终身享受国务院政府特殊津贴待遇。

另外,根据《中国教育报》1984 年 3 月 27 日的报导,据家教委 1983 年的统计,1982 年以前我国高校的获奖项目中,累计经济效益达亿元以上的只有两项,浙江大学研制成功的"新型薄内筒扁平钢带高压容器的设计"累计经济效益最高,已达一亿五千万元。

8. 所发明的"新型薄内筒扁平钢带倾角交错缠绕式压力容器"破天荒列入了国际上最具权威的美国 ASME BPV 规范

"中国发明的新型绕带容器的各项技术性能指标都很先进,但为何美国的规范上却没有"? 这在中国当时"引进成风"的年代,中国相关产业领导部门的领导和技术老总们总是借以对新型绕带容器在国内的更大推广应用所持的一种共同的"疑问"和"托词"。所以,一定要把中国首创的新型绕带容器列入国际上最具权威的美国锅炉压力容器规范! 然而,要把中国的创新科技成果列入美国机械工程师协会 ASME BPV 锅炉压力容器规范标准,非常难。因为美国同行专家,多少难免自感"老子天下第一"。不要说是中国的,就是西欧的,他们也往往不放在眼里。其评审过程也非常严格,每个项目要经过六个层次数百位同行专家们的审查,即使很顺利通常都得二年时间,而每次评审会议只要有一位专家投票反对就会"中止评审"。所以除美国本土技术以外,至今世界上只有日本和德国的共二项国外技术经过多年评审才算先后被列入了美国的规范。从 1995 年夏开始,我作为来自中国浙大拥有发明成果的一位教授,先后多次和美国佛罗里达国际大学(FIU)机械工程系主任李时明教授与陈锦盛教授和一位美籍印度化工专家 Dr Manesh Shah 等一起从参加他们在纽约召开的专业组会议开始,又到另一个城市召开的高一层次的会议,直到最后那次是在旧金山所召开的最高层次的全国性专家评审会议,几乎每次分发我们的资料,提出要将中国的"新型绕带式压力容器"列入美国规范,投来的自然多是"怀疑的目光"。但因经过多年实践我们的科技从理论到实际工程应用都是当前最为"科学先进"的,每一个包括设计理论和制造科技相关问题,我都能从理论上和实践上给以完满、科学的答复(在英语语言上,每当我听取和表达发生困难时都会得到前述几位专家教授的有力帮助,借此我对他们谨表衷心感谢!)。至今在中国化工等各种工程上虽已成功制造和多年安全应用 7500 多台各种这种新型高压容器,然这种可以制造得比现有其他技术更大得多的新型绕带式压力容器,却由于种种原因只制造应用了内径达 1 m、壁厚达 120 mm、内部长度达 28 m 的设备。我要把其允许制造应用的内径提高到 3.6 m 大型化程度,当然这更是一个非常的"难点"。但我现场只用了一张简单的对比图就使专家们信服理解了。即当用同样截面的钢带,缠绕在内径 1 m 与 4 m 的内筒外面,不言而喻,内径大时钢带反更易缠绕和贴紧。正由于"新型钢带交错缠绕式高压容器"具有突出的科学先进合理性,1996 年和 1997 年经美国机械工程师协会六个层次、数百位同行专家、两年时间的严格评审,始终无一人投票反对,终于都以免于在美国再作任何复核试验的极其优惠的条件,分别以规范编号 2229# 和 2269# 作为继日本和德国之后来自中国的第一项重大机械工程科技成果而被批准列入当今国际上最具权威的美国机械工程师协会锅炉压力容器规范标准:ASME BPV Code Section Ⅷ,Division 1&2,可允许在国际上推广制造内径达 3.6 m、壳壁总厚可达 400 mm 的包括高压尿素合成塔和高压热壁石油加氢反应器等在内的各种高压大型贵重的扁平钢带交错缠绕式压力容器设备(在钢带交错缠绕壳壁上,和单层或多层容器壳壁类似亦可按规定相应开孔接管!)。通过之时全场起立,热烈鼓掌表示祝贺!这是中国人的一次值得"引以为荣"的时刻!同时在美国,作为可以控制外国制造新型绕带科技产品的"新型扁平钢带绕带机床装置",经美国专利局技术开创性和先进性与实用性审查检索,亦获得了相应的发明专利(US Patent Nomber:5676330,10,14,1997。该见本书第十篇主要参考文献)。

9. 发明制造高效,能耗与成本最低,应用安全,覆盖面广的四种重要类型"多功能复合壳"压力容器工程创新技术

多年来作者和后来的郑津洋教授等一起,带领浙大化工机械研究所一批本科生、硕士生和博士生,在变革德国的"较薄型槽内筒外双面复杂型槽钢带单向缠绕"等国际上高压厚壁容器先驱工程科技的基础上,研创 10 余项专门科技并初步成功推广应用制造成本最低(可降低达 50%)、制造工效最高(可提高 1 倍以上)、焊接量和能耗节减可达 80%、"抑爆抗爆"、安全可靠、可实现经济可靠的"在线安全状态自动报警监控"的更具长远科学发展优势的创新科技,即如下四种重要类型具"多功能复合壳"优异功能特性的压力容器自主创新工程装备:

1) 薄内筒扁平钢带交错缠绕高压容器工程产品

(内径可达 3.6 m、内压可达 100 MPa、壁厚可达 300 mm、长度可达 40 m。可用以设计、制造各种贵重大、中、小型高压和超高压容器设备)

2) 薄内筒对称单 U 槽钢带交错缠绕大型超大型高压容器工程产品

(可用以设计制造各种贵重中、大和超大型高压和超高压容器设备,内径可达 6 m、内压可达 100 MPa、壁厚可达 400 mm、长度可达 40 m 或更大,其制造工效将更比扁平钢带交错缠绕式容器更高)

3) 全双层结构压力容器、贮罐和大型油、气长输管道工程产品

(适用于壳壁总厚为 2 ~ 40 mm 的各种重要中、低压和微型高压容器设备,及各种双层化锅炉和废热锅炉筒壳等的制造)(特别适用于中、大型贵重和通常难以检测而破坏后果往往又较为严重的各种中、低压容器与贮罐设备,包括固定和移动槽罐设备,以及核站与核处理容器等)

4）薄内筒单 U 槽钢带交错缠绕大型和超大型压力贮罐工程产品

（内径可达 20 m、内容积可达 20000 m³，可用以取代目前国际上使用状态相对不够安全可靠而开罐定期安全检测有相当困难的各种类型尤其大型和超大型单层结构球形及筒形压力贮罐的技术）

综上所述，已包含 10 余项专门科技在内的四种重要类型"多功能复合壳"压力容器工程自主创新科技，显然在国际上具有长远应用的突出发展优势，也是以我们为主培养研究生过程及与科研院所和制造厂家合作"毕生奋斗"所得的研究成果。当今世界可能只有浙大化工机械研究所的师生，根据我们多年学科理论与工程实践研究所累积的经验，向世界和美国机械工程师协会据理宣称：**四种主要类型应用范围宽阔的钢制压力容器"多功能复合壳"创新技术，将为世界重大压力容器壳壁构造工程科技带来富有希望的重大变革**（详见第 9 篇："致美国机械工程师协会总部专家领导的科技报告"）。

10. "值得一提"的 12 项重要其他科技创新与社会活动

作者曾任多年全国化机学科专业教学指导委员会成员，多届浙江省压力容器学会理事长、浙江省机械工程学会常务理事兼学术委员会主任、全国压力容器学会与化工机械学会理事和杭州市发明学会副会长，及《石油化工设备》《压力容器》和《化工机械》等科技杂志编委等兼职。期间曾多次作过"发明创造"和绕带新型压力容器等方面的讲学，并为浙大"求是学人谈成才"一书撰写了一篇题为"创造性思维是发明创造的关键"论文，详细介绍了"发明创新和创造性思维之间的关系与发明创造的几个主要思维过程"等。

同时，作者也曾多次参加省内外重要科技鉴定会议，并曾担任多年浙江省宁波市乡镇企业局科技顾问，以及应省内外及上海、南京等地不少工厂企业的即时邀请前往帮助解决生产中的一些重要工程实际科技问题，曾和化机研究所黄载生、顾金初、王宽福、蒋家羚、王乐勤、郑津等教授老师一起到国内主要绕带式压力容器和其他化工机械制造企业或城市煤气公司等地，帮助解决了绕带式等压力容器设计制造有关科技、400 m³ 液化石油气球形压力贮罐、啤酒发酵罐、液化石油气钢瓶、多类阀门、玻璃钢氧气瓶缠绕机合理设计、电缆硫化、橡胶气垫床硫化等诸多厂家的生产实际工程技术问题，由此也曾帮助多家制造厂通过鉴定会议提高了工程产品的科技水平，并也产生了数以亿元计的重要技术经济效益。

其中，"值得一提"的重要科技创新与社会活动主要有如下 12 项较为突出的事例：

1）曾在"文革"后全国性重要"教改"会议上为"化工机械学科"专业正名

作者多年来对学科专业的性质和发展方向与我们浙大应保持和发扬的"机器和容器设备并重"等办学特色已形成了自己的科学见解。记得是 1973 年初，天气还很冷，当时国家机械部由一位副部长在沈阳机械学院主持召开"全国高校机械学科专业设置座谈会"，邀请我国较为著名的一些高校机械学科专业参加会议。我们浙大仅邀请了我们"化机"和"流体机械"专业参加，因时间紧迫，液压的一位胡老师和我经批准乘飞机先到北京再转火车到沈阳代表浙大出席了会议。化机专业全国仅有我们浙大一个高校出席会议。在化机和冶金、矿山机械等专业分组会上机械部教育司的有关人员转达了社会上人们对化工机械及其他学科专业所曾有的一些"否定"的说法，以征求我们对"文革"后高等教育教改的意见。如对我们"化工机械"专业，说什么："化工机械"专业，化工不如真正的"化工"，机械不如真正的"机械"，力学（所有机械工程学科最终都归结为机械构造的固体、流体及动力学等力学问题！）不如真正的"力学"，很容易被"取代"了，似"没有存在和发展的必要"？等等。这是"文革"后首次有关"化工机械"等机械工程学科专业设置问题的国家级座谈会，这显然关乎包括"化机"等各种机械工程类学科专业的今后去留发展问题。

我听了后感到这些人实际上都是由于对"化机专业"不了解的缘故。就作了大致如下的发言，说：如此说来，在座的"冶金、矿机"等许多专业恐都有类似状况。就连"汽车"或"飞机"等类似专业，也不是机械不如真正的机械，力学不如真正的力学，发动机不如真正的发动机（内燃机）吗？然"化工机械"专业，实际上却有自己的特别的"专业教学特色"和科技培养工作的主要范畴与需求：即结合当代各种化工及物理的"生产过程"的高温、高压、高速、强腐蚀、强辐射等及其各种特殊的包括大型的承压容器、贮罐及加热、冷却等工况所需的装备和各种压气机、输液泵、分离机、混合器、搅拌机及各种特别的阀门装置等，就像航天器或飞机设计或汽车等专业一样，都有其各自的和通常的机械、力学、化工或发动机等不同的特殊的机械工程科技专长和学科范畴。通常，普通的所谓"真正"的化工、机械、力学的毕业生是很难立即就可上手从事真正的"化工机械"的科技工作的，就像我自己是从所谓真正的"机械设计与制造"专业毕业留校任教的，如不经重新再学习，不到南京化学工程公司和哈尔滨锅炉厂等去重新学习化工过程机械装置与各种压力容器装备，以及厚钢板弯卷、焊接、检测等特殊的制造工程技术，什么大型高压压气机、各种特别的换热器、大型压力贮罐、高压氨合成塔、高压尿素合成塔、高压石油加氢反应器、核反应堆压力壳等，还有什么多层包扎式、型槽绕带式、厚板卷焊式，以及我自己前不久搞成和推广应用的扁平钢带倾角错绕式高压容器等，你真不可能一下就搞懂了。我也曾和不少名校的所谓真正的"力学"、"机械"以及"化工"的老师们在一起开过一些什么技术分析会议，如果不先看些资料，仅听听介绍，牵涉上述这些化工工程装备的科技问题，我敢肯定那他或她肯定连门都摸不着，因为真的是"隔行如隔山"，通常他们主要就是在他（她）们那一行上有比较中肯的见解，而牵涉专业问题上的科技问题基本都没有太深入的分析。这当然是正常的，因为他们实在是不了解。不了解那个科技领域，再大的科学家都不可能在那个领域有什么重大的创造发明。当然反过来如果所谓"外行"的人经过"再学习"，则任何专业都应该是可以被"取代"的。如"汽车"或"飞机"等这些专业，难道其他通用机械或力学专业的毕业生就不能取代航空学院或汽车设计专业的毕业生？当然这里还涉及学生个人的各种才智状况，甚至化工专业的优秀毕业生经过努力奋斗也是可能适应航空工程科技工作的，这样的事例肯定不少。我国"文化大革命"前化机专业的师资队伍中就有很多有名的老师就是由学化工专业转过来的，他（她）们不是也很出色嘛！但这是不能去说什么那个学科专业可以被其他什么专业"取代"的，因为那是个别情况，而非总体普遍规律。我甚至还说：除了"数学专业"以外的很多专业，包括航天专业、力学专业等等，其数学方面的总体水平当然都不如数学专业，那么能否说航天专业、力学专业等也不必办了，因为航天专业、力学专业等等，他们的数学非常重要又不如数学专业，我们就专门大办数学专业就够了，将来由数学专业的人去搞力学、搞航天是否就可以了？这当然应该是笑话。在我发表上述见解过程中，主持会议的机械部教育司的同志和与会的高校代表都频频点头。这样经过一些讨论，与会其他机械专业的老师都感到：有道理。都认为我们这些机械学科专业都有类似情况，而这些专业在我国当今社会经济建设和科技发展事业中实际上都有相当大量的长远需求，当然也就确有保留和发展的必要，此后就再未听到类似的上述"三不"的说法了。这就为"化工（过程）机械"等不少机械工程学科专业的设置和发展在"文化大革命"后的首次全国性教育改革方案座谈会上正了名。

其实，化工（过程）机械学科专业，是一个关系国家能源、化工、炼油、轻工、食品、制药等工业生产，以及与核站和液氢液氧制备贮存工程等相关的国防科技战略发展，内涵独特，非常重要，极具良好发展前景，属我国一级学科"动力工程与工程热物理"性质的一个机械工程学科专业：

其一，这个学科以发展现代化工和物理生产过程的特殊机器与装备为教学、科研和工作服务的工程科技对象：面向重型化工、大型炼油、核能电站、轻工制药、食品加工、油气长输、空分制氧、海洋开发，以及航天工程中需用的液氢液氧供应、贮存及其特殊推力发动机与固体燃料生产供应、贮存等，在国民经济建设和科技发展中占有重要地位的能源、化工、轻工，以及现代国防科技等重要工程领域；

其二，这个学科所涵盖的各种气液压缩、输送、反应、裂解、传质、传热、分离、贮存等主要大型过程机器与压力容器设备等工程装备，具高温、深冷、高压、高速、高真空、强腐蚀、抗辐射，以及大型化、精细化发展趋势和腐蚀疲劳断裂破坏与迫切需求发展装备在线安全状态自动监控科技等学科范畴的特殊性，确与汽车、飞机、船舰、冶金、采矿、采油、精密机械、水力机械、动力机车、锅炉燃烧、液压传动，以及透平机械、往复机械与金属焊接技术等其他机械工程学科专业的属性不同，既有现代化工和物理生产过程的基础学科科技，更有工程材料和机械工程力学强度与各种特殊构造及长期使用过程的安全检测、在线监控与安全评估等学科科技。其科技范畴非常广阔，属性内涵独具特色，特别是其中的各种大型、精细化的压缩、分离机械，换热设备，和包括大型尿素合成塔、炼油加氢反应器、液氢液氧贮罐、超大型液氨乙烯贮罐与核堆压力壳等在内的各种特殊承压装备；

其三,这个学科所培养的专业科技人才,数理力学、工程材料与现代工程监控技术等基础理论扎实,设计、制造、检测与监管等专业工程知识面宽广,面向的工作服务工程科技领域几乎包含所有化工工程类、工程热物理类,以及油气输送与贮存类的工厂企业与研究院所,并亦包含相关国防军工学科专业的各种化工过程机械工程科技的设计、制造、检测、监管与高等教育等部门,因而工作服务适应或就业面历来十分宽广。一个国家,仅化工工程类就设置有无机、有机、高分子、药物化工、生物化工等多个化工学科专业,而相应的化工过程机械装备科技发展就只有一个化工(过程)机械学科专业,何况其服务面向还包括物理过程机械与国防军工机械在内的更为广阔的其他学科领域。

没有化工(过程)机械学科专业的教育事业的发展,及与其相应的各种化工与物理过程典型机械工程装备的设计、制造、检测、科研等工程产业与国家监管等部门科技的提升,各种相当庞大的现代化工与物理过程类工厂企业和能源核站与制氢、制氧等工程,以及相关的国防军工等部门,就都无法获得现代化的各种"装备",因而其现代化的大批量连续化生产及其过程的"自动化控制"就都"无从谈起"。国际上与其相对应的仅各国的锅炉压力容器协会(学会),就是一个相当庞大的国际工程师的专家科技组织。

2) 曾为浙大"低温工程学科"专业争取了适时"设置专业"的发展机遇

1971年秋冬,我作为原在化工系的低温科研组党支书兼连所长的身份,受研究所领导层的委托,和梁树德(为石油化工专业发展司)同志(后曾任浙大党委书记),在化工系教学秘书吕荷雨同志的带领陪同下一起出差北京(为此,吕荷雨同志还热情请梁树德同志和我一起吃了一顿北京烤鸭!),我们都专门到化工部教育司找了当时的于文达处长。我主要是代表浙大请求化工部同意我们浙大低温科研组设置低温专业,每年招收30~40名学生,毕业后主要由化工部优先安排分配。于文达处长要我去找部领导商谈此事才有可能考虑。因当时低温工程科研方面的人才主要是化工部二线(国防军工部门)有所需求,所以我就到化工部找了当时分管二线的陶涛副部长。陶涛副部长是位上了年纪的女领导,身材高大,声音洪亮,但显得和蔼可亲。我向她汇报了我们浙大低温科研组的科研、办学条件和目前的科研任务后,提出:"想利用这些科研与师资条件,每年招收30~40名大学本科生,毕业后(当时招收的都是三年制学员)首先主要由化工部分配使用,也请化工部每年支持给我们一些科研项目,这样既可完成科研任务,又为国家培养了人才,我们浙大这批师资和科研条件又能发挥更大作用,而化工部从此也会有优先的人才供应渠道,其他军工部门也可相应供应,视招生规模而定,这真是一举三得。"等等。陶副部长当即说道:"你们浙大为我们都想得那么周到,真是一举三得,我们那还有不支持的道理!?"就快步起来拿起电话给于文达处长下达了她的决定:"请你以我们化工部的名义,向国家教育部门报告,请浙江大学为我们培养低温工程专业的科技人才,每年30~40名或更多一些,列入国家招生计划。"这样,我们浙大低温科研组就于1974年正式列入国家计划开始招收学生了,从此浙大低温科研组就正式确立为"低温工程"

专业教研组。后因校内学科专业调整,"低温工程专业"转到了现在的能源工程系,得到了发展,成了浙大一个重要的博士学位授予点重点学科。

3) 曾为低温科研组(研究所)电解制氢装备,和邵件教授一起解决了电解水氢气渗透膜板框平面机械加工问题

1971 年秋至 1972 年春夏之交,当时的低温科研组邵件等老师提出想搞"电解水制氢装置",立即就得到了当时连队和系有关领导的支持。经电解水制氢机械、电器和氢气水封贮筒等图纸设计完成后,即进行了在原低温组向前得到略加扩大的场地上的土建和机械、电器装置等的施工等工作。这当中项目具体负责人邵件老师真是一名"得力干将",工作非常积极认真负责,可以说其中大部分的工作主要是由他具体动手或由他具体主持请人完成的,如电器部分主要就是由他请了电机系一位女老师和一位电工师傅帮助完成的,机械部分的设计和加工也主要是由他具体主持由所内很多老师动手画图和跑腿连系完成的。那时低温组经过 1971 年春夏之交一次液氮装置爆炸事故的考验洗礼(当时每小时八立升液氮(液氧)装置的冷凝塔底部一根紫铜管道连接部位在约 15 MPa 操作内压下脱焊引起爆炸,一声巨响后塔内珠光砂保温填料喷洒满房,经分析原因、总结教训后即行修复、开工、恢复液氮、液氧供应)后,我们一批年轻人,干劲十足,团结奋斗,所以这项工作进展顺利。但其中有一件事令邵件老师相当头痛,那就是约有50 个电解氢气渗透膜铸铁板框的机械加工问题,送出去加工当然可以,但有关工厂感到质量要求高又很难装夹,要求提供相当一笔加工费用。我作为当时的"头"了解了这一情况后就和他商量,我想到了当时化机教研组在教四圆柱大厅里放置了相当大的一台旧的龙门铇床,尺寸大小正合适,但要按"六点定位原则"作出科学合理的支承定位与特殊压紧夹具设计,就可以利用来对其进行机械加工,而且简单可行。我和他就画了图请人加工好了"利用高度低于板框厚度四边简单支承定位和斜面压板夹紧的夹具"后,便在教四圆柱大厅靠墙一边,固定了那台大的龙门铇床,每天他和我轮流值班自行操作进行板框双面的机械加工。那一段时间在教四圆柱大厅,龙门铇床加工这些铸造板框时刀具碰撞切削所发出的巨大尖刻响声真令人有撕心裂肺、地动楼摇之感,没有足够胆识的人恐不敢去做这样的加工操作(好在当时比较"无政府主义"无人来管理此事)。经过足足 20 多天,所需板框总算被按质按量胜利完成了机械加工任务。

4) 曾和化机所顾金初教授一起创新了一种被推广应用的"高压气瓶纤维缠绕机床"

记得是在 1967 年秋天,当时浙江省轻工厅承接了一项研制"复合材料高压气瓶"(一种设计内压为 15 MPa 的玻璃纤维缠绕氧气、氢气高压气瓶)的军工任务。这种高压气瓶的重要特点是质量轻,通常直径约 200 mm、长约 1.6 m 左右,主要用于航空航天航海与军事领域。这是一种由玻璃或其他诸如碳纤维丝团经某种适当的环氧树脂浸透,再按规定的环向与纵向方式通过机械化装置缠绕于以某种铝、塑料或不锈钢材料做成起密封作用的内胆外面,完成纤维缠绕后再经高温固化处理,以使其壳壁能承受内部的高压作用。因而这就需要一种纤维缠绕机床来批量制造这种高压气瓶。据知当时轻工厅由一位富有经验的老工程师来主持这项设计,完成后邀请浙大等一些机械工程人士前往帮助审核,我也是被邀的一位。会上这位年长的谢工给我的印象确是设计周密,经验老到,令人佩服。但在我看来其最大的缺点就是机床的总体设计不当。即在纤维的缠绕过程,应该让气瓶在机床的固定位置上仅作适当的固定速度旋转,而不应放在机床导轨上既要旋转又作来回往复运动,这样机床的长度就得接近两倍气瓶的长度了,而且机床也会因此而变得相当复杂。相反,如将气瓶固定于机床的主导轨上方仅作适当的固定速度旋转运动,而将用作缠绕的纤维丝团丝头置于如通常车床的溜板刀架上,通过环氧树脂浸透后来回往复连续缠绕于气瓶内胆上。只要通过一种机构使这种溜板来回往复运动能相对于气瓶两端作挂颈运动将丝团缠绕于气瓶颈部,形成8字形缠绕,便可完成任何方式的纤维缠绕,高效地完成这种气瓶的缠绕制造。由于纤维丝团和通常的棉纱相似,软柔可动,其环氧树脂浸透小箱的安置也不会有什么困难。所以,这种新的纤维缠绕机床不仅长度大为缩短,而且机构也将大为简化。

当时在会议上我的这番即时分析,结果竟然导致该原有相当完美的设计(设计图纸资料真有一大落!)难产了。这使我甚感抱歉。过了没多久,工宣队都进校了,突然说要我们浙大去帮助完成该种纤维缠绕机床军工任务的设计。经工宣队同意安排,我和顾金初老师被指定一起前往"小三线"临安的一个工厂,并一起到武汉等地作了些考察,经和顾老师多次一起反复思量,将通常的车床溜板裙部改造成垂直面内带有适当长框控制销轮来回往复来推动溜板的机构,而将通常的刀架改成安放纤维丝头树脂浸润、拉紧测力等小型设施的装置。不久,如同普通车床一样的结构紧凑实用的"新型纤维缠绕机床"的新的设计方案便应运而生了。后来因"文化大革命"运动需要我被召回了学校,该种新型纤维缠绕机床的设计任务就由顾老师承担了,从设计计算,到加工组装试验都由他主持和工厂一起完成了,不久几十台这种新型机床便被用于"玻璃钢氧气瓶"的批量生产,并被国内其他工厂照样制造推广了。工人们反映,这种装置的确灵巧好用。

5)曾为浙大化机所"超高速回转试验台"和一位比我年长受我尊敬的老教授一起创新了一种稳定可靠的"钢板卷焊立式圆筒支承底架"新结构

大概在1972年秋冬,我们化机研究所主要由一位当时年龄较长的老师担任总体设计并由几位教师们组成的设计小组,一连数月在一楼西头原"泵、压"实验室搞"高速回转试验台"的设计。有一天上午这位老教师正在化机那间实验室设计"高速回转试验台"总装及其支承结构。我当时略有空闲便站在旁边观看并问了些问题,我知道这是一种相当复杂的用作高速回转机器中多种叶轮的高速与超高速回转强度破坏试验用的立式装置。因为是用作高速或超高速回转破坏试验,该试验装置各部分的结构的正确联接和稳定可靠当然都非常重要。其中,作为对整台装置中的叶轮回转破坏试验内带铅砖的防爆腔主体部分起立式支承作用的"下部支承结构"也很重要,既要稳定可靠,又要合理制造和装拆,还要求在这种"立式支承结构"内部相应相当狭窄的空间内便于容纳和安装为叶轮作高速回转的需要提供高速回转变速箱与动力连接等部件的位置及其装、拆的途径。当时这位担任总体设计的长者正在深深思考如何设计这"下部支承结构"问题。他此前所收集到的美国、德国及日本等国的相关科技图片资料显示都是为由沿周向均布的单独起立式支承作用的"三个相同独立钢架"组成的立式支承结构,并已在总装图中画出了这种"分体"立式支承钢架结构的基本结构图形(该图形就像是给一张要求摆得非常平整的重而又大的圆桌安装上三只相应较长、较大些的桌脚一样),但总感不妥。这种"分体"立式支承钢架制造倒也不难,下部变速箱等部件的安装和装拆也都可以满足,但为作叶轮高速回转试验时整台装置的稳定性及其安装后整台装置的水平精度与加工要求及其整体刚性的确保等都将是相当困难的。这位经验丰富的老师正在为此而担忧。当我了解了其中原委以后,当时就在实验室和这位比我年长受我尊敬的老教师开始一起讨论起来,我们想到了在教学中经常强调的"机械结构工艺性"理念问题,于是我们当场就一起明确提出了一种"两端带法兰的钢板卷筒整体立式支承底架新结构"。即完全抛弃国外原有的"三足鼎立的分体式钢架"支承设计理念,而选用适当厚度的钢板,较为严格地控制其下料宽度尺寸后,经非常简便的"弯卷"焊接成圆筒状(如其圆筒两端的平行度不理想还可在立式车床上作初次粗加工),在其两端焊上强度与几何尺寸合理的法兰后,再作必要的立车精加工以提高圆筒两端装配平面必要的精度,然后基本对称地从三个方向适当割去钢板卷焊圆筒除起支撑作用以外的多余部分,以便供作内部变速箱等部件的安装与装拆时提供必要的空间与通道(如经检测,其两端法兰平行度达不到要求还可再作一次立式精车加工)。显然,其制造加工当然既简便、又合理,水平精度几可确保,而钢板筒壳的刚度与稳定性更是非常可靠,其安装、拆卸当然又相当方便。这样,一种新型的"高速回转试验台"创新支承结构就在我们浙大化机研究所诞生了。通过后来的具体设计,加工制造,试验验证和实际使用表明,对类似机型的应用这都是一种重要的科技创新,应具有推广应用和相应的技术经济价值。看来连美国、德国和日本等这些科技先进发达国家的专家们,对此种超高速立式回转装置的底座支承结构的设计理念也并未真正达到足够先进的境界。这项"立式高速回转装置支承结构"似乎并不困难的"世界性难题",终于由我们浙大化机研究所通过多年应用实践,作出了似乎简单然却是其构造原理上的一种变革。

6)曾帮助南京化学工程公司化机厂解决了"内径 2.8 m 大型高压尿素合成塔"120 mm 厚封头冲压发生的严重质量和损失问题

1984 年春,南京化学工程公司承接了镇海石化总厂大型装备国产化制造重任,其中就包含内径 2.8 m 大型高压尿素合成塔等工程装备国外设计、国内承包制造的任务。各项工作都进展顺利。唯独在内径 2.8 m,高 35 m 的大型尿塔两端 120 mm 厚半球形封头的热态冲压引伸操作中发生了严重撕裂问题。五只封头备料已压制了四只,然均在球形封头过渡部位发生了撕裂,其中有两只半球撕裂口相当大,这边可以看得见那边,还有一只压制封头备料未用。如该价格高昂的 120 mm 厚 19 Mn5 钢板备料还有多余,那当然在作必要的工艺改进后便可继续压制,直到压制成功为止。但该厂当时为节省资金只向德国订购了可供压制五只半球封头的备料(已有 3 只安全裕量),如若再向德国订购,钢材到货时间即使很顺利至少也得一年以后,而影响工期一年,中方必须作金额巨大的违约赔偿。

怎么办?该厂邀请了国内知名 30 多位专家前往帮助,我也在点名邀请代表浙大到会之列。赶到大厂后经现场参观介绍多数专家感到难办!第二天开会时会上好长一段时间无人发言,似都感不置可否。为了避免各种巨大损失,我终于忍不住第一个发了言。我认为后悔、埋怨是不能解决任何问题的,应为国家利益着想积极帮助工厂探索解决问题的途径。既要争取避免巨额违约赔偿,又要确保大型球形封头压制质量,保证镇海石化总厂年产 52 万吨尿素生产的安全可靠。我分析主要原因应该是球封冲压过程温度区间过高或过低而冲压速度又可能过快所致,因为 19 Mn5 单层厚钢板对温度敏感,过高、过低都易引起压制过程撕裂。我提出了如何处理的几乎相当完整的一套方案:(1)将已压制破裂最严重的两只封头几个典型部位作金相解剖,测定各项主要性能状况来分析确定最佳的压制过程温度区间;(2)明确了封头压制过程的最佳温度区间后,必须通过操作过程分析来严格加以控制,确保最后一只备料封头压制成功;(3)对已发生大口撕裂的压制封头,对其裂缝两端近处作金相解剖分析与机械物理性能试验和强度设计机械强度指标要求比对,如相差不大,说明开裂部位的性能指标仍可以满足设计性能要求,则就仍有价值对压制后发生撕裂而并不很严重的两只封头适当挖除表层与两端裂尖部位后进行合乎该钢材焊接工艺要求的补焊及必要的焊后热处理等;(4)压制和补焊封头均应作全面的磁粉、超声和射线无损检测,使用过程也作定期定位无损检测并和原始压制状态的检测结果比对,以观察控制其变化状况,等等。我的这些意见方案得到了与会专家们和厂方专家们的一致认可并作了些补充完善。工厂有关人员立即投入了战斗,第二天就给出了一些重要的可喜的结果,经压制并发生开裂的封头裂尖近处部位性能指标仍可满足设计指标要求。以后经工厂认真冲压制造和焊补处理,终于压制和补焊成功可供应用的两只大型半球封头并与多层包扎筒体经环向焊缝焊接相联制成了一台质量优良的大型高压尿素合成塔,按时提供镇海石化总厂安装投产。此后更已安全使用至一年后验收前(实际已安全使用至今)。本人可能就因参与了那次重要的分析会议帮助解决了上述问题,曾于 1986 年夏天以可能是最年轻的一位专家代表浙大(全国高校化机专业应邀参加会议的代表仅有原华东化工学院踞定一教授和原南京化工学院戴树和教授两位老前辈和我三人)被特邀参加了镇海石化总厂成套设备国产化国家级验收专家会议。

7）曾在全国性科技研讨会上为国家制订"液化石油气钢瓶判废执行标准"提出了重要合理化建议

随着科技进步,液化石油气在我国也快速得到应用,因而液化石油气钢瓶便被大批量制造应用。然而几年下来数以百万、千万计的这种煤气钢瓶却在全国各地给人们生活带来方便的同时,也给人们的生命财产带来不时发生燃烧、爆炸等严重破坏。为此,大约于1981年,国务院亲自下文要当时的机械工业部机械科学研究院组织国内科技单位对在用数千万上亿只液化石油气钢瓶的安全问题作出科学处置。因而在用煤气钢瓶的安全评判报废国家标准便被提上议事日程。当时,这一重大课题由国内北方一著名研究所承担。他们经过大量试验研究,得出应以钢瓶做超水压试验检验时的残余变形率作为最主要判废依据。为此,1982年初夏在北京召开了全国性这项课题的评审会议。当时我和化机所叶德潜老师应邀参加了这一会议。会上,我们听过承担单位的试验报告后,应主持人要求,说是请浙大老师带个头,叶老师又要推我讲,之后我便作为浙大代表首先即席发言作出了分析,叶老师接着发言作了肯定和补充。我们指出:在用液化石油气钢瓶的检测判废问题相当复杂,超水压试验检验时的压力高低与卸压残余变形率这一指标和煤气钢瓶的在用安全性,并非呈线性必然关系,从理论和试验结果都可说明,其关联性通常都相当分散无序,往往难以形成依存关联。如残余变形率低者,其超压试验压力可能很高,也可能很低。所以,我们建议要从多方面考虑判废依据,原则是既不放过一个"坏"的,也不要冤枉一个"好"的,经济性和安全性都重要,而且关系千家万户生命财产安全的事更重要,为此一定要由专门的检测机构来处理在用钢瓶的定期逐个安全检测:(1)钢瓶外观一定要检查,外表就有严重变形、锈蚀或破坏者当然不能再用;(2)超压试验一定要达到1.25或1.5倍设计压力要求,承压能力理论上要有余量;(3)卸压残余变形率应控制不大不小的适当范围,太大的,表示强度较低,钢瓶热处理时温度过高了;太小的,甚至没有残变,表示强度较高,热处理温度偏低,有材质变脆危险;(4)应给钢瓶各有代表性部位打简便的硬度检验,各部位应显示较为均匀,否则,表明热处理温度不均匀,甚至有局部过热或不足而变硬变脆;(5)要给钢瓶检测厚度,尤其凸肩部位及底部,局部腐蚀了,壁厚变薄了,强度就可能不足;(6)钢瓶的环焊缝和接口焊缝每只都应作气密性检测和适当比率的无损磁粉等检测抽检,如此等等。只有这样多管齐下,方可较为可靠的提供安全使用的前提条件。我们的发言得到了与会者的强烈反响。当时参会的现为北京航天航空大学材料工程系的钟群鹏教授就十分认同我们的即时分析发言,并以他受北京市劳动局和市煤气公司之托所作的近六百只报废了的钢瓶的爆破试验结果,来加以补充分析说明我们之前所作的分析建议(我们也因此而成了相互敬慕的朋友!)。承办这项国家紧急项目任务的北方某研究所,后来基本采纳了这次与会人员的分析建议,在作了进一步的完善试验研究之后便形成了我国第一份"在用液化石油气钢瓶安全检测判废标准"(试行),供全国各地执行应用,这必然产生了显著的经济与社会安全效益。北航钟群鹏教授所领导的试验研究组,后来亦更完善了北京市在用钢瓶安全检测判废标准,在应用中为当时拥有几千万只在用煤气钢瓶的北京市提供了较为科学合理的安全判废依据,几年累计产生了超千万元的显著经济效益,不久便获得北京市科技进步一等奖。钟群鹏教授学识渊博,成果丰硕,1999年成功增补为中国工程院院士。后我曾即去信对钟群鹏教授表示热烈祝贺!

8) 曾和杜广思工程师一起帮助原钱江啤酒厂解决了20台啤酒发酵罐制造质量安全评估问题,避免了超500万元的经济损失

大约于1981年夏天,原钱江啤酒厂制造并已安装了20台内径2.0 m、长度达20多m的卧式啤酒发酵罐,设计内压为0.6 MPa,筒壳外部还适当加焊了螺旋盘绕的对内部发酵物料进行冷却之用的槽钢,为常温低压容器设备。开工前经杭州市劳动安全监察部门检查,发现几乎所有筒罐的焊缝均因焊接工艺不当,特别是完成内壁焊波填焊后进行外侧焊波填焊前反向挑挖焊根的工作很不彻底,因而几乎所有焊缝都存在严重夹渣,以及某些未焊透等严重缺陷(连续长度不少近200 mm),因而按规定需作拆除返工或报废处理。但这一拆除返工或重新定购制造安装,一来一往的经济损失,包括影响数万吨啤酒生产工期至少一年,这个乡镇企业的经济损失就至少超过500万元。当时杭州市劳动安全监察局杜广思工程师(浙大化机77届毕业生)就此事来找了我,我们一起到现场考察后,感到问题确很严重,要拆除重装损失确也很大。我们当时注意到了一些重要的"细节":这批啤酒发酵罐实际操作压力通常不超过0.3 MPa,而且其16 Mn材质的实际壳壁厚度为12 mm远远超过设备设计要求的8 mm,物料对壳壁内壁腐蚀通常很小,所以实际应力水平很低,并还有一定的外部螺旋盘绕冷却用槽钢的保护作用。而且即使按原设计内压要求的壳壁应力强度考虑,设当筒罐壳壁内部深埋了4 mm当量厚度、只要内壁韧带厚度不小于4 mm,即使存在连续长度达400 mm的裂缝,按国际著名"断裂疲劳寿命计算的Paris公式"来计算,我得到其使用寿命可达100年以上,而且到时主要仍将是发生主要由于夹渣引发裂纹扩展的泄漏问题而非发生壳壁的严重断裂爆破。于是我就在约有20位专家参与的技术分析会上提出:A. 对所有筒罐作全面无损检测,不允许存在裂纹和未焊透,也不允许有超过4 mm当量厚度和很长的深埋夹渣和大的气孔,如发现,挖去后按规范补焊并作无损检测确认;B. 严格实际操作压力控制,不得超过0.3 MPa内压;C. 对所有筒罐按规定作使用期间的定期安全检测,发现较为严重状况应立即卸压处理。如能执行这三条要求,我建议仍可投入生产使用而不作报废处理。会上我还进一步作了按国际上现有断裂疲劳理论和相关的基本数据所作的计算结果说明。显然,即使不作报废处理,按上述方案处理也可确保安全使用50年。我当时曾说:如发生了泄漏,我不管,因为有那么多夹渣缺陷,那是很有可能的,无损检测通常解决不了这方面的问题;如发生了筒体壳壁突然严重断裂爆炸事故,你们可以来找我,因我要重新审视国际现有这些疲劳寿命计算公式和相关材质基础数据的可靠性,以及你们所作焊缝无损检测的准确性。当时杜工对我所作的相关分析都给予充分肯定和支持。

9）曾和李一华老师一起应邀帮助广东佛山化机厂解决新型绕带高压容器水压试验中所谓变形率过大的制造质量问题，避免了超千万元计的重大经济损失

1976 年 9 月，我和研究所李一华老师一起应邀前往广东佛山化机厂，因为该厂所制造的一批内径 600 mm、内压 32 MPa 的新型绕带式高压氨合成塔在做竣工水压试验时发现内压残余变形率超标。国家标准规定不大于 10%，而该厂产品则达 13%，广东省劳动安全监察部门要作报废处理。然当时定制使用厂家却等着要这批设备，以满足当地农业生产对化肥大量供应的需求。这个问题该如何处理？该厂通过广东省石化厅发函浙大点名请求浙大派发明人并可带助手乘飞机前往帮助，一切费用均由该厂报销。这是我直到当时从未有过的"高级"待遇，因为过去到南京和杭州两厂搞新型绕带容器爆破试验时所有费用都是由学校报销的，搞试验到深夜时的晚点可能还要自己出钱才有得吃，现在人家请你去就只要去人就行，当然很高兴就和李一华老师一起去了。到了那里我们都不认识，接机的副厂长和设计科梁科长等人还不相信我这个瘦瘦黑黑、中等身材、似还年轻（当时我已有 41 岁了）的人就是他们要请的人，眼睛还拼命往我后面看，他们似乎要接的人应该是个老头儿，后来李老师上前说："这就是朱老师！"他们才连忙说啊、啊的，就招待我们驱车回佛山住进了我们从未住过的高级宾馆"佛山宾馆"。当晚款待我们的饮食方面那真是会使你知道什么叫"吃在广州"之含义了，广州佛山人很好客。当然我们也深知厂家可不是请你来吃饭的，第二天他们就向我们介绍了详细情况，请我们帮助处理。看来这个"广州饭"并不好吃，因为试验的结果摆在那，不好说"好用"，也不好说"不好用"，你都得给他们说出个道道来，看你怎么说？看你是否真有什么"真知灼见"？

经过一个不眠之夜的思考，终于理出了头绪，并得到李老师的认同。我们以往所作绕带容器试验时都曾发现容器的径向和轴向都有相当程度的缩小和缩短的现象。现在该厂的产品超压试验时残余变形率超常，约为 13%，超出国家标准约 3%，表明容器内筒的直径和长度和原始尺寸大小相比都有某种程度的增大，且超出了规定值，这按规定当然是不允许的。但说起来这个超差的数值也不算大，仅 3% 而已。如该产品容器内筒的直径和长度经钢带缠绕后缩小和缩短的量比容器经超压试验时膨胀和伸长的量还多，那仍然表明该型绕带容器的实际残余变形率至少仍可满足国家规定的指标要求，即小于 10%。这个情况必须通过试验来作分析验证。我和李老师决定请工厂选一较小直径（500 mm）和较短长度（筒体部分长度 1.6 m）的高压容器产品（油水分离器）做试验对比，因为既短又小的容器缠绕钢带相对较难，这样得到的结果更能说明问题。当容器内筒按规范制造完毕后选定径向和轴向作较为精确的多次初始测量并做好记号和相应记录，然后即可按和内直径 600 mm、约 12 m 长高压氨合成塔产品相同的绕带参数进行钢带缠绕制造，绕制过程可做应力应变检测，绕制完成后水压超压试压前对内筒径向和筒体长度即轴向方向的缩小和缩短数值的测量，最后再作容器经水压超压即 1.25 倍设计内压试验后的内筒径向和轴向变形的测量及流体试压过程残余变形率的测量,均要求认真仔细作好记录并妥为保存。我们和他们在一起共同奋斗了三个昼夜终于就得到了一个相当完整的结果。结果显示该最小的一种产品绕带容器,经 8 层 6 mm 厚钢带缠绕后,内径 500 mm、厚 16 mm、筒体部分长度 1.6 m 的内筒,其直径平均缩小超 0.5 mm,1.6 m 长筒体平均缩短 1.69 mm,残余变形率也约为 13%,而超压试压后内筒径向缩小值几乎不变仍保留 0.5 mm、轴向缩短值仍保留 1.63 nmm,即钢带层间所消耗的压缩变形量很小(可按小于 10% 计量)。这就充分表明,这种绕带容器经过多层钢带预应力缠绕后其内筒环向和轴向实际上都受到了压缩作用,其预压缩量均大于 0.1%(0.5/500 或 1.6/1600),这已是一个相当可观的预压缩数值了(通常钢材的最大屈服强度残余变形率为 0.2%)。扣除容器内筒的实际受到的压缩变形后相应的内筒实际残余变形率仅约为 3%。这是一个很小的非常好的残余变形状态。与此相似,钢带缠绕更易缠紧的内径 600 mm 的高压绕带合成塔,其真实的变形状态当然不言而喻。在这个试验结果基础上,我们和该厂在广东省科技局和化工局主持下召开了有广东省化工设计院、机械设计研究所、化工研究所、华南理工大学及广州锅炉厂等部分工厂的专家 30 余人参与的分析评定会议,经我们介绍分析后得出的一致结论认为,该厂所生产的一批内径 600 mm 的绕带式高压容器应为优等品,可确保正常条件下的安全使用。会上我们完满地回答了与会专家们对新型绕带容器所提出的他们所感兴趣的各种问题,会议效果异常之好。至此,我们的这次广东之行就胜利完成,工厂还邀请我们前往广州和西樵山等著名景点游览并送我们每人一纸箱著名的佛山陶瓷工艺美术品。我们乘火车返杭,只得一路小心端着,真是"满捧而归"。

10) 曾参加 1979 年初夏期间温州电化厂液氯钢瓶爆炸事故分析专家会议,为事故原因提供了重要科学分析依据

该事故引起车间地面被炸出一个近 2 米深、6 米直径的大坑,厂房倒塌,当场死亡59 人;围着那个大坑一周相当整齐地躺着脚在内、头朝外、面朝天的 6 具尸体;还有 2 只1 吨重液氯钢瓶跳过十几米高的电缆线后砸破厂房房顶飞到别的生产车间里去了;还有一块约 8 公斤重的爆破钢瓶碎片飞到约 60 米远处砸破了一家人家的大门后钻到他们家一个房间地上又反弹起来把正躺在床上休息的一位 70 多岁老太的头砸了个正着;还有的工人被拦腰截为两段飞出几十米之外贴在了门上等等,一切都惨不忍睹,破坏后果非常严重,轰动全国。我们作为当时浙江省政府突发重大事故处理专家组一行 12 人,主要由当时省计经委领导和石化厅、化工所、设计院与高校浙大的专家组成,他们都是当时德高望重的老专家,如当时的石化厅老厅长马湘平等,就我当时还算是个 40 开外的"小年轻"。当时从杭州到温州的路途仍然非常难走,真是有如"上西天"之感,一辆面包车从早到晚开了一天到晚上 9 点多才到温州华侨饭店,第二天 8 时准我们就召开了专家组会议。在听取了先期赴到的事故调查组工作与事故状况汇报后,下午便召开了对事故原因的分析会议。会议一开始就点名要浙大老师带个头作分析。我从压力容器发生断裂爆破的基本原理出发，从理论上对该厂多台钢瓶异常的爆炸破坏行为作了分析和科学判断。一只 0.5 吨的钢瓶爆炸后壳壁碎片已经因拉伸而变得很薄，这是一只"引爆瓶"（共十只钢瓶绝不可能约好了一起爆！）；当时车间领班工段长和几位工人应已发现该钢瓶已发生严重鼓胀，正围着向里弯腰作观察分析，但就在那时这只钢瓶就被很高的内压和高温作用下拉伸变薄发生了威力强大的爆炸，因而 6 人当场被爆炸气浪击倒成辐射状躺在地上；一只 1 吨钢瓶爆破后从内到外翻了个面，说明爆炸时碎片抛飞撞击非常激烈，引起周围别的装满液氯的钢瓶发生强烈爆炸，其威力大大超过其壳壁强度，因而引起该钢瓶爆破后还有能量使钢瓶壳壁翻面并因钢瓶内压仍远超钢瓶两端轴向强度而引起封头断裂飞出；1 吨重的钢瓶跳了十几米高飞到了别的车间，是因为那只"引爆瓶"的强大气压把它"吹"过去的，因为经简单计算只要爆破钢瓶的气压超过 50 大气压就可轻易将这只具有不小"迎风"面积的 1 吨钢瓶吹起飞得相当高。这一切都说明这次爆炸事故是由于剧烈的某种"化学反应"引发钢瓶内压和温度急剧升高而最终导致了这起严重悲剧。这一分析为事故分清了是非，即明确了该爆炸并非钢瓶强度不足引起的事故，与制造厂的质量应无关，发生爆炸的根本原因应是某种急剧的化学反应，这就为事故分析明确了方向。后面的会议基本便是围绕我的分析大家发表分析看法，基本都认同我的分析。后来主要由化工所一位化学方面的老专家通过试验查明是氯化石蜡倒灌入钢瓶中与液氯引起的开始非常缓慢而当温度升到一定高度后即会引起强烈化学反应的一种特殊化学爆炸。

11）曾破解新型绕带容器外层钢带"断裂破坏"之谜，解救了 3000 多台在化工企业服役的新型绕带高压容器，为国家避免了当时超 20 亿元的巨大经济损失

记得 1973 年春夏之交，我和化工系另外两位老师一起到北京出差调研。一天我到了化工部化肥司小化肥科技处，当时该处王处长（后任化肥司副司长）看到我去了，就说："你们大学的老师来了，我们正有一件大事想向你请教，看该怎么办？"经我细问，才知道是前年上海奉贤化肥厂发生了一起"绕带容器外层钢带断裂事故"。我心想这倒问到我这个该型容器的发明人头上来了，当时王处长并不知道我就是该型容器的发明人。按上海以当时某著名高校化工机械学科为首的一批压力容器工程有关科技专家调研并经专家会议鉴定的结论认为："该型绕带容器外层钢带易于发生腐蚀，使用不够安全可靠，有爆炸危险，应于尽快调换，以避免再发生类似更多严重破坏事故"。这给了当时化工部化肥司领导非常大的压力。当时这位王处长给我算了一笔账：当时"全国仅化工部门就有 3000 多台这种绕带容器在 1000 多家大大小小的化肥厂使用，现在一下子都有严重危险不能使用而要调换，除了容器本身的报废和换新的一来一往的巨大损失之外，还得停产、制造、运输、装拆与再开工生产，这要多少时间和会给化工过程生产和当前的农业生产（那时化肥非常稀缺）会带来多大损失？我们真不知该怎么办？这一来一往真要给国家至少造成 20 个亿的损失吧!"等等。我说让我先看看他们"分析鉴定"的资料。我花了近二个小时看完了一个卷宗的资料后,我心中有数了。我找王处长吃了中饭后请化肥司有关专家和科技管理人员开个会,我就是这种容器的发明人,我会给大家一个完全崭新的分析和结论。下午 1:30 坐满了一间会议室的人员听我分析。我说我就是这种容器的发明人,我很高兴发现了一种会"报警"的新型高压容器,今天我要为这个含冤无端被判处了"死刑"的新型容器做一回"包青天"了!我的分析如有不当你们可以当场反驳,但我读了同样是这份"分析鉴定"资料后一定要把这个"大案"翻过来:(1) 那个工厂对这台高压容器使用期间的管理非常不善,一下雨房檐上的水就会往它外保温层筒体上浇灌,所以这台容器外层钢带发生了严重腐蚀,甚至因为时间长了还从已经断裂的一根钢带上再腐蚀了另一小段不用拉就掉下来了一段,说明这完全可以确定是由于严重腐蚀引起的"腐烂断裂",钢带断口状态可完全说明这个分析;而同一批同时安装应用的另一台同样由上海四方锅炉厂制造的这种绕带容器却还完好无损,甚至连该台外层钢带已严重断裂的容器的其他没有雨水流经的部位,其钢带也还保持了原有的色泽状态和机械性能,这说明如没有雨水流过引起该部分腐蚀,这台容器的外层钢带是不会自行腐蚀断裂的。因而这种容器是否发生钢带腐蚀从本质上说与这台容器的结构型式无关,在那个安装地点采用其他任何一种结构的容器都逃脱不了要被腐蚀的危险;(2) 安装在那里的这台容器发现发生了问题是值班工人看到了该台容器在顶部法兰下部左边相当大一片区域的"外保温层保护薄壳鼓起来了"。这是由这台容器最外层八根钢带断裂后都由于还有一定弹性强度而发生了"断裂松脱"才使外保温层外保护壳"膨胀外鼓"而被发现的。如采用的不是绕带容器,如是单层厚板式或多层包扎式等结构的容器,其外层或外表面照样会被腐蚀,但却不会松脱报警,那就继续不断往容器壳壁里面腐蚀,直到可能发生"裂穿破裂"或"爆炸"后才被发现出了问题,然那时却可能已经太迟了!(3) 从我们所作大量试验研究的结果都表明,这种绕带容器比现有其他结构型式的容器事实上要安全可靠得多,如通常都是"只漏不爆"的等等。众所周知,德国的著名"型槽绕带容器"的长期应用实践经验也可证明这个结论。所以,今天就像"分析办案"一样仅作以上这些分析已完全足够表明:这种绕带容器,根本不应如上海一些专家们那样如此轻易加以否定,判处死刑,恰恰相反,应大加肯定赞颂,因为它确是一种会"报警"的使用非常安全的高压容器,即便在容器内筒或外层钢带由于各种原因引起严重腐蚀等极端情况下,内筒只是"开裂泄漏"(还有外层钢带保护),最外层只是"断裂松脱"(内筒仍能继续操作,因容器都有 2.5 倍设计内压的设计安全裕量),因而现有 3000 多台新型绕带容器根本"不需调换",只需正确科学安装使用,保持外保温层通常本就应有的干燥状态,就可确保安全使用,而且更应推广扩大其应用范围等等。(后来在化工部化肥司的推荐下还要我据这次分析在《化肥工业》刊物上发表了一篇论述"新型绕带容器异常的安全可靠特性"的文章)。这就是我的完全不同的结论。当时全场起立,热烈鼓掌,并立即向当时的司长作了汇报,司长紧握我的手向我表示非常感谢,以浓重的山西口音对我和在场的人员感慨地说："什么叫'真知灼见'？这就是'真知灼见'！这下我们就'茅塞顿开'可以放心了！你的一席话真给国家避免了总有 20 个亿的损失啊，浙大真有人才！"他们真的没有忘记我，完全没有经过我自己的申请，1988 年化工部就授予我"为发展我国化肥工业作出突出贡献荣誉证书"，即成就奖。我想除了因为大批新型绕带压力容器得到了进一步安全推广应用产生了巨大经济效益外，应该也和我的那次给国家避免了超 20 亿元损失的即时的"分析结论"有关吧！

12) 帮助生产企业解决生产实际问题的一个小事例

某公司绕带容器制造厂，在我们的指导帮助下，完成了内径 2 m、长 30 m 绕带装置的设计组装，并已完成多台高压容器的绕制。一天突然专车邀我们赶去该厂，说是绕带过程内筒发生强烈震颤，钢带绕制无法进行，厂科技人员和老技工都未能处置此事。当时我们师生赶到现场，查看了一圈，装置似都正常，略作试绕，内筒震颤确实强烈吓人。我们发现，这是一个动态激振力学问题。内筒震颤，那是因为在内筒外面适当拉紧钢带进行连续缠绕时，钢带拉紧装置的滚轮缺油没有正常滚动，使钢带拉紧时松时紧所引起的。对压紧滚轮适当加油后，再开动机床绕带，一切就立即变得正常了。所以滚轮正常加油很重要。这种思维，亦可能会有参考价值。

以上这"值得一提"的 12 项充满创新思维的成功事例，在此仅为我这一生传略增添一点淡淡的色彩而已，别无其他用意。我以往在晋升教授、博导和院士增补等申请中，除了填写过重要社会兼职之外，从未引用过以上的 12 项有关方面的材料，便是证明。

11. 顺利晋升副教授、教授(与 90 年底前的博导)等职称

1980 年通过专门英语考试晋升副教授，1985 年底又晋升教授，1987 年赴英国利物浦大学机械工程系留学、讲学(附几张留影，其中该系我的合作者 Leader，Mr D. G. Moffat 是一位苏格兰人，很是和善友好，给了我很多支持帮助，陪同前往如格拉斯哥著名 BABCOCK 跨国核堆压力容器工程公司等英国多地大学和制造厂家参观讲学，并一起发表获奖的优秀论文等，借此机会作者向 Moffat 先生夫妇表示衷心感谢！)，并在英《机械工程学报》著名一级刊物上发表题为 "Pressure Vessels Manufacture Using Chinese Ribbon Wound Technology"(应用中国的绕带技术制造各种压力容器)论文，获以该学会创始人 LUDWIG MOND 命名的仅为一篇学术论文就含相当数目奖金的优秀论文大奖。1990 年底前经"国务院学位委员会"组织全国性同行专家评审通过后聘任为浙大化工过程机械学科专业博士生导师。从此更开始了结合"新型带第一层略厚堆焊薄内筒绕带式高压热壁石油加氢装置"、"新型压力容器在线安全监控技术"、"新型超大型中、低压压力贮罐"和"新型快开小顶盖高压密封装置"等自主创新科技研究(多经过实验室试验获得成功证实)和更高层次的研究生培养。1993 年带了六篇研究论文赴

美国丹佛参加了美国机械工程师协会压力容器与管道科技国际会议。曾先后在国内外中英文各种期刊和国际会议上发表论文百余篇。和郑津洋教授一起通过中国机械工业出版社出版发行了一部由我给研究生讲课时的讲义扩充整理而成的创新科技专著并获中国机械工业部科技进步二等奖的《新型绕带式压力容器》(全书45余万字)。主要由

1988 年留学结束回国前游览伦敦著名景点时的留影

利物浦大学机械工程系系主任(居中者)向系教职员介绍作者
时包括作者临时在内当时该系仅有的三位教授留影

我为主通过讲课,下厂实习,特别是毕业设计环节和科学研究论文所培养的浙大化工机械学科专业的本科生、硕士学位与博士学位研究生数以百计、千计。我和我的学生一起下过多个大型化工和机械制造工厂实习,一起完成过高压氨合成塔、尿素合成塔、大型热交换设备、超高压压气机、上悬式高速离心机、火箭发动机地面试验全不锈钢高压液氢液氧贮罐装置,以及新型大型绕带容器钢带缠绕装置等多种工程项目设计,一起做过新型压力容器的特殊爆破、疲劳强度、应力应变测试、在线安全状态及新型高压密封装置等各种试验研究工作(参见照片所示),许多学生多少年后相见我都还能叫得出他(她)们的名字。总的说我和学生的师生关系相当密切。当然特别是研究生,因为接触多,我们往往既是师生,也是朋友。特别是我和学生们(与其他同事们)一起搞科技创新的各种活动,真是既完成了科研项目的试验研究,也十分有利于培养学生分析问题和解决问题的能力,我真的非常喜欢、非常愿意和学生们在一起。我的新型绕带容器的各种异常安全的特性的试验,都是和我的学生们在一起共同完成的!他(她)们和我教学相长,对我们的教学和科研工作的发展给予了很大的支持,做出了重要贡献!

1988年留英时由Mr D. G. Moffat夫妇陪同访问英西南威尔士大学时在古堡前留影

1993年7月赴美国丹佛参加ASME压力容器国际科技会议时会场外街头留影

我们的这些学生中,许多都成了高工、总工、专家、教授和博士学位研究生导师、国家与地方一些领导部门以及工厂企业的主管领导等等,都在工厂企业、机关单位和高等院校等部门为我国经济建设和科学发展与人才培养等重要事业发挥着各方面的重要作用。其中,由于各种原因当然也不乏自主开业和赴欧美发展并获得相当成功之士。我(与其他许多老师共同培养)这数以千计的学生们的各种业绩与成就和我这一生从教真是"桃李满天下"而感到无比自豪与欣慰!

12. 拥有一个平安、温馨、和谐、美满的家庭

家,或即家庭,是"人生历程"的出发点和归宿地,也是"人生奋斗"过程最温馨的避

风港、加油站。所以,也是人生奋斗憧憬目标的一个重要组成部分和归宿。人人都希望有一个温馨、和谐、美满的家。我就拥有这么一个安定、健康、温馨、和谐、美满的家!这个家为我在科技创新的努力方面提供了足够强大的推动力。

我们美满家庭的成员:

1) 爱妻叶可烺:

1938 年夏秋之间出生,生肖属虎,1956 年毕业于福建省福州市"女中",1960 年 1 月毕业于浙江大学化工系,原所学为化工机械学科专业,经进修考试后获化学工程学科专业毕业证书并分配到"化工原理教研室"任教,多年来为化工系各学科专业学生从事化工过程原理科学的讲课等教学工作,1983 年晋升讲师,1986 年晋升副教授,1993 年 6 月为将于同年八月带外孙女维娜赴美探亲需要正式提前退休,赴美探亲和主要在杭州浙大安度晚年,多次为探亲往返于中、美之间,并管理我们的家和照顾孙女、外孙女等。曾因讲课和辅导等教学效果良好被浙大评为优秀教师。为了支持作者的教学、科研等工作,挑

1960 年春浙大化工系学生时代的叶可烺

起了我们家庭生活和儿女教育的大量事务。她一生为作者和我们的家付出了很多!

1960 年夏我们婚后回福州探亲时所补的留影,即当时的婚照

她于 1960 年春被浙大党政组织确定毕业留校任教。同年 8 月 18 日经过结婚登记我们就在原总支书记黄固同志（后任浙大校党委书记）和原系主任杨士林教授（后任浙大校长）两位（现都已百临）老前辈的主持下，在 1960 年的困难条件下还在校教工食堂办了二桌酒席我们成婚了！我们宣告：我们风雨同舟，传承种族血脉，发扬人类文明，正式结为夫妇！至今已过 53 个年头的"风雨岁月"了。历史完全表明：我们结伴已成功共同艰辛为人生奋斗过，我们一路走来，相护相拥，共同奋斗，虽也曾经历当年的"风雨"年代，但总体还算"阳光明媚"、"幸福满屋"，现都身体尚健，年将八临。一个洒满阳光、雨露滋润、花果满眼的发展前景，正展现在我们前头！

我们夫妻主要居家住址：浙江大学求是村社区，新房，四楼，面积 100 m^2。

2）女儿 朱叶一家：

女儿 朱叶：毕业于杭州市十五中，后又五年制毕业于原浙江医科大学现为浙大医学院医学系医学科学专业，同年分配至浙江省中医院任眼科医师。通过几年实践很快就成了一名小有名气的主刀眼科主治医师。我的眼睛原来经常要发"偷针眼"，1987 年去英国留学前一双眼睛经她仔细开刀刮去了十几个脓头，从此在英留学期间和至今就再没有发过，虽然这是她一个很小的手术，是由她下班后给我做的，但仍可表明这就是一种本事。1991 年她赴美先在迈阿密医学院眼科中心工作，后又到拉斯维加斯眼科中心，一贯执着于事业追求；后更异常勤奋，一边上班工作，一边利用业余时间，坚持不懈攻读了一大批全是英文的医学资料，通过了艰苦的全美医学考试和三年住院医师实习考试，终于被全美医学科学协会授予美国拥有医学博士学位医师执照的大内科专科医

2003 年元旦节日期间在 Las Vegas 女儿朱叶原别墅家客厅的留影

师(MD)。现在美国拉斯维加斯最大的 Las Vegas 医学院西南联合医疗中心工作,在医疗科学上已有相当造诣。她为人诚恳热情,工作耐心细致、认真负责,因而深得她所工作过的所有医疗单位的同事和领导的好评,更得到经过她医疗的美国众多病人们的喜爱,常被评为"优秀医师"。女儿对我们父母都很孝顺。作为医师,她对我们的健康总很关心,从美国给我们提供的保健医药食品总是连续不断。

　　女婿 Waldo Pulido:1958 年出生于美国,生肖属狗,华侨菲裔,大学毕业后当兵复员,多年在拉斯维加斯美国空军基地,为地勤环境部尉级技术军官。为人诚恳热情,对家庭事务勤奋肯干,是一位好女婿。他对我们很尊敬。我们赴美探亲时我们日常的生活用英语基本都能沟通。

美国医师爱女朱叶美满的一家

母亲与大女儿(未来的)两代美国医生

　　外孙女:A. 朱维娜 (Vina Zhu Pulido):1988 年出生,生肖属龙,从小就是个非常懂事的孩子,上幼儿园时就得到老师们的喜爱,1993 年 5 岁时由外婆陪着去美国探亲,20 多天后上"学前班"时每个学生都要到老师面前和老师见面,连不少美国的儿童都不肯前去,可她虽然连 ABC 都不认得,竟敢于排在队伍里走到教室里的老师面前,尽管一句话都应该听不懂,但我们看见她却也和其他美国小孩一样,像是可以听懂老师的话,点头、摇头的,连老师都喜欢得抱了抱她,从此她就步入了美国的社会,所有的考试一直都是 A,用英文叫 Straight A,在拉斯维加斯高级重点中学读书时,一个中国来的姑娘还通过竞选担任了两届学生会主席,2006 年拉斯维加斯高级重点中学毕业后又满分考入了美国著名耶鲁(Yale)大学,攻读生物工程学,只用了 4 年时间既获得本科学士学位又获得硕士学位研究生毕业,2010 年又考取了她喜爱的纽约哥伦比亚大学医学院,4 年间各门所学课程的总平均分数按百分制计达 99 分,这种表现是非常突出的,而且她在校期间还积极参加各种社会活动。最近她参加了美国医生执照考试,虽还是三年级学生,而且该考试通常均相当难,许多外国去美国的医科毕业人员往往都考不出美国的医生执照,然她的成绩竟达百分制计的 96 高分。她自小为人诚恳热情,遇事冷静,应变机敏,长相清秀,能注重身心健康保养,真是我们家一个非常聪明伶俐的好女孩,将来应会和她母亲一样成为一个很成功的美国医生。

B. 朱喜娜(Chanel Zhu Pulido),2001 年生,生肖属蛇,拉斯维加斯重点小学、中学读书,学习很好,每年至今也都是 Straight A,而且很懂事,很会关心别人,态度诚恳,做事认真,长相清秀,更有一双"大眼睛",今后如能学会"遇事冷静"和"宽容"自己,并注意身心健康保养,也必将成为我们家一个"聪明伶俐"的好女孩,我们都会非常喜爱她。

C. 朱佩丽(Paris Zhu Pulido),2002 年生,生肖属马,拉斯维加斯重点小学、中学读书,年纪虽还较小,然却表现满有思维主见做事认真执着,很有条理,很有"定性",学习很好,每年也都是 Straight A,长相清秀,仪态可爱,今后如能学会"宽容"和"关心"别人,并注意身心健康保养,也必将成为我们家一个"聪明伶俐"的可爱女孩,我们都会非常喜爱她。

2011 年元旦前赴美探访女儿一家时在其新房别墅底层健身娱乐室(约 80 m²)留影

3) 儿子 朱立一家：

儿子 朱立:杭州市十五中毕业,随后于浙江理工大学机械工程学科专业毕业,后又考入香港理工大学和浙江大学联合招生工商管理硕士学位英语研究生班毕业。他为人忠厚诚实,通常对事较有独特主见,思路清晰,遇事冷静,应变机敏,待人诚恳热情,从不向人家发什么脾气,并有相当强的工作和交往能力,平时能关心参与家庭日常活动和注意处理好家庭的和谐生活，能对妻子、女儿予家庭承担和付出应有的爱护与责任。儿子对我们父母都很孝顺。他对经济投资和工商管理似有相当好的修为，多年来成功帮助一些著名企业从事投资商务和企业管理工作，与其妻、女及我们父母一起也有较为优异的家庭生活。现为浙江一著名民企高管。

儿媳 沈文：浙大土建系建筑专业大学毕业，为人诚恳热情，执着"商机"事业，敢于"挑战"重任，思路清晰，遇事冷静，精明能干，有很强的工作和交往能力，是工程建筑装饰工程业界一位出色的"女强人"。平时非常关心家庭日常家务活动和注意处理好家庭的和谐生活，对女儿关怀爱护，对我们公公、婆婆平时也非常照顾孝顺，我们感到在今天这个亲情较为淡漠的年代，她是我们的一位好媳妇，也是我们身边的一个好女儿。她工作相当繁忙，经常出差。希望要注意平安出入，合理按时饮食、争取足够睡眠、注重保重身体。她对经营管理和工程装饰工程技术有较高修为，多年从事装饰工程商务和实施技术监管，现为正在不断得到发展扩大，有相当效益的一家装饰工程公司的"老总"。

孙女 朱文丽：2004年生，生肖属猴，曾入学浙大求是幼儿园，现已成为求是小学三年级的一名优秀小学生，尤其在她奶奶与妈妈的关心帮助下，学习成绩和表现都很优秀突出。为三好学生、班长等。年纪虽还很小，然却表现出满有思维见解，敢于挑战困难，做事认真执着，有条理，肯学习，在学识字、算术和学弹钢琴、跳舞、唱歌及画画等方面，似都有"天赋"，几乎都一学就会，深得老师和亲朋好友们的喜爱。她曾在绿园小区"中秋"节业主联欢会上，作为一个年龄最小的小女孩，虽然他并不认识英文和中文，也并不了解歌词的意义，然仍以"天使"般歌喉演唱了一首"哦，苏珊娜！"英文歌曲和一首民族特色很强的高音歌曲"青藏高原"，博得了满堂喝彩！文丽长相清秀，仪态可爱，今后如能在人际交往中学会诚恳热情、宽容关心，对所学、所做之事都有恒心、坚持不懈，并注意身心健康保养，也必将成为我们家的一个"聪明伶俐"的可爱女孩，我们都非常喜爱她。

2005年9月孙女儿朱文丽周岁生日时在绿园的留影　　5岁时的孙女儿朱文丽

2009年我们的四朵金花由未来的医师大姐维娜带领
于原滨江彩虹城新房大楼前留影

喜娜、佩丽、文丽三姐妹在绿园大厅前相拥留影

　　我们夫妇退休后的一些旅游生活留影和举家由儿子驾车长途跋涉回上杭老家祭拜
祖宗父母、探亲访友时难忘历程简述（略）。（略附一些旅游照片如下）。

70岁回乡探亲时一起热诚祭拜长眠安息于天地与山水之间的父母祖宗

回乡探亲时和侄儿冠明（回乡活动主要由他帮助安排）与其妻、子留影

我们夫妇近年冬应郑津洋教授及其全国通用教材编审组邀请随行在绍兴柯岩"云骨"前集体留影

我们夫妇退休后安度晚年生活近年旅游的些许留影(绍兴越王祠)(径山万寿寺)

这里仅以 2009—8—27 日我兴起之时所写的一首"同游雁荡灵峰简记"的"打油诗"来表达一下我们这个美满之家的一个"部分"缩影:

"同游雁荡灵峰简记"

雁荡神韵流千古　　灵峰奇石围仙谷
观音洞顶合掌峰　　情侣相依形情酷
童子岩后偷着看　　婆婆扭脸心咚鼓
胜景梦绕三十年*　　妻媳儿孙今共睹
岩下"朝阳"眠感思　　灵佑全家福康渡！

注：1. 爱女医师朱叶于 2009.8.27 日从美国 Las Vegas 抵杭探亲，甚感欣慰，随即在电脑上写下了这几句不像样的
　　　文字，以此聊表欣慰之意；

　　2. 1979 年 8 月曾参与原温州电化厂液氯钢瓶爆炸事故分析专家组会议，会后，温州市府邀请与会专家赴雁荡山
　　　游览，我因上课等事缠身只得赶回学校而未能前去游览；

　　3. 游览期间我们全家居住于一巨大石岩之下的"朝阳"山庄二楼饭店里。

简要结语

我这一生，似乎还算做过一些有点意义的业绩和似乎得过一些有点体面的风光，同时也曾有过不少相当无能的失败。但这些业绩与风光其实真的都并不怎么的！就算似乎有那么一点，那也是作为一个从少年时代开始就受到党和人民与国家的培养教育的我所应该做的，而失败则就成了我今生无法挽回的过去了。人，从娘胎降生人世，就开始有各种必要的奋斗。人的一生"奋斗"，一般正常情况下，总会有优点与成功，也有缺点与失败，我就是这样一个似有点滴成功又有相当失败的一个普通人。说到底，我只是一个从大山沟里出来的一个农民的儿子，一名普通而平凡的"化工机械压力容器工程"科技工作者，一名曾在浙大这个著名高等学府为国家培养"高层次科技人才"而"奋斗"过一生的"普通园丁"！

人，出于先天和后天家庭、教育，以及社会环境影响所形成的性格，总是有优点，也有缺点。人，一生奋斗，通常总难免会遇到这样那样的挫折，不可能事事都很顺利。因而"不完美"，才是人生。人的一生奋斗通常总有优点、有成功，也有缺点、有失败。一个人，如果优点和成功多于缺点和失败，应该说这就值得肯定，并算是已经在相当程度上实现了人生奋斗的"目标"了，因为"运气"和"机遇"对所有人不可能一定都那么好，而且还要取决于每个人所具备的身体、智能等素质与家庭状况等条件。

我这一生，自知缺点不少，主要有：

1）我这一生对科学地"为人做事"分析不足，不善于冷静和深入思考分析如何"科学合理"地去面对各种事物，尤其其中的主要事物的前因后果，并由此谋划安排自己的工作规划和行为状态等。虽曾"志存高远"，然具体处事往往并不理想，并不足够妥善；

255

2）我这一生对"政治"关心不足，往往对时事大局认识不深，因而常感思维不够"开阔"。平时确实对科技较为关注，因而政治上缺乏"整体把握全局"的能力，尤其在我国以往较为复杂的"政治运动"中，就感自己的政治方向往往不易把握；

3）我这一生对"文学"热情不足，除了"武侠小说"有所阅读以外，一般的文学书籍就很少涉猎，而且很不注重文笔修为，因而文学上缺乏应有的水平，表达与思维能力往往还感不适应；

4）我这一生对"性格"修养不足，因而缺乏较为全面的好"性格"，往往可能遇事不够沉着和机敏，还可能有"情绪化"的表现，处事不够"冷静"，有时可能会比较"偏执"，固执已见。这在所务工作，以及家庭儿女教育中，我感到有时就曾有所表现，严格要求可能显多，而热情关怀则可能不足；

5）我这一生对处理好"人际关系"的"理念"认识不足，往往多少还会有"自满"情绪，平时不注意与人"深交"，不注重去学会做好人的工作或做人的知心朋友。这虽与我所经历的政治时代和工作通常较为繁忙与家境条件等状况有关，但主要是受到自己性格和认识上的限制。虽然平时"待人接物"似并无多大失误，平时对人也还真诚热情，尊老爱幼，尊重同事和学生，因而也经常还会有愿和你"交心"的好友。然我现在意识到，尤其自感因某些工作不顺而烦躁之时，就可能欠缺足够的"热情"与"耐心"，去关心和帮助需要帮助的同志；又还有一种"清高"的情绪。这在品格上显然是一个必须加以认识和改变的"缺陷"。特别是晚年之时，不愿多去"求人"。平时也很少会主动去交一些真诚的朋友，对人情世故有时似也不大懂。如此等等。

我这一生，正由于存在上述这些缺点，就不可避免地带来了诸多方面的局限性，并因此而带来了不少无能的失败，主要有：

1）在主要专业科技业务方面，虽已在工程推广应用方面有数以亿元计的相当重大的直接与间接的实际技术经济成效，但却未能在国际压力容器工程科技的重要应用领域取得实质性的真正突破。最近虽已形成一篇重要论文："四种重要类型应用范围宽阔的'多功能复合壳'压力容器工程创新科技将为美国 ASME BPV 规范所主导的国际压力容器技术带来根本变革"，且也已将新型绕带压力容器工程科技列入了美国 ASME BPV 规范，已可允许在国际上推广制造内径达 3.6 m 的各种重大高压绕带式压力容器设备，这里虽有客观的"机遇"和"天意"成分，但却主要是因为自己未能真正符合科学的客观规律去推动科技成果的转化，因而至今未能实现真正推动包括中国在内的国际上的全面性推广应用；

2）在实际"才智"能力培养方面，我虽也不是一个完全碌碌无为之辈，但在传统的以及现代的"才智"能力培养方面的确"不足"，特别如计算机应用方面我只能作一些基本的科技论文书写及 Email 的收发等工作，实在未能跟上和适应工作与时代的发展需求；

3）在创新发明国计民生实用性专利科技方面，我虽也在思维能力方面曾有一些新的构想，特别在"化工机械压力容器工程科技"领域也有不少突破性专利技术，且在本专业领域的创新也有较宽的"面"。但那些都是远离广大民众实际生活应用的"工程性"、"大型化"的科技,而在小型实用的创新科技方面至今我却毫无建树。这固然说明在并未真正深入的不同科技领域要有所创新确实不易,"隔行如隔山",但也说明我在"科技创新思维能力"方面确还有很大"局限性"。

以上诸方面严重"缺点"和"失败",就是我这一生未能有更大些成就的本质原因,无论是在新型压力容器工程科技未能取得更大的推广应用成就方面,还是在两次申请工程院增补院士中均未能通过第三轮投票方面,都是如此。我想我的"大专学历"的影响固然存在,但那应该是次要的,因为有不少出身"大专学历"的人不是也取得了非常出色的成就吗!? 但还是希望诸位能正视我的这些缺点和失败,以此为"前车之鉴",以争取您的"人生奋斗"将有更大的成效。

不少名人说过,"一个人一辈子能够做好一件事,就很不容易,就很值得庆幸了,因为通常的确很难!"我遗憾未能在"有生之年",将似可做好的"一件事",向全世界推广!虽则这确实非常之难! 每当我思及此事,我总会在心中升腾起一种人生收获"奋斗"成果时的那种快乐与遗憾并存的心情。然而"人无完人,金无足赤",什么事都不可能"十全十美","知足常乐","不完美才是人生"。作为从大山沟里出来的一个农民的儿子,我对"我这一生",已感到相当满足。

世界总在不断变化,人类社会总在不断发展。中国和世界人民敬仰的一代伟人邓小平指出:"发展,是硬道理"! 对于一个国家和民族而言:发展,就是规划建设,就是科技创新,就是社会兴旺国家富强,就是要为民族复兴团结奋斗。否则,就会"被动挨打"。

对普遍的"社会化"的人,即有归属、有梦想、有责任,又应有担当的人,发展,就是为"中国梦"立志兴邦,就是学习成长,就是务实创新,就是奋斗拼搏,就是为国家、为民族作出应有的奋斗和奉献。

发展,需要创新;创新,需要奋斗;奋斗,需要拼搏精神和相应的客观科学规律。

作者这一生,曾立志,创新,奋斗,取得了一点应该做的业绩,同时也未能避免不少人生的品格缺陷和客观失败,这些似都取决于是否遵循了这一规律。

重要附录

1. 热心无私扶助后辈的学科泰斗——琚定一教授诞辰百年纪念

（2013 年 7 月录用）

琚定一教授是国内外著名的老一辈化工机械科技专家，是我们全国高校化工机械学科最早的创始人之一，是得到全国化工机械业界公认并深受爱戴的一位学科泰斗。一本特别厚重的《化工容器设计》就是琚定一先生为首最早的也是影响非常深广的一部译著。值此纪念琚定一先生诞辰百年之际，我由衷地从内心升腾起无比的怀念与感激之情。

我国早年从事化工机械学科领域科技工作人员的心目中，按年龄排序，我们浙大的我的恩师王仁东教授、华化的琚定一教授、天大的余国琮教授与南化的戴树和教授，是据我所知得到公认的四大"巨头"，是我国高校化机学科的最主要学科泰斗。

我和琚先生早先并不认识，先生未曾给我授课，和我并无直接的师生关系。然而直至他暮年还有一点记忆之时，他对我的热情关怀和无私扶助的恩泽，几乎贯穿始终。

"文革"后期，一次琚先生带领华化化机同行老师一行来我校采访交流时的接触中，他那热情诚恳、关怀后辈的品格就给我留下了深刻的印象。当时琚先生一行的来访是我安排接待的。当天傍晚我前往当时十分简陋的浙大校内招待所拜访琚先生一行，琚先生和我在走廊上有那么几分钟交谈，琚先生就似乎怀着有点感慨的心情对我说，"我看你还很年轻嘛！几年前你就搞成了新型绕带容器，真不简单！"又说，"一个人要搞好一件事不容易，相信你今后一定会形成特色，搞得更好！"一股暖流流遍全身，当时我真从内心十分感激这位老前辈对我的热情关心和鼓励。

1980 年初夏在南岳衡山召开了"文革"后全国首次压力容器业界科技大会，主要议题是审定参加将在英国伦敦举行的国际压力容器技术会议的经初步审定代表我国赴会的三篇出国论文，包括清华黄克智教授的一种管壳式换热器管板强度新的设计计算方法、我们浙大的新型绕带式压力容器的结构原理与工程强度设计理论，及上海材料所的一种新型钢材特性研究等。我首次面对这样全国性的大型的专家会议，多少似有某些紧张情绪。恩师王仁东教授就曾带着鼓励性的言语对我说，"不要紧的，按你善于判断、敢想敢干的风格放开去说好了，华化的琚老、南化的戴老师、通用所的柳总等都支持你的！"（柳曾典总师后调华化化机任教授博导）。可见，在王仁东教授心里，琚先生等对我也是热情支持和非常重要的。会后琚先生就曾对我的论文经评审得以通过表示祝贺，说："我同意王老的看法，是得让外国人好好看看中国的新技术，要用事实告诉他们中国人也是很聪明的。"（我的论文后因国家科委考虑要对绕带容器评审国家发明奖项而取消了参加国际压力容器技术会议的安排，该项目 1981 年初被国家科委以"新型薄内筒扁平钢带倾角错绕高压容器的设计"为名获国家技术发明三等奖)。

记得是 1986 年初夏,琚先生、戴树和教授,还有我一起作为高校化机界的专家应邀出席了镇海石化总厂 52 万吨尿素国产成套装备国家验收专家会议。在住处琚先生一见到我就称赞并感慨地说,"听说这大尿塔两端球形厚封头冲压开裂问题主要是你出主意帮助南京大化机厂解决的,现在已经证明可行可靠,否则今天这么大的国产装备验收会可能还开不成,你过去到哈锅厂现场学习今天还真发挥了作用,看来能否解决工程实际问题对我们真也是很有用、很重要的!"当时我想,这些情况我从未和琚老师说过,看来这位老前辈对我这个跟他并无直接关联的后辈也真关心,连这些事情他得知了也都会记在心里。

1983 年春我的恩师王仁东教授因医疗失误突然过世,我们浙大化机失去了一位学科泰斗,他的首届博士生郝苏也就失去了博士学位导师。在这一困难面前,是我们敬爱的另一位学科泰斗琚定一教授以大家风范站出来帮助了浙大化机,毅然担起了郝苏的博导,并出色完成了培养任务。在和琚先生多年多次接触中,我们多次谈到浙大化机有博士学位授予权却还没有继承王仁东教授的其他博导可担重任,着实令人压抑。每次交谈,琚老总是鼓励我们所现任硕士生导师的教授可适时向国务院学位办申报。其中琚老也同样总是鼓励我。然我总感自己是大专毕业,当时似还没有一位大专学历的博导。琚先生总是鼓励我说,"你怎么还说自己是什么大专毕业生,'文革'前你不就已经破格升了讲师,后又是副教授、教授了嘛!早就算突破了大专毕业这个框框了!我知道你那时的'大专生'和通常的'大专生'是不一样的,那时只有交大、浙大这样的大学才招你们这样的大专班,所招学生成绩挑的多是比较好的,否则就不能速成培养。更何况你更发明了新型压力容器,创造了新的设计理论,又搞成了新型高压密封装置、新型在线安全监控技术,并在疲劳寿命和断裂安全评定等学科领域,都已经有不少科技成就,有你这等水平的博导,国家还有什么不放心的!"正主要就是在琚老这样的热情鼓励下,我英国留学回校后,1989 年即提出了申请,经国务院学位办请全国性专家评审,1990 年底前继我们所汪希萱教授名师之后不久正式聘为浙大化工过程机械学科博导。显然,我的博导任职得到了琚老(等)的真心鼓励和大力扶助!

1993 年初冬,为《新型绕带式压力容器》一书的出版,应机械工业出版社的要求我们前往请琚老为我们的专著写"序"。琚老一口应承。他在该专著的"序"开头就赫然写道:"浙江大学朱国辉教授等发明的扁平钢带倾角错绕式压力容器已广泛地用作氨合成塔、铜液吸收塔和水压机蓄能器等压力容器。这种新型绕带式压力容器的制造工艺和国际上先进的厚板卷焊技术相比,可提高工效一倍,节省焊接与热处理能耗 80%,减少钢材消耗 20%,降低制造成本 30%～50%,在推广应用中产生了显著的社会效益和数以亿元计的巨大经济效益,并已发展成为包括高压密封装置和压力容器泄漏检测及在线安全状态监控等 10 余项专利技术的'中国绕带式压力容器技术',得到了国内外许多同行专家的热情支持和密切关注"(该书已于 1995 年出版)。这表明,琚先生对我和我们的创新技术是何等的关注与支持!

记得是 1999 年初夏的一天上午,我和一位美国归来的朋友一起到琚先生家中拜访了我们尊敬的琚老。那时琚先生已因高龄失去了很多记忆。但他似还依稀记得有那么个浙大化机的朱国辉。我当时真无法抑制难以言表的心情忍不住流下了眼泪。当我们告别离开时他也想要从座椅上挣扎起身相送我们。但琚先生已站不起来了。当时我依稀还听到了他满含热情还算清晰的一句"保重身体啊!"这是何等珍贵的长辈对晚辈最后的嘱咐! 当时琚老虽未能站起身来,但他那热忱关怀和无私扶助后辈的高大形象,赫然耸立在我的眼前!

我十分崇敬的热心无私扶助后辈的学科泰斗,我国化工机械学科老一辈的著名专家学者琚定一教授,和王仁东教授一样,都是我的恩师,永远值得我们怀念,永远活在我的心中!

2. 作者联系相对较为密切的一些"桃李"简介与代表性师生留影

教师和学生,有确定的相互依存关系。教师,离开了学生就不能成其为教师。学生,当然也离不开教师,在教师的带领和指导下,通过学习才会在相应领域的思维与工作能力方面不断有所提高与进步,就像在果园里被园丁培育的"桃李"一样,不断成长而成材。所以,学生和教师相互依存。学生是成就教师的前提与基础。因而,作为教师的我总是怀着关心和感激的心情,把自己的学生,或被学校"组织"按一定"规格"培育的"桃李",看成是和自己"教学相长",并使自己不断也有所提高与成长的"良友"。

这里,就让我怀着感激的心情,如数"国宝家珍"一样来"数数"我(们)的一些"满天下"的"风格不同、特色各异",并由于种种原因和我本人曾相对有较为密切联系的"桃李",亦即"良友"吧!(举例的姓名次序基本随机而列,其中评语多仅凭印象,大致写来,未求全面,仅显特色;我的浙大化机所相当多的老一辈和新一辈同事中也多是我与其他许多老师的桃李,他(她)们就不在此列出了,因为我们也都是同事):

郑津洋:浙大化工机械研究所压力容器工程研究方向首届博士学位研究生,博士学位研究论文题为:"绕带式压力容器工程优化设计理论研究",以优异成绩毕业并留校任教,现任浙大化机所所长、长江学者特聘教授、863 能源领域主题专家、美国能源部氢能项目评估专家、中国机械工程学会压力容器分会副理事长等多职。他在国内外发表优秀论文百余篇,出版了全国通用教材《过程设备设计》等多种教材与专著,已成长成为我国年轻一代国内外著名的极端承压设备科技专家。他为浙大化工机械国家重点学科、"高压过程装备与安全"教育部工程研究中心等的申报和建设;高压、深冷、抗爆等极端承压设备的研究;以及推动"钢带错绕筒体"作为高压和超高压容器设备列入国家标准 GB150-2011 与美国 ASME BPV 规范和提高硕士、博士研究生与本科生培养质量等重要方面都作出了重大贡献。

冯时林：浙大化机专业本科毕业，以出色思维和工作能力留校，任化工系政治辅导员与分团委书记。曾获浙江大学新长征突击手光荣称号。后任浙江大学保卫部治安科长、副部长、部长，任职长达 20 余年。为浙大化工系的学生培养教育和浙江大学的安全保卫与维护稳定及破案工作作出了重大贡献。他业绩出色，发表安保科学等论文 20 余篇，并多次被浙江省、杭州市评为安全保卫先进单位，综合治理先进单位。由于成绩卓著，很快晋升为浙大研究员，在浙大有很好的口碑。2006 年调任中国计量大学，任副校长，党委常委等职，多年来为该校的建设发展作出了重大贡献。他为浙大和中国计量大学引进了相当大量赞助。他为人诚恳热情，乐于助人。他在学期间和留校后，我们师生联系相当密切。他很关心人。每年教师节他和周育坤、陈婕、包藕庆、寿张根等几位同学一起，总要把系办和化机所曾为他们教学过的十几位老师请来共聚庆贺，十几年来从未间断。这种人间真情，真少见！

陈学东：浙大化工机械学科专业本科 1986 年毕业，到机械工业部合肥通用机械研究所工作，后又回浙大进修"压力容器工程"和"断裂力学与疲劳寿命分析"方向研究生学位课程，并先后以"在用绕带式贮氢高压容器断裂疲劳安全可靠特性研究"等课题出色完成了攻读硕士和由蒋家羚教授指导的博士学位研究生，是一位品学兼优的科技工作者，各方面表现非常突出，且为人真诚热情，经几年基层实际科技工作与领导才能的锤炼，人气很旺，很快就晋升为教授级高工，被推举担任全国著名的合肥通用机械研究院院长、国家压力容器与管道安全工程技术研究中心主任、中国压力容器学会理事长等多项重要正职与兼任职务，已成长为我国年轻一代国内外著名的通用机械与压力容器工程科技专家，为我国国家特别培养中的首批科技高层领军人才。

陆国栋：浙大化工机械学科专业 1983 届本科毕业，学生班级主要骨干，毕业设计环节中和唐黎明（浙大低温工程专业教授博导，各方面表现状态也都很出色）等多位同学由我和王乐勤、叶丽娟两位老师一起指导作"新型绕带压力容器工程强度设计分析和在线安全状态自动监控报警试验"。因其表现十分出色，故留校到当时的机械工程制图教学研究室任教，后又在机械系在职攻读了机械学硕士学位，在职获得了数学系应用数学专业理学博士学位，主要从事计算机智能应用方面的科技教学和研究工作。由于学业和工作成绩与科技成果非常突出，很快相继晋升教授和博导等职称，曾获教育部"第二届国家级教学名师奖"、多项国家级教学成果奖等奖励。为浙大年轻的二级教授之一。现担任浙大本科生院常务副院长，兼教学研究处处长等重要职务，正在为浙江大学的本科教学改革和发展作出贡献。我们在毕业设计环节中结下了深厚友谊，我为他的每一个重大发展感到欣慰。

吴红梅（女）：山东大学化机专业本科毕业，后到浙大相继攻读化工机械学科研究所压力容器工程方向硕士和博士学位研究生,学位论文题目分别为:"大型绕带式高压容器工程发展可行性研究"和"新型绕带式高压热壁石油加氢装置发展可行性研究",曾作为访问学者赴美国佛罗里达国际大学(FIU)机械工程系留学,后到浙江省发展规划研究院工作,相继晋升高工、教授级高工,现任浙江省发展规划研究院副总工程师,长期在规划研究和工程咨询岗位上为省政府提供决策咨询,主持大量省级课题,并获得数次项目资助。特别是在能源经济、投资经济等领域取得了一批有影响、具有创新性的成果,多次获国家和省级奖项。先后被评为中国优秀青年咨询工程师、中国国际工程咨询协会专家、浙江省委省政府咨询委员会委员、浙江省"151人才"、浙江省发改委优秀党员、浙江省直机关建功立业标兵等。

陈启松:1982年毕业于浙江大学化工机械专业,曾在江苏南通市锅炉压容器检验所工作,出任检验责任工程师,取得了三类压力容器和含发电高压锅炉的检验资格持证,并已有一个美满家庭,其家庭包括住房等各方面条件都已很好。然他在这前程似锦的征途上却突然坚持一定还想再来浙大攻读硕士学位研究生。后来他如期完成了学位论文"在役压力容器止裂、抑爆技术的研究"(国家八.五攻关课题之一),按期完成学位论文毕业,后即创办了他的中奇实业有限公司,出任总经理兼总工,专业从事化工、环保单元设备开发研究,开始了他新的人生奋斗历程。由于科技工作出色很快晋升了高级工程师,后又创办了他的中奇环境工程有限公司,出任总经理兼总工,专业从事环境治理及资源综合回收利用研究,并组建了松阳县中奇环境工程有限公司,出任总经理兼总工,专业从事不锈钢园区酸洗废水治理及有价资源综合回收利用事业。拥有很多项发明专利,已取得多项省部级科技成果与相应奖项。由于科技工作成绩突出,先后被评为"杭州市十大杰出贡献优秀科技工作者"、"首届浙江省优秀发明企业家"等荣誉称号。他的创新科技发展蒸蒸日上,前程似锦。

戴　光:毕业于东北石油大学(原大庆石油学院)化工机械专业,并获得工学硕士学位,晋升为副教授。后到浙大化工机械学科研究所压力容器工程科技研究方向攻读博士研究生,获得工学博士学位。毕业后,不久因工作业绩突出晋升教授,继又聘为博士生导师,担任该校"过程装备与控制工程"系主任。多年来主持"声发射理论和配套技术的研究工作",在复杂条件下压力容器用钢的声发射特性、声发射数据的有效性分析方法、压力容器声发射检测与评价方法、常压储罐的声发射在线检测及配套技术、石化设备风险评估、磁检测技术及仪器研发等,取得多项创新性研究成果,并应用于石油、石化企业,获得显著的经济和社会效益,已成长为我国著名的一位"压力容器工程声发射检测与监控科技"专家。被聘任为黑龙江省"龙江学者-特聘教授"、教育部"过程装备与控制工程"专业教育指导分委员会委员,全国无损检测学会常务理事和声发射专业委员会主任委员,担任黑龙江省"动力工程与工程热物理"重点学科和"过程装备与控制工程"教育部重点专业学科带头人,享受国务院特殊津贴,被评为黑龙江省教学名师。曾承担国家和省部级项目30多项,获得国家科技进步二等奖1项、国家教育成果二等奖1项,省部级科技进步奖14项。

金志江:博士,教授,博士生导师。1993至1996年期间由作者和王宽福教授合作指导出色完成了博士学位的学习研究。现任浙江大学化工机械研究所副所长、流程工业高效节能技术与绿色装备浙江省重点科技创新团队负责人兼首席科学家,兼任全国安全泄压装置标准化技术委员会委员、中国腐蚀与防护学会承压设备专业委员会委员。主要从事压力容器断裂与疲劳理论及工程应用研究,包括承压设备安全评定技术、高效节能技术与工程装备的研究与教学工作。先后承担国家863计划、国家自然科学基金、国家科技支撑计划、国家航天支撑技术基金等国家和省部级重大项目20余项,曾获得国家、省部级科技进步奖5项。

白忠喜:毕业于吉林化工学院化工机械专业,后即留校任教和晋升副教授、教授,现任绍兴文理学院教务处副处长。曾在浙大力学系研究生班学习,并在作者研究方向做国内访问学者一年,期间参加了国家八五科技攻关课题"压力容器止裂、抑爆技术的研究"等研究工作,一直从事化工过程机械设备、机械设计与制造及自动控制专业的教学科研工作,主讲过化工容器及设备,化工容器设计,有限单元法基础,化工容器及设备设计概论,机械AutoCAD应用,机械设计学,机械CAD/CA,基于Pro/E的计算机辅助设计,机械创新设计,化工设备机械基础等课程。发表科研论文40余篇,并发表教学研究论文10余篇。后以教授职称到绍兴文理学院机电工程系任教并兼任党支书工作,后因工作需要即调任绍兴文理学院教务处任副处长工作至今,主持参加浙江省新世纪教学改革项目2项,出版教材2部:"有限单元法基础"和"化工容器及设备设计概论"。他是一位多才多艺、非常忠于职守的教育工作者,为人忠厚诚恳热情。

陈志平:1986年浙大化工机械专业本科毕业,毕业设计随黄载生教授和作者一起做"大型绕带式压力贮罐设备可行性研究"课题,1989年本专业硕士研究生以优异成绩毕业留校任教,先在浙大能源工程公司从事压力容器工程设计等工作,1998年调回化机所承担压力容器设计等课程教学、研究和研究生培养工作,2006年出色完成了攻读在职博士学位研究生任务。其所完成的教学和科学研究等工作,以及发表论文和编著科技书籍方面成绩卓著,后即晋升为浙大化机所教授、博导。我们师生之间的深厚友谊始于1986年他和章序文、鲁志国二位同学和作者与叶丽娟老师一起进行毕业设计开始的。在毕业设计环节中,我们一起到合肥化机厂开展毕业设计实习,完成任务后从合肥回杭途中,我们一起顺道首次登上了我国最为著名的风景区黄山,并从千岛湖上游乘船经淳安排岭改乘汽车返校。在黄山北海住宿的那天,因当时条件有限,我们师生两人还挤在一个大房间里一张高低铺的下床抵足而眠呢!这是我多年来难以忘怀的师生抵足而眠的人生经历。他对人总是非常诚恳热忱。

郑传祥:浙江大学化工机械学科专业本科毕业,后为压力容器工程研究方向硕士学位研究生毕业,学位论文题目为:"新型绕带式大型电站高压锅炉汽包的开发研究"(将上升与下降管道等主要接口都转化到两端球形封盖人孔周围),通过实验室新型锅炉模型试验和球型端盖大开孔应力应变测试,表明这一科技创新探索将可能为大型厚壁锅炉汽包的设计制造技术带来重大变革;后又为压力容器方向博士学位研究生毕业,其学位论文题目为:"压力容器结构离散化工程科技的发展研究",对多层绕带厚壁高压和应用特殊制造技术构成的双层薄壁中、低压压力容器构造技术的合理性作了相当充分的论证。留校任教后,相继晋升副教授、教授、博导等职,曾赴美国斯坦福大学航空航天复合材料结构实验室访问合作研究,师从美国工程院院士、斯坦福大学终身教授、复合材料科学的奠基人之一的 Stephen W. Tsai,主要从事复合材料结构设计与强度计算方面的合作研究。研究领域主要为复合材料压力容器工程科技。曾获得的国家发明专利在航天科技集团氢环境疲劳试验系统、中国运载火箭技术研究院高压气瓶寿命预测、氢燃料电池汽车轻质高压储氢气瓶等领域开始得到应用。在国内外科技杂志上发表论文 60余篇,EI、SCI 收录 18 篇;Top 期刊 3 篇;授权发明专利 12 项;专著《复合材料压力容器》一册,合作著书一册《特殊压力容器》,获省部级科技进步二等奖等多项。他对工作和待人都很专注与热情。

匡继勇:浙大化工机械学科专业毕业,后又攻读硕士学位研究生,学位论文题目为:"新型扁平绕带式压力容器的 CAD 研究"。现为浙大化工机械研究所教授,全国分离机械标准化技术委员会委员。从事过程装备与控制工程的研究和开发工作,在装备的国产化、成套化的设计、研究和开发等方面有较长的技术经历和较高的学术水平。负责和参与完成了多项国家级以及省部级项目,如:国家自然科学基金项目"多尺度双子代数建模与控制研究",航天支撑技术基金项目"导弹地面承压设备剩余寿命预测的计算机数值模拟技术",浙江省科技攻关计划重点项目"在役重要压力容器疲劳寿命预测的数值模拟技术及其工程应用",浙江省科技攻关计划重大项目"化工生产后处理过程"五合一"集成装备的研制与应用"等。负责多项有关装备、设备研究开发的横向项目。实施的项目已产生较好的社会效益和经济效益。同时取得并实施了"钛合金真空加热炉"、"一种带有定向伸缩机构的压滤机"、"内置悬挂式隔膜滤板"、"带压榨膜片的反应过滤干燥设备"等十余项专利成果;近年在国内外核心期刊发表学术论文 20 余篇,获得省科技进步二等奖多项。他为人较为低调,但对工作认真负责,很有创新思维,对人真诚热情豪爽。

朱瑞林:江西南昌大学化工机械学科专业毕业,大连理工大学化工机械学科专业硕士学位研究生毕业,浙江大学化工机械学科专业压力容器工程研究方向博士学位研究生毕业,博士学位研究论文题目为:"钢复合材料压力容器工程技术发展分析研究",回校后不久晋升副教授和教授,曾公派留学英国剑桥大学,曾任湖南湘潭大学化工机械学科研究所所长等职,为硕士学位研究生学科带头人,后调回长沙任湖南师范大学机械工程系主任至今,并兼任湖南省机械工程学会常务理事,湖南省评标专家等职。曾获湖南省石油化工科学技术进步二等奖和湖南省自然科学优秀学术论文一等奖等多项奖励,发表学术论文50余篇,其中Sci/Ei收录9篇。他为人诚恳忠厚。

王春泉:浙大化机专业"文革"后首届本科生,毕业后留校任教,多年担任学生政治辅导员、分团委书记等职,后转化工系二次资源研究所从事开发研究工作至今,为该所主要骨干,对该所的研究开发和生产发展作出了重要贡献。他的学习成绩在班上名列前茅,而且多才多艺,为人又诚恳热情,因而颇得同学们的好评,是原学生班级主要骨干之一。他的毕业环节是和陶晓亚、顾山乐、彭蔚华、高鹰等其他多位同学一起跟我和王乐勤老师搞"新型绕带容器工程结构分析与强度设计",并作"带超标缺陷绕带式高压容器的疲劳试验与安全分析研究"。这是当时和上海四方锅炉厂合作试验研究项目。试验容器内径为450 mm,长度达6 m,设计内压为15 MPa。其端部12只强制密封用大螺母没有大榔头是无法上紧和拆卸的,所以在工程上虽是台小容器,但对实验室而言却是台相当大的试验容器了,要对其进行4万多次内部水压升降全循环疲劳试验,行家们都知道那是相当困难的。因而当我向美国ASME BPV规范申请同行专家们介绍我们浙大化机所10位师生包括本人在内,在实验室里克服了容器端盖与试验联接管道密封等处多次泄漏等诸多困难,三班倒连续花了20多天时间终于完成了40700次水压全循环疲劳试验,结果容器内筒和外壁绕层原始裂纹等缺陷都没有任何可见的变化,表明新型绕带容器的抗疲劳特性非常优异时,全场专家们无不为之动容,热烈鼓掌给予了无言的肯定好评。这当中该年级学生毕业设计小组全体同学,尤其总是起带头作用的学生组长王春泉同学所付出的辛勤劳动,对完成这次富有历史意义的疲劳试验真是立下了汗马功劳。后来我们还在1983年的《炼油化工设备》刊物上共同发表了一篇介绍这次对新型绕带容器成功进行4万多次液压升降全循环疲劳试验分析研究结果的论文。我们师生之间通过共同参加设计和大型疲劳试验的毕业环节建立了深厚友谊。

谈念庐(女):浙大化工机械学科专业78届本科毕业,并为浙大化机专业压力容器方向硕士学位研究生。先后担任浙江省工业设备安装公司施工技术员,压力容器质保工程师,施工技术科长,公司设计院院长。后又与朋友合伙创办浙江国联设备工程有限公司任董事长、总工。经过10余年发展,目前公司注册资本为3500万元,员工300余名,年产值近2亿,足迹涉及省内外,升为高级工程师。她是我们化机所压力容器研究方向最早的一位女硕士。她的学位论文题目为:"高压扁平绕带式厚壁容器的热应力状态研究"。这项课题要做切实的绕带筒壁内外壁温差应力的高温应力应变测试和较为复杂的热传导理论上的分析推导研究。在我和蒋家羚教授的指导下,她工作非常认真刻苦,经常要爬到容器内部作贴片处理,但她一丝不苟,从不叫苦,终于按时出色完成了学位论文的试验研究任务,以优秀成绩毕业。她的研究成果有力地支持了作者将新型绕带容器列入美国 ASME BPV 规范的申请。我曾以此向美国同行专家们明确表达:新型绕带容器由于结构上的特殊性,在通常多设有适当的外保温层的使用条件下,其多层绕带厚筒壳壁即使当壳壁厚度达 200 mm 时内外壁面温差也将不超过 4℃ 这一通常都可忽略不计的数值,而且其筒壁环向因层间具有的微小间隙的某种调整作用,其温差应力和通常单层厚筒壳体基本相同并不增大,而容器轴向因其轴向刚度较单层或其他多层壳壁结构的都小,其轴向温差应力反可减低约 45%。新型绕带容器壳壁也可开孔接管,所以,新型绕带容器和其他单层或多层结构一样,都同样可应用于高温、高压和耐腐蚀、抗辐射等各种现代化的特殊应用场合。经美国同行专家们的认真审核,认为我们的研究结果与美国和德国所做的类似试验基本结论相同,最后都同意批准应用于制造包括石油加氢反应装置等的各种高压高温以及耐腐蚀等重大压力容器工程装备。我们的"女才子"当年的学位论文研究工作的确具有重要科技意义。借此我谨向她和蒋家羚教授表示由衷感谢!

刘梅生:浙大化机学科专业 78 届本科毕业,再进入浙大化机研究所压力容器工程研究方向攻读硕士学位研究生,其学位论文题目为:"新型压力容器在线安全状态自动报警监控技术的开发研究"。论文在广泛收集国内外相关科技资料基础上,首次对各种压力容器在设计内压使用条件下由于壳壁内部各种裂纹扩展而引发容器内部介质渗透与泄漏的这一最普遍、最本质的安全状态由壳壁本身结构特性而实施自动收集和自动报警监控的技术,从理论与实践的结合上作出了相当合理的科学分析,为新型压力容器在线安全状态实施计算机自动报警监控技术的发展奠定了基础。这为作者在美国为新型绕带式压力容器申请列入 ASME BPV 规范作相关科技方面的介绍并获充分肯定好评时真有"得心应手"之感,并令我至今仍心存感激。后到福建省轻工学院任教,随后赴美国西雅图华盛顿州立大学机械工程系攻读博士学位研究生毕业。1993 年我们师生和老乡原南京化工学院涂善东博士(现为华东理工大学教授,副校长,教育部特聘长江学者)同时到丹佛出席美国 ASME BPV 科技年会并报告我们发表的学术论文时的情景,我至今仍记忆犹新。他毕业后曾任美国一家电热锅炉公司洛杉矶分公司的主管。多年来他一直在美国洛杉矶经营一家业绩相当好的公司。我曾在美国参观过他在洛杉矶的家,那是一座相当豪华的有前庭后院的别墅建筑。我和他都是客家老乡,又是师生,所以我们一直保持着较为密切的联系。他对我很照顾。

钱季平:浙大化工机械学科专业本科和研究所压力容器工程研究方向硕士学位研

究生毕业,其硕士学位研究论文题目为:"新型绕带式压力容器的可靠性分析研究"。这是新型绕带式压力容器工程科技一个非常重要的研究课题,虽则因为缺乏相关参考资料,然主要通过他自己的刻苦努力,终于胜利按期完成了学位论文的试验研究、数据处理和理论分析工作,获得了科学合理的研究结果,认为:由多层多根钢带倾角交错缠绕而成的新型压力容器,即便存在当今国际上通常公认的相当严重的焊接和腐蚀等各种不可避免的裂纹类缺陷,其环向或轴向发生整体爆破的严重失效概率,至少低于 1.2×10^{-11} 1/(台容器·年)。这与当今国际上按通常单层壳壁容器的较高爆破失效概率为 1×10^{-5} 1/(台容器·年)来计算,即使将新型多层绕带结构容器的壳壁,假设看成仅由相当的两层筒壳组成(事实上应为更多相应层数),按双层筒壳容器内外两层同时爆破失效的概率,由概率理论的简单分析应为其两层壳壁各自爆破失效概率相乘的乘积,或即为两者失效概率的指数相加值,即至少低于:1×10^{-10} 1/(台容器·年)。这表明他的研究结论完全符合国际上以大量工程实际为依据所形成的公认的理论和实际。上述他的这一研究结果表明:新型绕带容器的环向或轴向整体爆破的严重失效概率,显然更优于当今国际上通过严格锻造制成的带相应严重缺陷的"核反应堆压力壳"的严重爆破失效概率(通常表述为:1×10^{-7} 1/(台容器·年))。他毕业后最初是留校任教,此后先后出访香港深造,担任香港震雄集团公司工程师和质保经理,后又举家经美国,作 FIU 访问学者,又到加拿大定居,其各方面能力都很强,现为加拿大一家大型模具设计工程公司高级模具设计和产品研发工程师。我们师生之间保持着密切联系,对我很关心。

"四大金刚"(孙贤奎、杨洪涛、杨维长、刘达成):他们分别是浙大化机、南化化机和常州化机学科专业本科毕业生,都是作者 1988 年指导毕业的 7 位硕士学位研究生中在国内沪、杭工作并取得出色成就的"四大人物"。他们的学位研究论文依次分别为"绕带厚筒壳壁最佳化斜面分散焊缝联接的疲劳特性分析研究"、"绕层保护的双层内筒超高压水晶釜等装备的工程化研究"、"大型绕带式电站锅炉汽包的试验研究"、"绕带式压力容器大型化和端部新型高压密封装置的试验研究"。这些论文的研究成果都为绕带式压力容器列入美国机械工程师协会锅炉压力容器规范提供了有力的依据。他们原本都被分配到国内某大型企业所设专科学校当教师,并都获得好评。然几年后他们都先后下海,后即成为代理外国在华有相当规模的工程公司的"老总",或自创成功有相当规模的制歉先进机械工程科技产品的工厂"老总"。他们所领导的公司或工厂的经营状况都相当的好,因而个人经济收益和家庭生活状况也都相当的高。这些都充分表现出他们都具有很强的适应性和实际工作能力,包括和外国公司人员交流的英语能力。他们的家庭也都很美满。因而作者也对他们深感欣赏和欣慰。他们是作者心目中很有作为的"四大金刚"。他们对作者都很关心,来杭时不时会邀作者和他们一起聚会。他们都具有非常美好的发展前景。

黄培山:毕业于浙大化工机械学科专业,获浙大化机所压力容器工程研究方向硕士学位,其硕士学位研究论文题目为:"新型绕带式压力容器的优化设计应力分析研究"。毕业后到福建省化工设计研究院工作,通过考试留学美国路易斯安那州理工大学机械工程系攻读博士学位,期间先后在美国 ASME Pressure Vessel Technology of Journal 等国际重要刊物及会议上发表和新型绕带式压力容器设计和分析相关的论文 10 篇,均为 EI 收录。获得博士学位毕业后在美国德州休斯敦市的美国国民油井公司、挪威阿克科瓦纳公司等国际著名石油能源工程公司担任技术骨干岗位,是美国德州注册工程师,专长海洋石油水下生产技术和设备设计,参与了多项世界大型水下石油生产项目的系统工程设计、设备设计和分析及技术研发等,其中包括世界第一个深水、高温高压水下生产系统(北海的 Kristin 项目)、当时世界最大的 Dalia 深水水下石油生产系统项目(西非)等,并由此参与开发了当代海洋石油装备和水下生产系统等相关先进关键科技,已成长为一位活跃的知名科技专家,担任石油业最大最重要的国际海洋石油科技大会(OTC)组委会成员、美国石油学会 API 标准委员会成员、《国际海洋油气动态》主编、美南国际电视台《石油能源》专题节目主持人、旅美专家协会前会长;曾多次应中国的石油公司、海洋工程公司、石油设备公司及石油大学等单位的邀请到国内作学术交流讲学,应邀聘任《海洋工程中国 2012 峰会》大会主席、《2013 中国油气水下技术国际峰会》大会主席,并被聘为《中国能源发展与商务年鉴》的特邀编委和中国国家大型油气田开发特邀专家等。

陈企国:浙工大 78 届化机本科毕业生,经考试后录取为作者 1982 年招收的首届硕士学位研究生,其学位论文为"新型绕带式压力容器结构特性与强度理论研究",即其环向、轴向强度及其层间摩擦力作用特性等主要安全特性研究)。经和青岛通用机械厂合作,设计、制造成功设计内压 30 MPa、内径 0.5 m、长 2 m 带新型小顶盖密封装置和新型在线安全状态自动监控装置的新型绕带式工程规模试验室用高压绕带容器(内筒厚度 16 mm,内筒外面缠绕 12 层 4 mm 厚扁平钢带)。后以优秀成绩毕业分配至华东化工理工大学化机学科专业任教,曾被评为校先进工作者二等奖。几年后下海到无锡从事列车旅客信息显示系统等技术开发工作,应聘到无锡来德电子有限公司工作,任副总工程师,作出了骄人的业绩。后又成功投资和控股并由其精明美丽的另一半负责经营的无锡龙田木业有限公司。现拥有一个和谐、美满的家庭。女儿留学新加坡南洋理工,获得新加坡教育部 SM3 全额奖学金。作者为其良好的个人和家庭的发展状况深深感到欣慰。

胡征宇:浙大化工机械学科专业毕业留校任教,获硕士、博士学位,为研究员。历任浙大化工系辅导员、分团委书记、系总支委员,浙大校团委副书记与书记等职,期间当选为政协浙江省第八届委员会委员,共青团中央候补委员,与中央委员,又曾到浙江省义乌市廿三里镇等地挂职,历任镇党委副书记、镇长,和义乌市政府副市长(挂职),后又任浙大后勤集团总裁、集团党委书记,现任浙大圆正控股集团有限公司总裁。其化工机械学科专业的毕业设计题目为"大型绕带式高压容器及其大型新型钢带缠绕装置设计"(他们的绕带装置的设计为后来中国和美国新型绕带装置发明专利的申请奠定了基础)。当时还有谈东明同学和他在一起搞这个毕业设计课题。作者所指导的这两位学生长得都相当英俊。我记得那年春天我和硕士研究生刘梅生、钱季平带了这两位同学一起到了著名的浙江巨化公司机械厂实习,并帮助工厂作钢带缠绕预拉应力的测定。除了我的身材仅有约 1.68 m 高之外,他们四人都较为高大,是当时化工系学生运动员,而且都五官端正、浓眉大眼、齿白唇红、英气逼人。我们每天有说有笑走在巨化公司家属住宅区的大道上真是吸足了当时"巨化"好一批适龄姑娘们及她们一些家长们的眼球。起初我当然并不知其中状况,后来有当地我所认识的师傅们先后向我了解这四个小伙的身世,问起他们有无婚配情况时我才恍然大悟。我当时曾给他们四人开玩笑说:"这里有不少年轻漂亮的姑娘已经看上你们了,如果愿意就可以找一个到这儿来当'巨化'人他们的女婿了!"。他们其实都和其他师兄弟们一样,都已有所归属了。我为这四位同时出现在我身旁的"英俊学生",真的感到很光彩。我和这四位英俊学生在该厂实习时的情景至今仍记忆犹新。

(限于篇幅,作者(与其他老师)的其他很多很好的男女芬芳桃李即良友的简介只得从略,希予谅解)。

我们化工机械学科专业的毕业生,和浙大别的学科专业一样,几乎每年都会有哪一年毕业的校友回校相聚,我们老师也经常会被邀参与他(她)们的聚会。请见作者如下值得留念的一些代表性(近年收集)留影。

2012 年 10 月作者与由中国计量大学冯时林研究员副校长等组织的化机 75 届毕业生
毕业 35 周年回母校聚会在浙大玉泉校区大门口留影

　　我们化工机械学科专业,"文革"后恢复高考第一、二届招收的 77 和 78 级毕业生,于 2012 年 6 月,从海内外回到母校聚会,庆贺毕业 30 周年。聚会期间亦邀请化机所任课的多位老师相聚于大酒店并作影留念。因场地所限,留影的前排为与会老师们,两届毕业生只得分班、分批立于老师背后,影面布置相同。**作者被邀就坐于背靠学生的前排老师中间。师生相聚,场面感人,其乐融融。**(以下照片依次分别为化机 77 届与 78 届 1 班和 2 班留影)。

（化机所退休老师和在职老师们近年在杭州著名茶博馆景点出游活动留影）

（化机所退休老师 2012 年在风景如画的灵峰景点出游活动留影）

（限于篇幅，作者（与其他老师）和化机学科很多其他回母校聚会班级的留影只得从略，希予谅解）

最后，这里也留下作者和浙大化机所部分退休老师同事们近年的 2 张出游合影，以作留念。正如照片中所表现的那样，我们浙大化机所退休老师们，托浙大党、政组织和化机所在职年轻老师们的福，我们经常会得到支持，在风景如画的杭州天堂等地，举行或参加多种出游活动，过着丰富多彩的幸福晚年生活。

我们浙大化机学科，自 1953 年由我国已故著名工程力学、化工机械、断裂力学专家王仁东教授带领创办以来，历届多有 60 至 160 名（主要包括大学本科、硕士、博士，以及曾有的几届轻化机大专班等各类）毕业生。在我国化工过程机械或相近相通的国内外各行各业中，他（她）们多已成为或现正成为许多生产企业、科研单位、高等教育和党政机关等部门的佼佼者，成就斐然，为我国经济建设和科技教育等发展事业作出了重大贡献。作者为一批批毕业校友回校相聚庆贺感到无比欢乐自豪。**他（她）们的人生成长、健康、家庭与成就的美好收获，永远是我们老师们心中的殷切期望和祝福！谨祝未来更美好！**

后　　记

　　作者在浙大任教 40 余年,为国家培养了相当一批本科生、硕士生、博士生与博士后及国内访问学者等高层次科技人才,曾获国家技术发明与经济效益相当显著的科技进步等重要奖励,曾被国家科委和国家教委联合授予"全国高等学校先进科技工作者"称号。本书是作者退休后近几年里陆续写下的一本作者师生为首多年潜心研究的**四种重要类型应用范围宽阔的"多功能复合壳"创新技术的科技总结**。全书主要为"多功能复合壳"创新技术的分析论述与概要总结部分,同时也以较小篇幅附录了作者为首帮助工厂企业解决重要工程科技实际难题,以及作者今生与创新科技活动相关的主要人生历练的传略部分。

　　限于作者的学识、修为和文学水平,本书一定有不少不足和不当之处。其中不少原本为想单独发表的论文。为不显重复又不致残缺,经必要的增删,就形成了这本较为完整表达作者创新技术理念的"壳论余篇"。敬请各位阅者海涵赐教。

　　本书撰写期间,亦曾将某些部分,包括"多功能复合壳"技术总结部分,作者"传略"部分,以及"桃李名录"部分,主要以电子邮件或书样方式,传送给了浙大化机研究所黄载生、林兴华、顾金初、郑津洋、陈志平、洪伟荣、贺世正与匡继勇等教授,和中国计量大学冯时林副校长、国家通用机械研究院陈学东院长、浙大本科生院陆国栋常务副院长与钱季平、刘梅生、谈念庐、陈启松、孙贤奎、杨洪涛高工等校友,以及作者高中的语文老师兼班主任恩师赖元冲教授。他(她)们多少都给回馈了一些很好的改进意见,以及表示愿意给予出版支持的热情鼓励。本书出版的费用,由匡继勇教授建议并牵头,以在杭小范围小额分担自愿赞助原则,由几位非常出色的"桃李":郑津洋、陆国栋、顾超华、匡继勇、金志江、陈志平、吴红梅、陈启松、郑传祥等超额赞助集资支持。他(她)们,成就了我的从教事业,现在又集资赞助出版此书,作者非常感激!借此,作者对从各方面给予作者今生各种支持帮助的所有人士,一应表示衷心感谢!

作　者

2013 年 9 月 26 日于浙大求是村

图书在版编目（CIP）数据

多功能复合壳创新技术 / 朱国辉著. —杭州：浙江大学
出版社，2013.11
ISBN 978-7-308-12390-7

Ⅰ. ①多… Ⅱ. ①朱… Ⅲ. ①钢－压力容器－复合材
料－研究－文集 Ⅳ. ①TH490.4-53

中国版本图书馆 CIP 数据核字（2013）第 247106 号

多功能复合壳创新技术

朱国辉　著

责任编辑	杜希武	
封面设计	刘依群	
出版发行	浙江大学出版社	
	（杭州天目山路 148 号　邮政编码 310007）	
	（网址：http://www.zjupress.com）	
排　　版	杭州好友排版工作室	
印　　刷	富阳市育才印刷有限公司	
开　　本	787mm×1092mm　1/16	
印　　张	18	
彩　　插	2	
字　　数	438 千	
版 印 次	2013 年 11 月第 1 版　2013 年 11 月第 1 次印刷	
书　　号	ISBN 978-7-308-12390-7	
定　　价	59.00 元	

1990年国家教委和国家科委联合授予"全国高等学校先进科技工作者"称号

2005年作者70岁时与妻儿媳妇由儿子朱立驾车经高速公路从杭州直达上杭回乡探亲时在"松云别墅"老房子门前和部分亲人的留影

利物浦大学机械工程系系主任(居中者)向系教职员介绍作者时包括作者临时在内当时该系仅有的三位教授留影

2003年元旦节日期间在 Las Vegas 女儿朱叶原别墅家客厅的留影

1988年留英时由Mr D。G。Moffat 夫妇陪同访问英西南威尔士大学时在古堡前留影

1993年7月赴美国丹佛参加ASME 压力容器国际科技会议时会场外街头留影

美国医师爱女朱叶美满的一家

母亲与大女儿两代美国医生

2005年9月孙女儿朱文丽周岁生日时在绿圆的留影

5岁时的孙女儿朱文丽

2009年我们的四朵金花由未来的医师大姐维娜带领
于原滨江彩虹城新房大楼前留影

喜娜、佩丽、文丽三姐妹在绿圆大厅前相拥留影

2012年10月作者与由中国计量大学冯时林研究员副校长等组织的化机75届毕业生
毕业35周年回母校聚会在浙大玉泉校区大门口留影

2012年6月作者分别与化机77届(上)、78届一班(中)、78届二班(下)毕业30年回校聚会同学留影

我们夫妇近年冬应郑津洋教授及其全国通用教材编审组邀请随行
在绍兴柯岩"云骨"前集体留影

化机所退休老师和在职老师们近年在杭州著名茶博馆景点出游活动留影

化机所退休老师近年在风景如画的灵峰景点出游活动留影